空中交通管理基础

Fundamentals of Air Traffic Management

李广春◎主　编

张劲松　赵延毫◎副主编

電子工業出版社·

Publishing House of Electronics Industry

北京·BEIJING

图书在版编目（CIP）数据

空中交通管理基础/李广春主编. —北京：电子工业出版社，2023.2

ISBN 978-7-121-44735-8

Ⅰ.①空… Ⅱ.①李… Ⅲ.①空中交通管制—教材 Ⅳ.①V355.1

中国版本图书馆 CIP 数据核字（2022）第 245243 号

责任编辑：刘淑丽

印　　刷：北京虎彩文化传播有限公司

装　　订：北京虎彩文化传播有限公司

出版发行：电子工业出版社

　　　　　北京市海淀区万寿路 173 信箱　邮编　100036

开　　本：787×1092　1/16　印张：15.25　字数：401 千字

版　　次：2023 年 2 月第 1 版

印　　次：2024 年 3 月第 3 次印刷

定　　价：58.00 元

　　凡所购买电子工业出版社图书有缺损问题，请向购买书店调换。若书店售缺，请与本社发行部联系，联系及邮购电话：（010）88254888，88258888。

　　质量投诉请发邮件至 zlts@phei.com.cn，盗版侵权举报请发邮件至 dbqq@phei.com.cn。

　　本书咨询联系方式：（010）88254182，liusl@phei.com.cn。

前　　言

自改革开放以来，我国民航业快速发展，行业规模不断扩大，服务能力逐步提高，安全水平显著提升，为我国社会主义现代化建设做出了突出的贡献。然而，当前民航业发展中不平衡、不协调的问题仍较为突出，空域资源配置不合理、专业人才不足等制约了民航业的可持续发展。空中交通管理作为民航发展建设的重要部分之一，是国家实施空域管理和流量管理、保障飞行安全、实现航空高效运输、捍卫领空空域权益的核心，是航空宇航科学、交通运输科学、信息科学、控制科学、管理科学等多学科的综合交叉应用，是满足民航专业人才培养新要求的重要着力点。

为优化民航人才需求、创新人才培养模式、落实立德育人等根本任务，郑州航空工业管理学院结合自身办学特色，整合优势资源，会同昆明理工大学、沈阳航空航天大学、滨州学院组织编写本教材。在编写过程中，编者力求做到以下几点：一是科学性，作为教材，其内容紧跟国际民航组织和中国民用航空局（以下简称"民航局"）颁布的有关规章，涉及的概念、原理、定义和论证清楚确切，数据、图表等均有据可查；二是新颖性，伴随着科技进步和行业发展，民航规章修订较为频繁，本教材中的内容均根据现行的、有效的民航规章、法律法规、标准规范及行业发展情况编写；三是实用性，本教材主要作为交通运输、飞行技术等民航类专业本科学生学科基础课教材使用，注重基础知识内容和方法的实用性；四是系统性，除民航规章外，本教材所编撰的内容还参考了国内外相关优秀书籍和学术性论文，内容覆盖面广，同时章节、段落之间均注意了行文逻辑性和系统性。

本教材第一章和第二章为空中交通管理的总体介绍。其中，第一章为空中交通管理的概述和发展，为读者建立课程学习的基本框架；第二章介绍空中交通管理的机构、人员及运行保障设施，为更贴近生产一线，教材中增加了对空管自动化系统的介绍和论述。第三章为基础知识，涉及航空器的分类、气压高度、过渡高度、过渡高度层等基本课程知识，其中，在航空器分类中增加了 RECAT 分类的内容。第四章主要涉及空域的分类、划设及使用，基于性能导航等知识，这些属于空中交通管理课程的核心内容。第五章主要介绍机场及其相关设施，包括航站楼的功能、机场道面系统、机场目视助航设施、机场净空等内容。第六章主要涉及飞行规则的概念和分类，并对目视飞行规则和仪表飞行规则进行了详细介绍。第七章为空中交通服务通信，在介绍空中交通服务电报及固定格式航务管理电报等报文的同时，对无线电陆空通话的程序、技巧、数字和字母的发音做了归纳总结，以期为陆空通话等后续专业课学习打下基础。第八章为飞行情报服务和告警服务，属于交通运输、飞行技术等民航类专业学习的核心内容，编者在编撰过程中尽量保证内容的系统性、全面性和基础性。第九章、第十章、第十一章、第十二章是管制相关的理论内容，其中涉及程序管制、雷达管制、机场管制、进近管制、区域管制、非常规情况下的管制等内容，编撰过程中除参考《民用航空空中交通管理规则》外，还结合空中交通管理的发展态势，重点提及和增加地面管制、ADS-B 管制等内容。第十三章介绍了民用航空器事件、事件报告程序和事件调查规定等内容。

　　本教材的总体设计和统编工作由郑州航空工业管理学院李广春负责。具体的编写分工为：第一章、第二章由李广春负责，郑州航空工业管理学院姚飞、滨州学院王龙参与编写；第三章、第四章、第九章、第十章、第十二章、第十三章由郑州航空工业管理学院张劲松负责，昆明理工大学秦宇焘，郑州航空工业管理学院林辰、孟斌、张永旺参与编写；第五章、第六章、第七章、第八章、第十一章、附录由郑州航空工业管理学院赵延毫负责，沈阳航空航天大学魏丽娜，郑州航空工业管理学院姚飞、路娜、郑东晗参与编写。另外，中国民用航空中南地区空中交通管理局河南分局王文博、河南郑州新郑国际机场牛军岭在编写过程中给予了大量支持和宝贵建议，在此表示特别感谢！

　　近年来，空中交通管理在国际上发展很快，管制技术和管理理念不断革新，碍于成书时间和编者学识水平有限，其中缺点和错误在所难免，希望同行和广大读者批评指正，以便将来进一步修订。

编　者

2022 年 12 月于郑州

目　录

第一章
概论

章前提要

　　空中交通管理是利用通信、导航、监视、航空情报、气象服务等运行保障系统对空中交通、航路、航线地带及民用机场区域进行动态和一体化管理的总称，是对空中交通和空域实施的更安全、经济、高效、动态和综合的管理。空中交通管理和空中交通管制二者均简称"空管"，但两者不能等同。空中交通管理是在空中交通管制的基础上发展而来的，它比空中交通管制拥有更丰富的内涵。在学习过程中，应注意区分空中交通管制和空中交通管理的不同，理解和掌握空中交通管理和空中交通服务的概念和组成。

第一节　空中交通管理概述

　　1957年10月5日，周恩来总理在中国民用航空局（简称"民航局"）上报的《关于中缅通航一周年的总结报告》上批示："保证安全第一，改善服务工作，争取飞行正常"。这一重要批示已成为民航工作的指导方针，对促进民航发展、安全与服务工作发挥了极其重要的作用。全体民航工作人员始终把飞行安全放在首位，不断提升服务质量、提高飞行正常率。

　　安全是民航的生命线，对空中交通进行有效管理是保证飞行安全的重要环节。空中交通是指一切航空器在飞行中或在机场机动区内的运行。空中交通管理（Air Traffic Management，ATM）的目的是有效地维护和促进空中交通安全，维护空中交通秩序，保障空中交通顺畅。其由空中交通服务（Air Traffic Service，ATS）、空中交通流量管理（Air Traffic Flow Management，ATFM）和空域管理（Air Space Management，ASM）三部分组成。

一、空中交通服务

　　空中交通服务是指对航空器的空中活动进行管理和控制的业务，包括空中交通管制（Air Traffic Control，ATC）服务、飞行情报服务（Flight Information Service，FIS）和告警服务（Alerting

Service，AS）。

1. 空中交通管制

空中交通管制是指对飞行中的航空器进行空中交通管制并实施有效的监督和管理，它是空中交通服务的核心内容。空中交通管制的目的是防止航空器之间相撞以及在机动区内航空器与障碍物相撞，维护和加快空中交通的有序流动。空中交通管制包括机场管制、进近管制和区域管制三部分。机场管制是向在机场机动区内运行的航空器以及在机场附近飞行且接受进近和区域管制以外的航空器提供的空中交通管制。进近管制是向进场或者离场飞行阶段接受管制的航空器提供的空中交通管制。区域管制是向接受机场和进近管制以外的航空器提供的空中交通管制。

2. 飞行情报服务

飞行情报服务是指提供规定区域内航行安全、正常和效率所必需的航行资料和数据的服务。其目的是向飞行中的航空器提供有益于安全和有效实施飞行的建议和情报。其范围包括：重要气象情报、使用的导航设备的变化情况、机场和有关设备的变动情况（包括机场活动区内的雪、冰或者有相当深度积水的情况），以及可能影响飞行安全的其他情报等。管制员在管制空域内，在对航空器提供空中交通管制的同时，穿插提供飞行情报服务，空中交通管制和飞行情报服务是紧密联系在一起的。飞行情报服务由民航局指定的空中交通管制单位提供，并按照规定程序予以公布。空中交通管制单位提供飞行情报服务的对象，可能是接受其管制的航空器，也可能是未接受其管制但了解情况的其他航空器。

3. 告警服务

告警服务是指向有关组织发出需要搜寻援救航空器和协助该组织而提供的服务，其任务是向有关组织发出需要搜寻援救航空器的通知，并根据需要协助该组织或协调该项工作的进行。告警服务由民航局指定的空中交通管制单位提供，并按规定程序予以公布。

二、空中交通流量管理

空中交通流量管理是指当空中交通流量接近或达到空中交通管制可用能力时，适时地采取措施，保证空中流入或通过相应区域的最佳交通量。空中交通流量管理的主要目的是提高机场、空域可用容量的利用率，为航空器运营者提供及时、精确的信息，尽可能准确地预报飞行情报而减少延误。当空中交通的需求超过或者将要超过公布的容量时，应当实施空中交通流量管理。空中交通管制容量通常以指定空域或机场在特定时间内最多能够接受的航空器数量表示。它取决于多种因素，包括空中交通服务空域和航路的结构、管制方式和设备、使用该空域的航空器的导航精度、与天气有关的诸种因素，以及管制员的工作量等。

空中交通流量管理分为先期流量管理、飞行前流量管理和实时流量管理。实施空中交通流量管理的原则是以先期流量管理和飞行前流量管理为主，实时流量管理为辅。先期流量管理包括对全国和地区航线结构的合理调整、班机航线走向的管理、制定班期时刻表和飞行前对非定期航班的飞行时刻进行协调。其目的是防止航空器在某一地区或机场过于集中和出现超负荷流量，危及飞行安全，影响航班正常运行。飞行前流量管理是指当发生恶劣天气、通信导航监视设施故障、预计扇区或者区域流量超负荷等情况时，采取改变航线，改变航空器开车、起飞时间等方法疏导空中交通，维持正常飞行秩序的系列行动。实时流量管理是指当飞行中发现或者按照飞行计划将要在某一段航路、某一区域或某一机场出现飞行流量超负荷时，采取改变航段，增开扇区，限制起飞、着陆时刻，限制进入管制区时刻或者限制通过某一导航设备上空的时刻，安排航空器在空中等待，调整航空器速度等方法，控制航空器按照规定间隔有序飞行的系列行动。实施流量管理的空管单位应当与航空器运营人、机场共同建立基于信息共享和交换的协调流量管理和协同决策机制。

三、空域管理

空域又称可航空间，是指航空器在大气空间中运行的空气空间，是空中交通服务提供者向空域用户提供服务的资源。空域管理依据既定空域结构条件，实现对空域的充分利用，尽量满足运营人对空域的需求。空域管理的目的是以最有效的手段或方法，充分协调和满足空域用户各方利益，增大空中交通流量，极大地减少空中交通延误，确保航空器安全。空域管理的主要内容包括空域划分和空域规划。空域划分即对飞行高度层的规定和各种空中交通服务空域的划分。空域规划是指对某一给定空域，通过对未来空中交通流量需求的预测，根据空中交通流的流向、大小与分布，对其按高度方向和区域范围进行设计和规划，并加以实施和修正的过程。空域具有以下属性：

1. 空域的自然属性

空域具有明确的下界，如地表、水域表面；具有特定的气候状况，如大气环流等；具有其他自然地理特征，如地磁场等。

2. 空域的主权属性

《国际民用航空公约》指出，领空是指领土上空的空气空间。《中华人民共和国民用航空法》明确规定："中华人民共和国的领陆和领水之上的空域为中华人民共和国领空。中华人民共和国对领空享有完全的、排他的主权。"一个国家对其国家空域具有所有权、管辖权和管理权。

3. 空域的安全属性

安全属性包括国家安全、公共安全和航行安全，其中，航行安全涉及航空器、航空法规、航空管制和空中交通服务设施等。

4. 空域的资源属性

空域是一种特殊的国家重要资源，作为航空器在空间活动的载体，有其自身的经济价值，体现在为公共运输、通用航空和军事航空的服务上。空域资源得到合理、充分利用，就能产生巨大的经济效益，否则就是一种资源浪费。

第二节　空中交通管理的发展

人们习惯将空中交通管制和空中交通管理都简称"空管"，但两者不能直接等同，空中交通管制的目的只是保证一次航班从起飞机场经航路到达目的地机场的间隔和安全，而空中交通管理则着眼于整个航路网的空中交通舒畅、安全和有效运行。空中交通管理是在空中交通管制的基础上逐步演变发展而来的，空中交通管制是空中交通管理的组成部分之一。

一、空中交通管制的发展

1. 第一阶段（20 世纪 30 年代以前）——空中交通管制的萌芽

空中飞行要有规则，但最初并没有先例可循，只有地面交通和海洋航行规则可作为参考。最早关注空中交通管制的是国土面积相对较小的欧洲国家。1910 年，几个欧洲国家试图达成一种统一的空中航行法规，但是因为当时的飞机太少，没有引起人们的足够重视。在第一次世界大战之后，随着飞机在民用领域的广泛应用，在 1919 年的凡尔赛和平大会上，一个名为"空中航行国际委员会"（International Commission on Air Navigation，ICAN）的空中交通国际组织诞生了，大会还制定了最早的空中航行规则——《空中守则》。

2. 第二阶段（1934—1945 年）——空中交通管制的雏形

20 世纪 30 年代初，空中交通管制的雏形在美国开始出现，目视飞行规则被逐渐建立起来。当时的做法是一位地面工作人员站在跑道的尽头，穿着颜色十分醒目的衣服，挥动着表示允许着陆或起飞的绿色小旗和暂不放行的红色小旗，指挥着来来往往的飞机。用旗语指挥起飞比指挥着陆更有效一些，缺点是夜间无法使用。之后，在一些主要机场旗语被信号枪所取代，当时的做法是将信号枪对准起飞或者降落的飞机上方发射，但作用距离十分有限。

3. 第三阶段（1945 年—20 世纪 80 年代）——空中交通管制的发展

随着空中交通管制的发展，目视飞行规则已经难以满足需要。由于飞行活动越来越频繁和无线电通信技术的成熟，各国纷纷成立空中交通主管机构，制定使用仪表进行安全飞行的规则，并建立起全国规模的航路网和相应的航站、塔台、管制中心或航路交通管制中心。它们的任务就是接收各航站发来的飞行计划，再根据驾驶员的位置报告将其填写在飞行进程单上，然后确定飞机之间的相互位置关系，发布指令，实施管理，以程序管制为核心的空中交通管制形成了。

4. 第四阶段（20 世纪 80 年代至今）——空中交通管理概念的诞生

20 世纪末，航行保障系统在技术上已有相当大的进步。陆空通信从落后的高频电报发展到甚高频语音以及卫星通信，导航从无方向信标的人工/自动定向向甚高频全向信标和测距设备、惯性导航以及卫星导航不断发展；进近着陆方面已有仪表着陆系统和微波着陆系统；监视从一次监视雷达、二次监视雷达发展到单脉冲 S 模式雷达、平行跑道进近监视雷达、场面活动监视雷达、自动相关监视等；气象资料、飞行情报服务逐渐丰富充实；管制员席位从模拟式到数字式，管制手段从程序管制发展到雷达管制。渐渐地，空中交通管理的概念被提出，以取代空中交通管制，国际民用航空组织（International Civil Aviation Organization，ICAO）于 1983 年提出"未来航行系统"（Future Air Navigation System，FANS）的概念，美国联邦航空局（Federal Aviation Administration，FAA）于 1995 提出"自由飞行"的概念。

二、空中交通管理的发展

1. 基于陆基通信、导航和监视设备的第一代空中交通管理

第一次世界大战和第二次世界大战都极大地促进了航空工业的发展，并带来战后民用航空的大发展，特别是在第二次世界大战后，航空器的性能得到了极大的提高，航空器飞得更快、更高、更远，需要更先进的手段为其提供服务。因此，在不断进步的技术的支持下，逐渐形成了第一代比较完整、先进的空中交通管制系统。这一代空中交通管理以空中交通管制作为运行服务主体，以陆基空管设备为特征，采用的手段是从目视飞行到建立在陆基通信导航和监视设备基础上的空中交通管制飞行。

20 世纪 60 年代，流量管理的概念出现。波音 707、麦道 DC-8 飞机的出现使人类实现了商业性的喷气飞机飞行，带来了飞行流量的迅速增长，这在美国尤为明显。面对飞行流量的大幅增长，美国不得不对纽约的三个机场采取了流量限制。这是最早出现的对流量进行管理，之后流量管理概念不断发展。

20 世纪 80 年代初，空域管理出现。此时，FAA 提出了涉及空域划分、空中交通管制、飞行服务、气象服务的国家空域系统计划，这是最早出现的空域管理概念，之后空域管理概念不断发展。

第一代空中交通管理在很长一段时间内是以空中交通管制作为运行服务主体的，流量管理、空域管理和空中交通管制三者各自发展。到了第一代空中交通管理的后期，人们才越发认识到它们之间有着密切的联系，并需要将它们集成为一个系统来看待。

2. 基于卫星通信、导航和监视设备的第二代空中交通管理

第二代空中交通管理发展以未来航行系统（FANS）的出现为主要标志。新技术的发展，尤其是卫星技术的出现，对 ICAO 的高层和专家产生了极大的触动，他们开始思考能否将卫星技术用于空中交通管制。1988 年，ICAO 建议采纳主要基于卫星技术的全球新航行系统，内容涉及技术、运营、经济、法律等诸多领域。1991 年，FANS 的概念和基本方案在 ICAO 第十次航行会议上通过，并于 1992 年得到 ICAO 第 29 届大会的批准。1993 年 FANS 转入实施阶段，同时改称 CNS/ATM 系统，即新航行系统。

第二代空中交通管理是一个以星基为主的全球通信、导航、监视加上自动化的空中交通管理系统。其特点可以归纳为"卫星技术+数据链+计算机网络+自动化"。卫星技术和数据处理技术从根本上克服了路基航行系统固有的而又无法解决的一些缺陷，如覆盖能力有限、信号质量差、全球难以以统一方式运作等，计算机应用和自动化技术是实现信息处理快捷、精确，减轻人员工作负荷的重要手段。

3. 基于性能的第三代空中交通管理

2003 年，ICAO 第 11 届大会通过全球 ATM 运行概念。2006 年，ICAO 出台全球空中航行计划，这是第三代空中交通管理系统建设的开始，但建成第三代空中交通管理系统尚需多年，目前正在不断发展中。

第三代空中交通管理包含七个组成部分，分别是空域组织与管理、机场运营、需求与容量平衡、交通同步、空域用户运营、冲突管理和 ATM 服务的交付管理。七个组成部分缺一不可，

且必须集成为一个有机整体。

（1）在空域组织与管理方面，空域组织的目的是确定空域结构和布局，以满足不同种类飞行活动、不同级别空中交通容量的需求，并提供不同级别的服务，空域管理不是一成不变的，它是一个过程，是通过调整和应用空域选择权满足空中交通管理领域需求的一种方法。

（2）在机场运营方面，机场作为空中交通管理系统的有机组成部分，必须提供必要的地面基础设施，以保障全天候条件下的机场安全，最大限度地提高跑道容量，提升运营效率。

（3）需求与容量平衡是从战略高度对全系统交通流量和机场容量进行评估，以便空域用户确定何时、何处及如何运行，减少空域与机场容量的冲突，协调过程是通过对全系统的空中交通流量、气象及资产信息的掌握来有效地对空中交通流量进行管理。

（4）交通同步的目的是战术性地建立和保持安全、有序、高效的空中交通流，实现动态四维航迹管制能力和经过协商的无冲突航迹，消除交通阻塞点，优化交通排序，实现跑道最大吞吐量。

（5）空域用户运营是指与空中交通管理有关的飞行运营问题。空中交通管理系统力求适用和满足航空运输、军事活动、商业活动、高空作业和娱乐等多类型用户的空域使用要求，无人驾驶航空器和有人驾驶航空器一样，均是空中交通管理系统的重要组成部分，航空器的设计会对空中交通管理系统的运行性能造成影响，在服务上要尽量保证空中交通管理同航空器的性能相匹配。

（6）冲突管理包含战略冲突管理、间隔提供、防相撞三个层面。冲突管理应把航空器与危险源、危险物之间相撞、相遇的风险限制在一个可接受的程度内。这些危险源包括：其他航空器、地形、天气、尾流和有冲突的空域活动；停机坪和机动区内的地面车辆和其他障碍物。

（7）ATM 服务的交付管理应贯穿于门到门的整个飞行阶段和所有服务提供者之间，同时还应考虑各种其他程序、服务决策的平衡和统一，以及做出决策的时间和条件。飞行航迹、意图和协议是交付一个平衡决策的重要内容。

第三代空中交通管理是一个集成、可合作和可度量的空中交通管理系统。基于性能是它有别于以前空中交通管理系统的主要因素，并成为第三代空中交通管理的主要特征。

三、我国空中交通管制的发展

1. 1949 年 10 月之前中国的空中交通管制业务

1930 年，南京明故宫机场开设 200 瓦段短波电台，定期与中国航空公司和欧亚航空公司的飞机进行无线电联络。1931 年 3 月，欧亚航空公司西安机场设立了西安航空站，保障军民飞机的起降。随后的 10 年，欧亚航空公司在全国其他地方建立了多个航空站。从 1930 年到 1940 年，中华人民共和国成立以前的空管主要以向欧美发达国家学习为主。1944 年 11 月，受美国邀请，刘敬宜率中国代表团参加了在美国芝加哥举行的 ICAO 第一次会议，研究国际间如何合作以建立空中秩序、制定国际民航技术标准和民航法规等。1947 年是中华人民共和国成立以前，中国民航空管行业大力发展的一年。1 月，当时的中华民国国民政府交通部在南京正式成立民用航空局，负责规划和建设全国的民航事业，协调航空公司活动，确保飞行安全并促进机场建设等，下设秘书、业务、航路、场站和安全五处。3 月，该民用航空局举办了航路建设联席会议，决定将全国划分为沈阳、天津、西安、上海、汉口、重庆、广州、昆明 8 个飞行情报区，每个飞行情报区就是一个管制区，管辖数座城市。南京航空站地位特殊，由美国空军设立航路管制室负责服务。不久，9 种民航法规颁布，使得中国民航第一次走向具有统一的安全保障机制和系统化管理机制的运作局面。7月1日，民用航空局上海龙华航空站正式成立。作为国际通航站，龙华航空站一经成立便成为中国首个民航调度指挥中心。1948年，为保障龙华航空站业务发展，中国航空公司和中央航空公司联合在龙华航空站设立了飞机起降指挥塔。

2. 1949年10月至20世纪末的空中交通管制业务

中华人民共和国成立后，党和国家历届领导都把空管事业摆在十分重要的战略地位，对空管工作做出了一系列决策指导，成为我国空管建设的灵魂。1950年11月1日，《中华人民共和国飞行基本规则》发布，是规范我国空中交通活动的基本法规。

1980年航空业开始军转民后，民航管制行业也开始分离出来，但只负责民用机场的飞机起降，民航管制迈上了企业化的道路。1986年1月30日，国务院、中央军事委员会空中交通管制委员会（简称"国家空管委"）成立，由国务院副总理任国家空管委主任，统一领导全国的空中交通管制工作。1987年，政企分离，基本形成现代民航业构架。1993年9月，国务院、中央军委下发文件确定了我国空管体制改革分三步走的战略目标。第一步，在京广深航路上进行统一管制试点；第二步，实现民航对全国航路、航线上的运输机提供统一的管制；第三步，实现国家统一的空中交通管制。1994年，中国民用航空总局（2008年更名为"中国民用航空局"）空中交通管理局的成立标志着空管体制改革的开始。

3. 21世纪空中交通管制业务

进入21世纪，我国民航空管系统注重与国际接轨，积极采纳国际民用航空组织的标准与建议措施，先后实行了飞行高度层配备改革和高度表拨正程序改革，积极推进雷达管制，实现了由线到面的突破。2001年8月1日，再次修改的《中华人民共和国飞行基本规则》开始生效，该基本规则明确了国家空管委的职责，加大了飞行管制体制改革的步伐，同时对高层管理进行了再次改革，有关统一军、民航管制员培训标准的探讨被提上了空管委的议事日程。2002年8月1日，国家空管委颁布的《飞行间隔规定》使得军、民航间隔标准得到统一。2007年11月22日，我国在境内成功实现了垂直间隔的缩小。2012年10月，国家空管委放松飞行高度层，8 400m（不含）以上均由民航灵活选择使用，涉及军航使用空域，按当地规定或军、民航协议执行。2015年，民航局空中交通管理局（简称"空管局"）出台了《中国民用航空局空中交通管理局战略发展纲要（2016—2030）》，发布了《民航空管系统第十三个五年发展规划（2016—2020）》。2016年5月13日，《国务院办公厅关于促进通用航空业发展的指导意见》发布。这是自中华人民共和国成立以来国务院出台的第一个促进通用航空业发展的政策性文件，明确了未来五年我国通用航空业发展的总体思路和主要任务，也是"十三五"时期指导我国通用航空改革发展的纲领性文件。2018年12月，民航局出台了《新时代民航强国建设行动纲要》，明确了民航强国建设的总体目标和"一加快，两实现"的民航强国战略进程，即到2020年，我国将加快实现从航空运输大国向航空运输强国的跨越；到2035年，将实现从单一的航空运输强国向多领域的民航强国的跨越；到21世纪中叶，实现由多领域的民航强国向全方位的民航强国的跨越，全面建成保障有力、人民满意、竞争力强的民航强国。2021年，民航局印发《通用航空空管运行规定》，进一步鼓励和推动通用航空发展，促进通用航空和运输航空"两翼齐飞"。

复习思考题

1. 空中交通管理组成部分、各部分的主要任务是什么？
2. 空中交通服务的概念和组成部分是什么？
3. 空中交通管制的概念和组成部分是什么？
4. 空域管理的概念及其任务是什么？
5. 空中交通流量管理的概念及其任务是什么？
6. 如何区分空中交通管制和空中交通管理？
7. 简述我国空中交通管制的发展历程。

第二章
机构和设施

章前提要

机构、人员、通信、导航、监视设施及空管自动化系统是空中交通管理职能顺利实现的重要基础保障。通过对本章的学习，学生应了解民航局的组织框架和空中交通管理部门的划分，掌握管制单位的席位和工作要求；熟悉管制员执照管理制度及执勤规定；了解空中交通运行保障设施和空管自动化系统的总体结构。

第一节 民航空管机构

中国民用航空局负责统一管理全国民用航空空中交通管理工作，中国民用航空地区管理局（简称"地区管理局"）负责监督管理本辖区民用航空空中交通管理工作。中国民用航空局空中交通管理局是民航局管理全国空中交通服务、民用航空通信、导航、监视、航空气象、航行情报的职能机构。

一、组织机构

1. 民航局的组织机构

中国民用航空局由局领导、总飞行师、总工程师、安全总监、内设机构、地区管理局、驻外机构和直属机构组成。中国民用航空局空中交通管理局是中国民用航空局的直属机构。中华人民共和国常驻国际民用航空组织理事会代表处是中国民用航空局的驻外机构。中国民用航空局内设机构具体如表 2-1 所示。中国民用航空局直属机构如表 2-2 所示。

中国民用航空局下设七个地区管理局：华北管理局、华东管理局、西南管理局、中南管理局、东北管理局、西北管理局、新疆管理局。每个地区管理局下面又分别设有若干个安全监督管理局。各地区管理局及其下设的安全监督管理局如表 2-3 所示。

表 2-1　中国民用航空局内设机构

序号	机构名称	序号	机构名称
1	综合司	9	飞行标准司
2	航空安全办公室	10	航空器适航审定司
3	政策法规司	11	机场司
4	发展计划司	12	空管行业管理办公室
5	财务司	13	公安局
6	人事科教司	14	直属机关党委
7	国际司（港澳台办公室）	15	全国民航工会
8	运输司	16	离退休干部局

表 2-2　中国民用航空局直属机构

序号	机构名称	序号	机构名称
1	空中交通管理局	11	中国民用航空飞行校验中心
2	机关服务局	12	信息中心
3	中国民航大学	13	民航专业工程质量监督总站
4	中国民航飞行学院	14	首都机场集团
5	中国民航管理干部学院	15	审计中心
6	中国民航科学技术研究院	16	国际合作中心
7	民航第二研究院	17	中国民用机场建设集团公司
8	中国民航报社出版社	18	中国民航工程咨询公司
9	民航医学中心（总医院）	19	中国民用航空发动机适航审定中心
10	清算中心	20	民航博物馆

表 2-3　中国民用航空局地区管理局及其下设的安全监督管理局

地区管理局	安全监督管理局	地区管理局	安全监督管理局
华北管理局	北京监管局	中南管理局	广东监管局
	河北监管局		河南监管局
	天津监管局		湖北监管局
	山西监管局		湖南监管局
	内蒙古监管局		广西监管局
华东管理局	上海监管局		海南监管局
	山东监管局		深圳监管局
	江苏监管局		桂林监管局
	安徽监管局		三亚监管局
	浙江监管局	东北管理局	辽宁监管局

地区管理局	安全监督管理局	地区管理局	安全监督管理局
华东管理局	江西监管局	东北管理局	大连监管局
	福建监管局		吉林监管局
	厦门监管局		黑龙江监管局
	青岛监管局		佳木斯运行办
西南管理局	温州监管局	西北管理局	陕西监管局
	四川监管局		青海监管局
	重庆监管局		宁夏监管局
	贵州监管局	新疆管理局	甘肃监管局
	云南监管局		乌鲁木齐监管局
	丽江监管局		喀什监管局

2. 民航局空管局的组织机构

中国民航空管系统现行行业管理体制为民航局空管局、地区空管局、空管分局（站）三级管理；运行组织形式基本是区域管制、进近管制、机场管制为主线的三级空中交通服务体系。

中国民用航空局空中交通管理局主要职责是：贯彻执行国家空管方针政策、法律法规和民航局的规章、制度、决定、指令；拟定民航空管运行管理制度、标准、程序；实施民航局制定的空域使用和空管发展建设规划；组织协调全国民航空管系统建设；提供全国民航空中交通管制和通信导航监视、航行情报、航空气象服务，监控全国民航空管系统运行状况，研究开发民航空管新技术，并组织推广应用；领导管理各民航地区空管局，按照规定，负责直属单位人事、工资、财务、建设项目、资产管理和信息统计等工作。

民航局空管局领导管理民航七大地区空管局及其下属的民航各空管单位，驻省会城市（直辖市）民航空管单位被称为空中交通管理分局（简称"空管分局"），其余民航空管单位均被称为空中交通管理站（简称"空管分站"）。民航地区空管局为民航局空管局所属事业单位，其机构规格相当于行政副司局级，实行企业化管理。民航空管分局（站）为所在民航地区空管局所属事业单位，其机构规格相当于行政正处级，实行企业化管理。

民航局空管局由局领导、局机关、直属单位和各地区空管局等组成。

民航局空管局局机关如表 2-4 所示。

表 2-4　民航局空管局局机关

序号	机关名称	序号	机关名称
1	办公室	10	资产办
2	战略发展部	11	通信导航监视部
3	人力资源部	12	气象服务部
4	财务部	13	计划基建部
5	审计部	14	党委办公室
6	国际合作部	15	纪委办、检察处
7	法规标准部	16	工会办公室
8	安全管理部	17	团委
9	空中交通管制部	18	离退休人员管理部

民航局空管局直属单位如表 2-5 所示。

表 2-5 民航局空管局直属单位

序号	单位名称	序号	单位名称
1	运行管理中心	9	电信公司
2	技术中心	10	装备公司
3	气象中心	11	数据公司
4	航行情报服务中心	12	恒久公司
5	空域管理中心	13	博誉达公司
6	指挥部	14	航空保安器材公司
7	投资管理公司	15	通信导航设备修造厂
8	通达公司		

地区空管局及其下设空管分局（站）如表 2-6 所示。

表 2-6 地区空管局及其下设空管分局（站）

地区空管局	空管分局（站）	地区管理局	空管分局（站）
华北空管局	天津空管分局	中南空管局	河南空管分局
	河北空管分局		湖北空管分局
	山西空管分局		湖南空管分局
	内蒙古空管分局		广西空管分局
	呼伦贝尔空管站		海南空管分局
华东空管局	浙江空管分局		深圳空管站
	江苏空管分局		桂林空管站
	安徽空管分局		三亚空管站
	福建空管分局		湛江空管站
	江西空管分局		汕头空管站
	山东空管分局		珠海空管站
	温州空管站		珠海进近管制中心
	青岛空管站	东北空管局	黑龙江空管分局
	厦门空管站		吉林空管分局
	宁波空管站		大连空管站
西北空管局	甘肃空管分局	西南空管局	重庆空管分局
	宁夏空管分局		贵州空管分局
	青海空管分局		云南空管分局
新疆空管局	阿克苏空管站		

二、空中交通管制单位

空中交通服务由空中交通管制单位（以下简称"管制单位"）提供。为了对管制区、管制地带和机场范围内的航空器提供空中交通管制、飞行情报服务和告警服务，应当设立管制单位。飞行情报区内的飞行情报服务和告警服务由指定的管制单位或单独设立的提供空中交通飞行情报服务的单位提供。

1. 管制工作的实施单位

民用航空空中交通管制工作分别由下列管制单位实施：空中交通服务报告室、机场塔台管制单位（以下简称"塔台管制单位"）、进近管制单位、区域管制单位、地区空中交通运行管理单位、全国空中交通运行管理单位。

2. 管制工作的服务对象

管制单位应当为下列航空器活动提供空中交通管制：

（1）高空管制区、中低空管制区、进近管制区、机场管制地带内的所有仪表飞行规则的飞行；

（2）中低空管制区、进近管制区、机场管制地带内的所有目视飞行规则的飞行；

（3）特殊目视飞行规则的飞行；

（4）机场交通。

3. 管制单位的工作职责

管制单位应当履行下列空中交通服务的职责：

（1）空中交通服务报告室负责受理和审核飞行计划的申请，向有关管制单位和飞行保障单位通报飞行计划和动态。

（2）塔台管制单位负责对本塔台管辖范围内航空器的推出、开车、滑行、起飞、着陆和与其有关的机动飞行提供空中交通服务。

（3）进近管制单位负责一个或者数个机场的航空器进、离场及其空域范围内其他飞行的空中交通服务。

（4）区域管制单位负责向本管制区内受管制的航空器提供空中交通服务，负责管制并向有关单位通报飞行申请和动态。

（5）地区空中交通运行管理单位负责统一协调所辖区域内民航空中交通管制工作，监控所辖区域内民航空中交通管理系统的日常运行情况，协调处理所辖区域内特殊情况下的飞行，承担本地区搜寻援救协调中心的职责。

（6）全国空中交通运行管理单位负责统一协调全国民航空中交通管制工作，监控全国民航空中交通管理系统的日常运行情况，协调处理特殊情况下的飞行，承担民航局搜寻援救协调中心职责。

4. 管制单位的工作要求

为了提供空中交通管制，管制单位应当：

（1）获取航空器飞行计划和有关变化的情况，以及航空器飞行动态；

（2）根据掌握的信息，确定航空器位置及其相对关系；

（3）发布空中交通管制许可与指令，提供飞行情报，防止受管制的航空器相撞，维持空中交通秩序，加速空中交通流量；

（4）当航空器可能与其他管制单位管制下的航空器发生冲突时，或者在将航空器移交其他管制单位之前，应当向该管制单位进行必要的通报。

三、管制单位的席位

为了适应交通量的增长和提高空中交通服务的效率，管制单位可以根据本节规定，将空中交通服务工作责任分配到若干工作席位上。直接对本管制区航空器实施空中交通管制的工作席位被统称为管制席。

1. 空中交通服务报告室工作席位

空中交通服务报告室是为受理有关空中交通服务的报告和离场前提交的飞行计划而设置的单位。其工作席位和任务如表 2-7 所示。

表 2-7　空中交通服务报告室工作席位和任务

工作席位	任务
飞行计划处理席	处理、通报飞行计划，维护飞行计划数据
动态维护席	航班动态信息的维护和发布，拍发及处理起飞、落地、延误等相关动态报文，与飞行保障单位协调航班返航、备降等保障事宜
主任席	本管制单位现场运行工作的组织管理和监督，以及与其他单位的总体协调

空中交通服务报告室席位由管制单位根据本单位的实际需要设置。

2. 塔台管制单位工作席位

塔台管制单位是为机场交通提供空中交通管制而设置的单位。其工作席位和任务如表 2-8 所示。

表 2-8　塔台管制单位工作席位和任务

工作席位	任务
机场管制席	为机场管制地带内活动的航空器提供空中交通管制
地面管制席	对除跑道外的机场机动区内活动的航空器、车辆、人员实施管制
放行许可发布席	向离场航空器发布放行许可
通报协调席	向有关单位通报飞行动态信息和计划，并进行必要的协调
主任席	塔台管制单位现场运行工作的组织管理和监督，以及与其他单位的总体协调
军方协调席	进行本管制单位与飞行管制部门之间的协调

塔台管制单位工作席位的设置，应当符合下列规定：

（1）塔台管制单位应当设置机场管制席和主任席；

（2）年起降架次超过 40 000 架次或者实施仪表着陆系统 Ⅱ 类运行的机场，应当在其管制塔台增设地面管制席；

（3）年起降架次超过 100 000 架次的机场，应当在其管制塔台增设放行许可发布席；

（4）塔台管制单位应当根据实际情况设置通报协调席和军方协调席；

（5）塔台管制单位可以根据机场使用跑道的数量和滑行道的复杂程度，增设机场管制席和地面管制席。

3. 进近管制单位工作席位

进近管制单位是为一个或几个机场受管制的进离场航空器提供空中交通管制而设置的单位。全年起降架次超过 36 000 架次或者空域环境复杂的机场，应当设置进近管制单位。其工作席位和任务如表 2-9 所示。

表 2-9　进近管制单位工作席位和任务

工作席位	任务
进近管制席	对进、离场的航空器及其空域范围内飞越航空器提供空中交通管制
进场管制席	对进场着陆的航空器提供空中交通管制
离场管制席	对起飞离场加入航路、航线的航空器提供空中交通管制
通报协调席	协助管制席向有关单位通报飞行动态信息和计划，并进行必要的协调
主任席	进近管制单位现场运行工作的组织管理和监督，以及与其他单位的总体协调
飞行计划处理席	维护、处理飞行计划
流量管理席	依据流量管理的原则和程序，对于所辖地区的飞行流量进行管理
军方协调席	进行本管制单位与飞行管制部门之间的协调

进近管制单位工作席位的设置，应当符合下列规定：

（1）进近管制单位应当设置进近管制席和主任席；

（2）年起降超过 60 000 架次的机场，应当分别设置进场管制席和离场管制席，或者增设管制扇区；

（3）年起降超过 36 000 架次或者空域环境复杂的机场，无条件设置进近管制单位或者在进近管制单位设立前，可以在塔台管制单位设立进近管制席；

（4）进近管制单位应当根据实际情况设置飞行计划处理席、通报协调席、军方协调席。

4. 区域管制单位工作席位

区域管制单位是指在所管辖管制区内，为受管制的航空器提供空中交通服务而设置的单位。其工作席位和任务如表 2-10 所示。

表 2-10　区域管制单位工作席位和任务

工作席位	任务
程序管制席	使用程序管制方法对本管制区内的航空器提供空中交通服务
雷达管制席	借助航路管制雷达对本管制区内的航空器提供空中交通服务
主任席	区域管制单位现场运行工作的组织管理和监督，以及与其他单位的总体协调
飞行计划处理席	维护、处理飞行计划

（续表）

工作席位	任务
通报协调席	协助管制席向有关单位通报飞行动态信息和计划，并进行必要的协调
军方协调席	进行本管制单位与飞行管制部门之间的协调
流量管理席	依据流量管理的原则和程序，对于所辖地区的飞行流量进行管理
搜寻援救协调席	负责航空器搜寻援救的协调工作

区域管制单位工作席位的设置，应当符合下列规定：

（1）区域管制单位根据本单位实际需要设立程序管制席；

（2）实施雷达管制的区域管制单位应当设立雷达管制席；

（3）区域管制单位应当设置主任席、飞行计划处理席和搜寻援救协调席；

（4）区域管制单位应当根据实际需要设置通报协调席、军方协调席、流量管理席。

第二节 管制员

空中交通管制工作由空中交通管制员（简称"管制员"）担任。管制员是指经过空中交通管制专业训练，持有相应执照并从事空中交通管制业务的人员。它要求执照持有人（简称"持照人"）具有符合要求的从事特定空中交通管制工作的知识、技能、经历和资格。管制员是空中交通的组织、管理、协调和指挥者，需要具有很强的综合素质与能力。管制员作为实施空管任务的主体，对于保证空中交通活动的安全、快捷和顺畅有序具有重要的作用，其职业效能直接关系空管运行系统的安全性及可靠性。

一、管制员执照

管制员实行执照管理制度。管制员执照是指管制员执照持有人具有符合要求的知识、技能和经历，有资格从事特定空中交通管制工作的证明文件，是执照持有人执行任务的资格证书。管制员执照由民航局统一颁发和管理，地区管理局负责本辖区管制员执照的具体管理工作。

从事空中交通管制工作的人员应当按照规定参加体检并取得相应的体检合格证，完成规定的培训，通过理论考试和技能考核，获得必要的申请经历，取得执照，方可从事与其执照相对应的空中交通管制工作。

管制员执照类别包括机场管制、进近管制、区域管制、进近雷达管制、精密进近雷达管制、区域雷达管制、飞行服务和运行监控八类。管制员执照的申请、考试、考核、颁发、注册、暂停、暂扣、吊销等，按照《民用航空空中交通管制员执照管理规则》执行。

空中交通管制检查员（简称"管制检查员"）负责对管制员的技术状况及其职责的履行情况、管制单位的运行情况进行监督检查。管制检查员是由民航局委任，依据规定代表民航局从事有关空中交通管制人员资质管理和空中交通管制单位技术检查等工作的专业技术人员。

管制员执照申请人应当具备下列与管制员执照及其工作职责相适应的知识，包括：

（1）与空中交通管制员、空中交通管制工作有关的法律、法规、规章、标准和规定；

（2）工作中所用设备的一般原理、使用与限制；

（3）飞行原理，航空器、动力装置与系统的操作原理与功能，与空中交通管制运行相关的航空器性能；

（4）与空中交通管制有关的人的因素；

（5）航空气象学、有关天气现象的起源与特征、测高法；

（6）空中导航的原理，导航系统与目视助航设备的原理、限制及精度；

（7）空中交通管制、通信、无线电通话（正常、非正常及应急）用语程序，相关航空文件的使用，与飞行有关的安全措施；

（8）机场飞行程序设计、最低运行标准制定的基本知识；

（9）飞行动态电报、航行通告的拍发；

（10）有关航行资料、航图；

（11）飞行组织保障；

（12）负责区域的空域结构、机场飞行程序、地形和显著地标、天气现象、导航设施和空中交通服务的特点；

（13）适用的规则、程序和资料；

（14）应急、搜寻与援救的计划和程序；

（15）与有关单位之间的协调；

（16）与航空情报服务、航图有关的法律、法规、规章、标准和规定；

（17）飞行流量管理；

（18）飞行计划的受理、处理、审批；

（19）航空情报服务的组织与实施。

二、管制员执勤

1. 管制员执勤时间

管制员执勤时间是指管制员为了完成管制单位安排的管制工作，从到达指定地点报到时刻开始，到完成工作时刻为止的连续时间段。管制员执勤时间应包括：

（1）岗前准备时间；

（2）岗位执勤时间；

（3）岗后分析、讲评时间；

（4）管制培训时间；

（5）其他工作时间。

岗位执勤时间是指管制员为了完成管制单位安排的管制工作，从到达相应管制岗位开始，到完成岗位工作离开时刻为止的连续时间段。

此外，管制员休息时间是从管制员到达休息地点起，到为履行下一次管制工作离开休息地点为止的连续时间段，在该段时间内，管制单位不应为管制员安排任何工作。

2. 管制员执勤时间的有关规定

管制员在执勤期间出现因疲劳无法继续从事其工作的状况时，应当及时向所在管制单位报告。管制单位不得继续安排疲劳管制员执勤。

除出现人力不可抗拒因素或者应急情况外，管制员的执勤时间应当符合下列要求：

（1）管制单位不得安排管制员连续执勤超过 10 小时；

（2）如果管制员在连续 24 小时内被安排执勤超过 10 小时，管制单位应当在管制员执勤时间到达或者累计到达 10 小时之前为其提供至少连续 8 小时的休息时间；

（3）管制员在 1 个日历周内的执勤时间不得超过 40 小时；

（4）管制席的管制员，其连续岗位执勤时间不得超过 6 小时，而从事雷达管制的管制员，其连续岗位执勤时间不得超过 2 小时，两次岗位执勤时间之间的间隔不得少于 30 分钟；

（5）管制单位应当在任意连续 7 个日历日内为管制员安排 1 个至少连续 24 小时的休息期，或者在任一日历月中安排相当时间的休息期；

（6）管制单位应当在每个日历年内为管制员安排至少一次连续 5 日以上的休息时间。

由于人力不可抗拒因素或者应急情况，导致管制员的执勤时间或者岗位执勤时间超出了上述规定，管制单位应在条件允许时，及时安排管制员休息，超出规定的执勤时间或者岗位执勤时间应计入下一段执勤时间。

3. 管制员不得参加管制岗位执勤的有关规定

管制员在下列情况下不得参加管制岗位执勤：

（1）管制员身体出现不符合民航局规定的航空人体体检合格标准的情况时；

（2）管制员在饮用任何含酒精饮料之后的 8 小时之内或处在酒精作用之下、血液中酒精含量等于或大于 0.04%，或者受到任何作用于精神的物品影响损及工作能力时；

（3）管制员被暂停行使执照权利期间；

（4）管制单位或者管制员本人认为不适合参加管制岗位执勤时。

三、管制员培训

民航局对管制员培训工作进行统一管理。管制员的培训工作，按照民航局关于管制员培训的规定执行。在完成管制基础专业培训前，受训人员应当在空中交通管制岗位上实习，了解管制员的基本工作情况。完成管制基础专业培训的人员可以获得见习管制员资格。经管制单位批准，见习管制员可以在管制教员监督下上岗见习。见习管制员见习期间的管制工作责任由监督其工作的管制教员承担。管制单位应当每年安排管制员加入机组进行航线实习或者参加飞行模拟机培训。

第三节　运行保障设施

提供管制所使用的设施、设备应当符合相关规章要求。在配备设备的同时，管制单位应当制定相应的管制工作程序。管制工作场所的位置、面积和布局应当适应空中交通管制工作开展、管制席位设置、设施设备安装等的需要。管制工作场所的温度、湿度、通风、采光等工作环境应当适合空中交通管制工作的开展。机场塔台的位置和高度应当能够使管制员有效地观察到由其管制的机场及周边范围。空中交通运行保障设施涉及地空通信设施、航空固定通信设施、监视与导航设施、机场设施、航空气象和航空情报等。

一、地空通信设施

地空通信又称陆空通信，是指航空器与地面或地面上某些点之间的电台双向通信。空中交通管制使用的地空通信设施，应当是独立的无线电台并配备自动记录设施。管制单位使用的地空通信设施，应当能与在该管制区内飞行的航空器进行直接、迅速、不间断和清晰的双向通信。

为了防止车辆与航空器相撞，需要对机场机动区内的车辆实施管制，应当根据需要设置单独的地面无线通信频道和通信设施，建立塔台管制单位与车辆之间的双向通信。

空中交通管制地空通信记录应当至少保存 30 天。如果该记录与飞行事故或者飞行事故征候有关，应当按照要求长期保存，直至不再需要为止。

二、航空固定通信设施

管制单位应当配备航空固定通信设施，包括报文通信和直通电话，用以交换和传递飞行计划和飞行动态，进行空中交通管制移交和协调。管制单位使用的报文通信设施应当满足交换与传递飞行计划和飞行动态的需要。

管制单位之间的航空固定通信设施应当具有下列功能：

（1）直通电话，用于雷达管制移交目的的，应当能够立即建立通信，而用于其他通信的，应当在 15 秒之内建立；

（2）报文通信、报文传输的时间不得超过 5 分钟。

（3）管制单位使用的直通电话等通信设施，应当有自动记录功能，自动记录应当至少保存30 天。如果该记录与飞行事故和飞行事故征候有关，应当按照要求长期保存，直至明确已不再需要保留时为止。

（4）对于直通电话通信应当制定通信程序，并按照通信内容的轻重缓急程度建立通信秩序。必要时可以中断一些其他通话，以保证在航空器遇到紧急情况时，管制单位能够立即与有关单位建立联系。

三、监视与导航设施

管制单位通常应当配备相应的空管监视和导航设备，以便监视和引导航空器在其管制区内安全、正常、有序飞行。

1. 监视设施

（1）用于提供空中交通服务的监视系统应当完整、有效和可靠。

（2）用于提供空中交通服务的监视系统应当提供与安全有关的告警与警告显示。

（3）用于提供空中交通服务的监视系统应当能够实现与相邻的空中交通服务单位的信息联网共享。

（4）空管监视设施数据应当配备自动记录系统，供调查飞行事故和飞行事故征候、搜寻援救以及空中交通管制和监视系统运行的评价与训练使用。移动通信、固定通信和监视设施的自动记录系统应当处于统一的时钟控制之下，并能够同步播放。

（5）空管监视数据记录应当至少保存30天，如果该记录与飞行事故或飞行事故征候有关，应当按照调查单位的要求长期保存，直至不需要为止。

2. 导航设施

机场和航路应当根据空中交通管制和航空器运行的需要配备目视和非目视导航设施。

对于机场和航路上的目视和非目视导航设施的资料和运行的不正常情况，保障部门应当及时通知有关空中交通管制单位。机场和航路上的目视和非目视导航设施和监视设施，应当按照空中交通管制单位的通知准时开放，如果设施中断运行，有关单位应当立即报告空中交通管制单位。

四、机场设施

应当根据航空器运行和空中交通管制的需要，在机场活动区规划和划设滑行道、滑行路线，设置助航灯光、标记牌和标志物，涂绘地面标志。

关于机场活动区内的跑道、滑行道、停止道、停机坪、升降带，以及目视标志和灯光的可用状态的情报和信息，有关单位应当及时通知塔台管制单位。

机场活动区内的跑道、滑行道、停止道、停机坪、升降带及目视标志和灯光等资料如有变化，有关单位应当立即通知塔台管制单位。

机场活动区内有影响航空器安全和正常运行的危险情况时，如跑道、滑行道上及其附近有临时障碍物或者正在施工等，有关单位应当立即通知塔台管制单位。

五、航空气象

气象服务机构应当向管制单位提供其履行职责需要的机场和航路的最新天气预报及天气实况，以便其履行空中交通管制的职责。设置气象服务机构应当便于气象服务人员和管制单位人员共同商讨气象服务信息。

进近管制单位和塔台管制单位应当配备地面风指示器，指示的风力数据应当与气象服务机构的地面风指示器来自同一观测点和同一风力计。使用仪器测计跑道视程的机场，其进近管制单位和塔台管制单位应当配备跑道视程指示器，以供读出现行跑道视程数据，为起飞和着陆以及进近的航空器提供服务。配备的指示器所指示的数据应当与气象服务机构的指示器所指示的数据来自同一观测点和同一视程测量设备。

管制单位和气象服务机构应当共同协商，确定以电码形式向管制单位提供的并供空中交通管制计算机系统使用的高空和中低空气象资料的内容、格式和传输方式。气象服务机构向管制单位提供的气象资料的格式，应当使空中交通管制人员易于理解，提供的次数应当满足空中交通管制的需要。

机场和航路上出现危害航空器运行的天气现象时，气象服务机构应当将其及时提供给管制单位，并详细告知天气现象的地点、范围、移动方向和速度。气象服务机构应当及时、主动地向管制单位提供特殊天气报告、订正的天气预报以及天气变坏或者预期将要变坏的天气报告，不得等到下一次例行报告时提供。

六、航空情报

管制单位应当与相应的航空情报服务机构建立联系，以便能够及时发布和得到对飞行有直接影响的航空情报。航空情报服务机构应当向管制单位提供需要的一体化航空情报系列资料，以便其履行空中交通管制的职责。

第四节　空管自动化系统

空中交通管制的主要目标是保持空中交通的安全间隔、保证空中流量快速高效地流动。空管自动化系统是空中交通管制工作主要依赖的工具和手段，它是把电子计算机、雷达、显示和通信等先进技术综合利用到空中交通管制方面的一个复杂的电子系统工程。空管自动化系统能对多雷达信号进行处理，并将其与飞行计划动态相关联，使得管制人员对着雷达显示器就可以了解空中交通的实时动态，所管制航空器的具体方位、高度和预计飞行方向等。随着空中流量的不断上升，管制人员的任务越来越重，航空业对空管自动化系统的依赖也越来越强。

空管自动化系统是一套集成化的综合数据处理和显示系统，现代空管自动化系统主要利用一次监视雷达、二次监视雷达等监视系统并在计算机系统的辅助下提供空域飞行动态监视数据及其他相关数据，使管制员能够安全、有序地管理空中交通。其主要功能体现在以下方面：一是各种与管制目标相关信息的显示，集成空中、地面等各类有效信息；二是重要提示，包括飞机的位置、航班号、速度、高度、落地机场、告警等；三是辅助信息，如进程单、标牌上的提示等；四是不同管制扇区之间的信息交互；五是与其他管制单位的信息交流。

空管自动化系统以计算机处理为核心，用内部局域网将各个子系统部件联系起来。系统采用开放式架构，易于席位扩充和系统升级。系统中每个管制席位使用统一的数据平台、优化的人机工作界面，通过直观的图形工具和方便的自动化数据处理以及有效的预警功能，给现有的管制工作带来技术层面的革新。以"欧洲猫"系统为例，空管自动化系统将空管工作中的各种需求设计成系统的各个处理模块，包括飞行数据处理、单雷达航迹处理、雷达数据处理、人机界面处理、通信数据处理等（见图2-1）。

系统一般对关键设备实现主（Master）、备（Slave）冗余配置。主、备两台处理器都连接同样的外部数据源并进行处理，但只有主处理器将结果输出。为保持主、备处理器的同步和对主处理器状态的检查，主处理器的输出结果需发送到备处理器。各处理模块通过工作网进行相互间数据交换和功能整合，工作网提供了各处理模块放置和采集数据的一个工作平台。工作网也是双重冗余的，由工作网A（LAN A）、工作网B（LAN B）组成。系统另外配置第三条网络——服务网S（Service LAN S），主要用作旁路应急备份以及下线数据的传输。空管自动化系统的雷达数据处理一般包括单雷达航迹处理模块、多雷达航迹处理模块、安全网及监控处理。雷达航迹的处理分为单雷达航迹处理和多雷达航迹处理。区域管制、进近管制、塔台管制等不同部门根据自身职能需要可能会采用不同的雷达航迹处理方式。安全网及监控处理是雷达数据处理中不可或缺的组成部分，其主要功能为：系统相关；自动位置报告；各类雷达警告的产生。

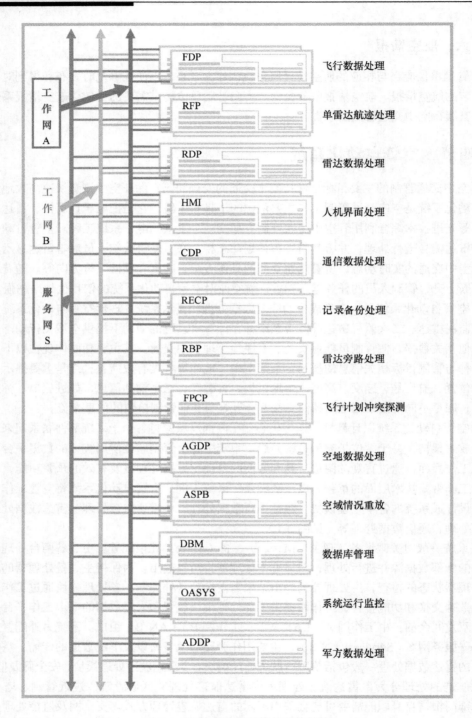

图 2-1　空管自动化系统的总体结构

　　系统中航班的飞行计划数据主要来自各类飞行计划电报、雷达数据处理模块提供的航迹、机组报告由管制员输入系统的飞行信息。飞行数据处理模块把接收到的某个航班的所有飞行计划数据进行有机的处理,并把这些有效的数据归总,统称之为航班的飞行数据记录条(Flight Data Recorder,FDR)。飞行数据记录条就像完整记录航班全部过程的录像,它记录并保存航班整个飞行的所有信息。

空管自动化系统的人机互动是由人机界面处理模块实现的。系统通过工作显示屏和蜂鸣器向用户提供系统处理的结果,用户通过键盘、鼠标实现与系统之间的信息交换与互动。

空管自动化系统具备数据记录和回放的功能,它能实时记录网络上的数据和管制的界面操作,并可以在任意一个席位上回放。回放采用服务网 S 传输回放数据,不会影响数据的记录,也不会影响其他管制席位的正常工作。

系统的数据记录功能主要记录以下类型数据。

(1)监视数据:雷达信息(点迹、航迹)、系统综合航迹、系统航迹与飞行计划相关的识别信息、各类告警信息。

(2)管制员操作记录:管制员的屏幕设置、席位的图形数据、鼠标和键盘信息,主要用于事后回看管制员的操作情况,例如,管制员进行了怎样的设置、对飞机在飞行的各个阶段做出了怎样的操作等。

(3)系统运行状态记录:主处理器设备的运行状态、中央处理器(Central Processing Unit,CPU)、内存、部署进程的运行情况。

空管自动化系统运行监控模块具备系统监视和系统控制功能。系统监视主要实时统计和显示各设备、接口、节点的工作状态,动态显示系统内发生的主要事件,包括设备工作异常、设备或通道切换、重启、系统退出、重要告警等信息,并生成和存储日志文件,同时还具有按时间查询和打印日志文件的功能。系统控制主要是对节点操作系统的控制和对节点进程的控制,并包括功能模块的相互切换操作。

复习思考题

1．民航局和空管局的主要职责分别是什么?

2．民航局空管局下设哪些地区空管局?

3．空管工作分别由哪些管制单位实施?各管制单位的职责是什么?

4．管制员执照有哪些种类?

5．管制员不得参加管制岗位执勤的有关规定有哪些?

6．什么是空管自动化系统?

7．空管自动化系统的总体结构是怎样的?

第三章

基础知识

章前提要

保证航空器安全、高效、有序运行是空中交通管制工作的主要任务，对空中航空器配备合理的垂直间隔，是保证空中安全的重要手段。本章第一节介绍航空器的概念和航空器分类；第二节结合现行管制技术发展，讲述航空器尾流重新分类；第三节、第四节和第五节重点讲解气压高度、过渡高度、过渡高度层、高度表拨正程序、飞行高度层配置与缩小垂直间隔，这是本章乃至本教材的重点。

第一节　航空器

一、航空器的概念

航空器是指能从空气的反作用而不是从空气对地面的反作用、在大气中获得支撑的任何机器。本教材所指航空器，主要是民用航空器，包括固定翼航空器、旋翼航空器、载人气球、飞艇以及中国民用航空局认定的其他飞行器械。根据《中国民用航空法》，民用航空器是指除军事、海关和警察飞行任务以外的航空器。本教材介绍的航空器专指民用飞机。

1．国籍管理

经中华人民共和国国务院民用航空主管部门依法进行国籍登记的民用航空器，具有中华人民共和国国籍，由国务院民用航空主管部门发给国籍登记证书。国务院民用航空主管部门设立中华人民共和国民用航空器国籍登记簿，统一记载民用航空器的国籍登记事项。

下列民用航空器应当进行中华人民共和国国籍登记：

（1）中华人民共和国国家机构的民用航空器；

（2）依照中华人民共和国法律设立的企业法人的民用航空器；企业法人的注册资本中有外

商出资的，外商在该企业法人的注册资本或者实收资本中所占比例不超过35%，其代表在董事会、股东大会（股东会）的表决权不超过34%，该企业法人的董事长由中国公民担任；

（3）在中华人民共和国境内有住所或者主要营业所的中国公民的民用航空器；

（4）依照中华人民共和国法律设立的事业法人的民用航空器；

（5）中国民航局准予登记的其他民用航空器。

自境外租赁的民用航空器，承租人符合前款规定，该民用航空器的机组人员由承租人配备的，可以申请登记中华人民共和国国籍；但是，必须先予注销该民用航空器原国籍登记。

民用航空器不得具有双重国籍。未注销外国国籍的民用航空器，不得在中华人民共和国申请国籍登记；未注销中华人民共和国国籍的民用航空器，不得在外国办理国籍登记。

2. 适航管理

适航管理是以保障民用航空器的安全为目标的技术管理，分为初始适航管理和持续适航管理两个阶段。国务院民用航空主管部门在制定了各种最低安全标准的基础上，对民用航空器设计、制造、使用和维修等环节进行科学、统一的审查、监督和管理。具有中华人民共和国国籍的民用航空器，应当持有国务院民用航空主管部门颁发的适航证书，方可飞行。

民用航空器包括发动机、螺旋桨和相关设备的设计，应当向国务院民用航空主管部门申请领取型号合格证书。经审查合格的，发给型号合格证书。民用航空器包括发动机、螺旋桨和相关设备的生产、维修，应当向国务院民用航空主管部门申请领取生产许可证书、维修许可证书。经审查合格的，可发给相应的证书。

国外生产的任何型号的民用航空器及其相关设备，首次进口中国的，该制造商应当向国务院民用航空主管部门申请领取型号认可证书。租用国外民用航空器，应当经国务院民用航空主管部门对其原国籍登记国发给的适航证书审查认可或者另发适航证书，方可飞行。

出口民用航空器，包括发动机、螺旋桨和相关设备，制造商应当向国务院民用航空主管部门申请领取出口适航证书。经审查合格的，发给出口适航证书。

3. 民用航空器标志

民用航空器标志包括两个部分：国籍标志和登记标志。在中华人民共和国领域内飞行的民用航空器，应当具有规定的国籍标志和登记标志或临时登记标志，并携带国籍登记证书或临时登记证书。

国籍标志是识别航空器国籍的标志。国籍标志选择的规则为：国籍标志必须从国际电联分配给登记国的无线电呼叫信号中的国籍代号系列中选择，同时必须将国籍标志通知国籍民航组织。例如，我国选定罗马体大写字母"B"为中国航空器的国籍标志。

登记标志是航空器登记国在航空器登记后给定的标志。中国民用航空器登记标志为阿拉伯数字、罗马体大写字母或者二者的组合。国籍标志置于登记标志之前，国籍标志和登记标志之间加一短横线。民用航空器上国籍标志和登记标志的位置应当符合下列规定：

（1）固定翼航空器——位于机翼和尾翼之间的机身两侧或垂直尾翼两侧（如果是多垂直尾翼，则应在两外侧）和右机翼的上表面、左机翼的下表面；

（2）旋翼航空器——位于尾梁两侧或垂直尾翼两侧；

（3）飞艇——位于右水平安定面上表面、左水平安定面下表面和垂直安定面下半部两侧；

（4）载人气球——位于球体表面水平最大圆周直径两端对称部位上。

航空器构形特别，其国籍标志和登记标志的位置不符合本条前款规定的，应当位于易于识别该航空器的部位。

航空器外部的其他图案（如航徽、彩条、公司名称字样）由企业自行确定，但需将设计图以三面工程图纸的形式上报民航局备案。

二、航空器的分类

航空器的分类方法多样，按照产生升力的原理，可分为轻于空气的航空器和重于空气的航空器；按照航程远近，可分为远程航空器、中程航空器、短程航空器；按照机身宽度，可分为宽体机和窄体机；按照运营航线，可分为干线客机和支线客机。

在空中交通管制和飞行过程中，由于管制员和飞行员需要根据航空器产生和承受尾流的大小、入口速度等来执行不同的间隔标准和飞行程序，因此，根据管制和飞行的需要，对航空器进行以下分类。

1. 按进近性能划分

根据航空器的最大允许着陆重量在着陆形态下失速速度的 1.3 倍（在入口的指示空速），ICAO 将航空器分为五类。

（1）A 类：指示空速小于 169km/h；运 5、TB20/200、西锐 SR20、塞斯纳 172R 等为 A 类航空器常见机型。

（2）B 类：指示空速为 169km/h 或以上，但小于 224km/h；新舟 60、Dash-8、ATR72、西门诺尔等为 B 类航空器常见机型。

（3）C 类：指示空速为 224km/h 或以上，但小于 261km/h；B737、B757、A321、A318、A319、A320、C919、ARJ21、CRJ200/700、ERJ145/190、MD82、MD90 等为 C 类航空器常见机型。

（4）D 类：指示空速为 261km/h 或以上，但小于 307km/h；B747、B767、B777、B787、A330、A340、A380、MD11、A300、A310 等为 D 类航空器常见机型。

（5）E 类：指示空速为 307km/h 或以上，但小于 391km/h；我国暂无 E 类航空器，目前国际上只有 Tu-144 和协和属于 E 类航空器。

2. 按尾流的强弱划分

航空器在运行过程中，后方航空器会不同程度地受到前方航空器尾流的影响。其影响强度随航空器重量的增大而增大。为规定航空器尾流间隔标准、避免因尾流影响发生事故，特按照航空器的最大起飞重量，将航空器分为三类。

（1）起飞全重 136t（含）以上的航空器为重型航空器，用大写字母 H 表示；B747、B767、B777、B787、A330、A340、A380、MD11、A300、A310 等为常见的重型航空器。

（2）起飞全重大于 7t、小于 136t 的航空器为中型航空器，用大写字母 M 表示；B737、B757、A320、A321、A319、A318、C919、ARJ21、CRJ200/700、ERJ145/190、MD82、MD90、新舟 60、奖状、湾流 G500/550、Dash-8、ATR72 等为常见的中型航空器。

（3）起飞全重等于或小于 7t 的航空器为轻型航空器，用大写字母 L 表示；西门诺尔、运 5、运 12、TB20/200、西锐 SR20、塞斯纳 172R、钻石 DA40D 等为常见的轻型航空器。

另外，需要注意的是，空客 A380 机型是目前投入商业运营的最大的民用载客航空器，起飞全重达 560t。国际民用航空组织《空中导航服务程序空中交通管理》（DOC4444）中明确规定其机型种类属于重型航空器。然而，A380 机型产生的尾流远大于其他重型航空器所产生的尾流，为了避免 A380 机型对其附近运行的航空器产生尾流影响，特规范和明确管制部门为其专门配备的尾流间隔标准，保证飞行安全。

3. 按航空器的大小划分

按照航空器的最大起飞重量，我国航空器可分为大型机、中型机和小型机。

（1）大型机：最大起飞重量为 60t 以上的航空器；

（2）中型机：最大起飞重量为 20～60t 的航空器；

（3）小型机：最大起飞重量为 20t 以下的航空器。

第二节　航空器尾流重新分类

一、背景

我国现行的尾流间隔与国际民用航空组织 4444 号文件（ICAO DOC4444）中的规定一致，将航空器按照最大起飞重量来分类，给出不同类别组合下的间隔标准，其在确保空中交通运行安全、有序方面发挥了重要作用。上述标准基本形成于 20 世纪 60 年代，受限于当时的认知能力、技术水平、模型精度和探测效果，同一类别中不同机型在尾流强度和遭遇尾流后的改出能力方面存在较大差异，存在缩减尾流间隔的潜力。随着空中交通流量的持续增长，相对保守的间隔标准在一定程度上也限制了繁忙机场的容量，造成了不必要的航班延误和等待。

为了安全、审慎地缩减尾流间隔以提高机场运行效率，近年来，美国联邦航空管理局、美国国家航空航天局，以及欧洲航行安全组织等机构在"美国下一代空管系统"和"欧洲单一天空空中交通管理研究"项目支持下从尾流消散、数值模拟、尾流遭遇、雷达探测等方面开展了大量的基础研究。在此基础上，欧美研究人员提出"RECAT"（一种分类标准）的概念，通过对各机型组合下最小安全间隔的计算分析，将现行间隔标准中的重型航空器分成了 B、C 两类；将中型航空器分为 D、E、F 三类，并将较小的中型航空器与轻型航空器合为 F 类。由于对航空器的类别进行了细分，因此可以适度缩减尾流间隔。ICAO 在 2012 年发布的航空系统组块升级机场运行引线中，给出了在三个组块/时间节点下的尾流间隔模块，明确提出了缩减尾流间隔分三步的计划，RECAT 则是第一步的重要组成部分。

随着中国地区民航运输量持续快速增长，空管运行安全与效率面临的压力也越来越大。为此，我国有关空管机构积极开展空管新技术研究与实验运行工作，探索利用 RECAT 技术进一步实现管制运行精细化管理、提升空管运行效率的可行性。

二、发展概况

2015 年，中国民航局公布了《中国民航航空系统组块升级（ASBU）发展与实施策略》，文件规划了中国航空系统的发展目标，明确了 RECAT-CN，即中国尾流重新分类标准。为此，中国民航局空管局根据我国国情对在我国推广应用尾流再分类技术的可行性进行了论证，联合多所高校就实施条件及建议方案等进行研究，得出尾流重新分类具有可行性。之后，在论证了欧美等国 RECAT 具有安全性的基础上，结合国内外实际运行情况、我国民航运行特点及有关要求，制定了中国尾流重新分类标准（RECAT-CN），并开始试验运行。

2019 年 12 月 5 日，民航局在白云机场、宝安机场两个机场试点，开始航空器尾流重新分类管制试验性运行，这是 RECAT 在我国的首次实践。该标准下航班起降数量达到了预定标准，两场参与试验运行的飞机占比约为 50%，试验运行前后的尾流间隔平均缩减率约为 20%。管制员能够熟练应用 RECAT-CN 机型分类的方法，并掌握了对应的间隔新标准。参与试验运行的南方航空、海南航空、深圳航空、顺丰航空、联邦快递、UPS 等航空公司的飞行员也基本了解了试验运行的有关标准及要求。

北京时间 2020 年 12 月 31 日零时，随着 ICAO 新一轮航空情报资料更新生效，中国民航局开始在北京首都国际机场、北京大兴国际机场、上海虹桥国际机场、上海浦东国际机场、杭州萧山国际机场、南京禄口国际机场、郑州新郑国际机场、武汉天河国际机场、成都双流国际机场、重庆江北国际机场、昆明长水国际机场及西安国际咸阳机场，共计 12 个机场进行航空器尾流重新分类试验性运行。随着对 RECAT-CN 运行的持续研究、不断完善，新标准在正式投入运行后，必将不断提高运行效率，对于经济方面的积极作用将愈发凸显。

三、航空器尾流分类现状

目前，包括中国在内的大部分国际民用航空组织成员均采用 20 世纪 70 年代左右形成的 ICAO Doc 4444 中规定的尾流间隔标准。在 2018 年 5 月《民用航空空中交通管制管理规则》（R5 版）颁布之前，中国的尾流间隔标准是将国际民用航空组织的相关标准换算为公里后向上取整得到的。整个标准相对而言更加注重安全性，具有较多的安全冗余。2018 年中国民航局将修订意见及咨询通告进行整合，颁布了《民用航空空中交通管制管理规则》（CCAR-93-R5）。规则中包含了针对空客 A380 尾流类型的指导意见，意见考虑了 ICAO 标准下的空客 A380 尾流类型。此外，当飞机为波音 757 机型时，尾流间隔将遵循前机为重型机的规则运行。其他航空器尾流等级分类与 ICAO 的有关标准保持一致，将航空器按照最大起飞重量划分为轻（L）、中（M）、重（H）三个类别。现行航空器分类标准下的雷达管制下尾流间隔如表 3-1 所示。

表 3-1　现行航空器分类标准下的雷达管制下尾流间隔　　　　　　单位：km

		后机			
		A380	H	M	L
前机	A380	6	11.1	13.0	14.8
	H	6	7.4	9.3	11.1
	M	6	6	6	9.3
	L	6	6	6	6

四、航空器尾流重新分类

RECAT-CN 作为中国民航推进的一项管制新技术，旨在保证前后两机安全尾流间隔的基础上，有效提升机场的运行效率。中国民航局组织专家进行论证，考虑到飞机的最大起飞重量和翼展的情况，对现有的尾流间隔标准进行了细分，从而形成了新的飞机尾流间隔标准。新标准中将现行标准中的重型飞机从单一的 H 类细分成 B、C 两类，使系统具有更多机型和尾流的定义，为管制员提供更多的组合选择。

尾流间隔标准根据机型种类而定，在 RECAT-CN 中，航空器机型种类按航空器最大允许起飞全重和翼展分为五类：超级重型机（J）、重型机（B）、一般重型机（C）、中型机（M）、轻型机（L）。其中，B757 系列飞机（包含 B757-200、B757-300 等）被划分为中型机。

翼展、最大允许起飞重量及典型机型如表 3-2 所示。

表 3-2　RECAT-CN 分类方法

种类	翼展（m）	最大允许起飞重量（t）	典型机型
J	≥75	≥136	A380
B	54～75	≥136	B748、B788、B77W、B772、A338、A339、A35K、A359 等
C	≤54	≥136	B762、B763、A300、Y-20 等
M	—	7～136	与 CCAR-93-R5 一致
L	—	≤7	与 CCAR-93-R5 一致

与 ICAO Doc 4444 的尾流分类和间隔标准相比，RECAT-CN 对重型机进行了细分，根据航空器最大起飞重量及翼展大小将 CCAR-93-R5 中的重型机（H）重新分为 RECAT-CN 中的重型机（B）和一般重型机（C）两类，其余机型与 CCAR-93-R5 中保持一致。RECAT-CN 下的雷达管制下尾流间隔如表 3-3 所示。

表 3-3　RECAT-CN 下的雷达管制下尾流间隔

单位：km

		后机				
		J	B	C	M	L
前机	J	6	9.3	11.1	13	14.8
	B	6	5.6	7.4	9.3	13
	C	6	6	6	6.5	11.1
	M	6	6	6	6	9.3
	L	6	6	6	6	6

第三节　气压高度

一、相关概念

1. 物理高度

高度是人们日常生活中经常遇到和使用的物理概念，其通常有以下两种情况。

物理高度：指物体的几何尺寸。例如，教学楼为 40m，某人身高为 180cm，等等。

真实高度：指物体距离某一物理面（点）的垂直距离。飞行中的真实高度是指航空器距离地面（或水面）的垂直距离。

在飞行过程中，可以通过无线电测高仪来测定航空器距离地面（或水面）的垂直距离。然而，在实际使用过程中，无线电测高仪只能作为飞行员在进近着陆阶段的辅助仪表，航空器并不依靠无线电测高仪来掌握高度信息。飞行员不必向管制员报告真实高度（简称"真高"），管制员也不依靠真高来配备航空器之间及其和障碍物之间的垂直间隔，主要是基于以下三点考虑。

（1）测量基准不同：空中不同的航空器分布在不同的地理位置，地面障碍物起伏很大，不同的航空器测量的真高是距其正下方地表的垂直距离，测量基准不一致。

（2）飞行速度快：飞机在空中是高速运动的，其下方地理环境变化快，真高的读数是变化的，持续波动的数据对于飞行和空中交通管制而言都是没有意义的。

（3）无线电波传输信号误差大：由于航空器飞行高度较高、速度很快，其向地面发射的无线电波和接收到的反射信号存在较大误差，高度指示不准。

综上所述，飞行员在最后进近着陆阶段，即飞机速度较慢、距离地面较近、地势起伏较小（机场附近有净空要求）时，才把无线电测高仪作为辅助高度仪表使用。在实际飞行的全过程中，飞行员主要使用气压式高度表来掌握飞机的垂直位置。

2. 气压与高度的关系

经过测量和计算，在标准大气条件下，高度每升高 8.25 m，大气压力减少 1hPa。因此，在标准大气条件下，气压和高度之间换算公式为：

$$高度=（设定的基准面气压值-所在高度的气压值）×8.25$$

式中，气压值的单位为 hPa，高度单位为 m。

气压式高度表的测量原理就是通过测量两个地点的气压差来计算两个地点的高度差，气压式高度表正是利用这种线性关系通过测量气压变化来间接测量高度变化的。

在飞行和空中交通管制中，气压式高度表测量的气压高度比无线电高度表测量的真实高度具有以下突出优点。

（1）气压式高度表测量精度可靠：气压式高度表不受飞行高度、速度、地理环境的影响，测量精度可靠。

（2）基准面设定便捷：在不同的飞行区域，根据管制员的要求，飞行员通过调节气压式高度表面板上的旋钮改变气压设定基准，就能够快速测出飞机相对不同等压面的垂直距离。

（3）基准面统一：管制员可以通知飞行员将气压式高度表的基准气压设定为某一固定值，如标准大气压 1 013.25hPa。

二、高、高度、飞行高度层

在民用航空领域，航空器的垂直位置可以用高、高度和飞行高度层来表示。

高（Height）：指自某一个特定基准面（机场标高所在的面）量至一个平面、一个点或者可以视为一个点的物体的垂直距离。

高度（Altitude）：指自平均海平面量至一个平面、一个点或者可以视为一个点的物体的垂直距离，也就是我们俗称的海拔，又称绝对高度。航图和日常使用的地图中标注的山峰、障碍物等高度均指此高度。

飞行高度层（Flight Level，FL）：以 1 013.2hpa 气压面为基准的等压面。各个等压面之间具有规定的气压差。航空器在巡航阶段一般与障碍物的高度间隔较大，为保证安全，需要保证航空器与航空器之间的垂直间隔，基于统一的基准面，分配不同飞行高度层来保证空中飞行的安全。

由于地理位置和潮汐等诸多因素的影响，自然海面的升降变化是经常发生的，客观地衡量海面的上升或下降，没有一个理想的海平面起算零点是不行的。我国的海平面起算零点即平均海平面，采用的是青岛港验潮站的长期观测资料推算出的黄海平均海平面。

高度表拨正值将气压式高度表的基准气压刻度调整到需要设定的基准面的气压值。根据不同飞行阶段的需要，设置不同的高度表拨正值。例如，表示场面气压高时，必须使用场面气压作为高度表拨正值；表示高度时，必须使用修正海平面气压作为高度表拨正值；表示飞行高度层时，必须使用标准气压作为高度表拨正值。

1. 场面气压高

场面气压（Query Field Elevation，QFE，简称"场压"）是指航空器着陆区域最高点的气压。

场面气压高（简称"场压高"或者"场高"）是指以着陆区域最高点为基准点，上升至某一点的垂直距离。

（1）使用场面气压高的优点为：方便判断飞机距跑道的垂直距离。

（2）使用场面气压高有如下缺点。

一是不能直观地将其作为飞行员的超障参考。航图上注明的障碍物标高不是距机场跑道的垂直距离，而是指障碍物最高点距平均海平面的垂直距离。

二是高原机场无法使用场面气压高。高原机场的场压较低，多数飞机高度表的气压刻度窗不能调到很小的气压值。

三是在终端管制区内不宜使用场面气压高。终端管制区负责本区域内多个机场的航空器进、离场的管制工作，这些机场的标高差异导致场压值不相同。如果进出这些机场的航空器使用各自起飞机场的场压值作为高度表拨正值，则管制员无法直观判断这些航空器之间是否具备安全的垂直间隔。

四是来自不同机场的飞机在航线上汇聚、交叉，更不宜使用场面气压高。场面气压高只能在进近、起飞和着陆阶段使用。由于使用场压高存在很多不安全因素，欧美国家民用机场一般不使用，但部分军用机场仍然使用。我国民用机场在 2001 年 8 月至 2002 年 8 月，分三批完成高度表拨正程序改革方案的实施，不再使用场面气压高。然而，目前我国军用机场和部分军民合用机场依旧使用场面气压高。

2. 修正海平面气压高度

修正海平面气压（Query Normal Height，QNH）是指将观测到的场面气压，按照标准大气条件修正到平均海平面的气压。

QNH 的基本修正公式为：

$$QNH=QFE+机场标高/气压递减率$$

式中，气压递减率为 8.25 m/hPa。修正海平面气压高度通过测量场压和机场标高修正得到，但是在现实中绝大部分时候，大气环境都不是标准气压，气压递减率不是 8.25 m/hPa，气压式高度表指示的高度值与航空器距平均海平面的实际高度存在误差。不过，在实际运行时制定的各种越障标准均已考虑这些误差。

（1）与场面气压高相比，使用修正海平面气压高度有如下优点。

一是航空器和障碍物有相同的高度测量基准面。

二是 QNH 拨正值不受高原机场限制。不同季节、不同地区修正海平面气压值通常为 980～1040hPa，几乎所有气压式高度表都能调到这个气压范围。

三是终端管制区使用 QNH，满足同一空域内的航空器使用统一的气压基准面的要求。这是因为，大气在水平范围不是很大的区域内特性变化不大，终端管制区内大气状况近似相等，气压垂直递减率十分接近。

（2）与场面气压高相比，使用修正海平面气压高度有如下缺点。

一是不方便判断飞机距跑道的垂直距离，需要根据公式"场面气压高=修正海平面气压高度-机场标高"进行推算。

二是飞机在航线上不能使用 QNH。由于航线飞行距离远大于终端区的范围，相距甚远的机场大气状况差异可能很大，气压垂直递减规律差异也很大，不能满足同一管制区内使用统一基准面的要求。

根据以上优缺点，目前我国民用机场规定在终端管制区飞行使用 QNH 拨正值。

3. 标准气压高度

标准气压（Query Normal Elevation，QNE）是指在标准大气条件下海平面的气压，其值为 1 013.25hPa（760mm hg）。

标准气压高度是指以 QNE 作为基准，当气压式高度表拨正值为标准气压值时，高度指针所指示的数值。

（1）使用标准气压高度的优点。

使用标准气压高度可以统一管制区使用 QNE 基准面的要求。

（2）使用标准气压高度的缺点。

一是不能给飞行员提供直观的超越障碍物的参考。因为地图上注明的障碍标高是指障碍物最高点距平均海平面的垂直距离，而不是距 QNE 高度层的垂直距离。

二是不方便用来判断航空器距跑道的垂直距离。

（3）标准气压高度的适用范围。

标准气压高度主要用于航线飞行。

在高海拔机场进近着陆时，可以利用假定零点高度判断飞机距跑道的垂直距离。假定零点高度实际上就是机场跑道平面的标准气压高度，主要被用于高原机场，航空器在起飞、着陆时，气压式高度表的气压窗口不能显示场面气压而使用标准气压拨正值，管制员向航空器通报零点高度，飞行员根据公式"场压高=标准气压高度-零点高度"推算飞机距跑道的垂直距离，但不如使用 QNH 安全和方便。在我国民用机场，已经用修正海平面气压拨正值代替 20 世纪的场面气压拨正值和零点高度，但我国军用和部分军民合用机场仍然继续使用此种方法。

4. 三种气压高/高度的比较

根据前面的介绍可知：三种气压高/高度的测量都是通过改变气压式高度表的拨正值来实现

的。三者之间的比较如表 3-4 所示。

表 3-4 三种气压高/高度的比较

名称	拨正值	主要优点	主要缺点	主要适用范围
场面气压高	QFE	方便测量航空器距跑道的垂直距离	不便越障；终端、航线均不宜使用	航空器进近、起飞、着陆阶段
修正海平面气压高度	QNH	方便比较航空器与障碍物的垂直距离	不便判断距跑道的垂直距离；航线飞行阶段不宜使用	航空器进场、离场、进近阶段
标准气压高度	QNE	方便判断航空器之间的垂直距离	不便越障；不便判断距跑道的垂直距离	航线飞行阶段

第四节 过渡高度、过渡高度层与高度表拨正程序

一、过渡高度、过渡高度层和过渡夹层

过渡高度（Transition Altitude，TA）：指一个特定的修正海平面气压高度，在此高度或以下，航空器的气压基准按照修正海平面气压式高度表示。

过渡高度层（Transition Level，TL）：指在过渡高度之上的最低可用飞行高度层。在此高度或以上，航空器的气压基准按照标准气压式高度表示。

过渡夹层是过渡高度和过渡高度层的中间空域。航空器在过渡夹层内不能平飞。

二、高度表拨正程序

1. 修正海平面气压（QNH）、标准气压（QNE）的适用区域

在机场附近及终端区飞行应使用修正海平面气压（QNH）作为航空器的高度表拨正值。航空器沿航线飞行时，统一使用 QNE 作为高度表拨正值，以达到所有航空器统一高度基准面，保证航空器之间垂直间隔的目的。

为便于管制员和飞行员明确不同高度基准面的有效使用区域，并正确执行高度表拨正程序，高度表拨正值的适用范围在水平方向上用修正海平面气压适用区域的侧向界限作为水平边界，在垂直方向上用过渡高度和过渡高度层作为垂直边界。

（1）QNH 的适用区域。

在 QNH 的适用区域内，航空器应采用 QNH 作为高度表拨正值，高度表指示的是航空器的修正海平面气压高度，航空器着陆在跑道时，高度表指示的是机场标高（忽略机身尺寸）。

（2）QNE 的适用区域。

在未建立过渡高度和过渡高度层的区域及航路航线飞行阶段，航空器应按照规定的飞行高度层飞行，各航空器高度表拨正值为 1 013.25 hPa。

2. 有关高度表拨正的规定

（1）使用统一的高度表拨正值。

中国民航局规定，在全国民用机场区域统一使用平均海平面作为气压高度的基准面，一般

使用 QNH 作为高度表拨正值。

（2）机场过渡高度和过渡高度层建立的原则。

过渡高度层高于过渡高度，且两者垂直距离为 300～600 m。公布的过渡高度层一般不随气压的变化而调整。当气压变化到一定程度时，为了确保在气压变化很大的情况下，过渡夹层有安全、合理的垂直空间，会相应地调整过渡高度。具体的调整方法为：当机场修正海平面气压小于 979 hPa（含）时，过渡高度应降低 300 m。当机场修正海平面气压大于 1 031 hPa（含）时，过渡高度应提高 300m。

过渡高度不得低于仪表进近程序的起始进近高度。为了便于管制调配，终端管制区的上限高度应尽可能与过渡高度一致。两个或两个以上机场之间距离较近、需要建立协调程序时，应建立共同的过渡高度和过渡高度层，这个共同的过渡高度和过渡高度层必须是这些机场规划的过渡高度和过渡高度层中最高的。

（3）机场过渡高度和过渡高度层建立的规定。

建立机场过渡高度和过渡高度层的规定如表 3-5 所示。

表 3-5　建立机场过渡高度和过渡高度层的规定

机场标高	过渡高度	过渡高度层
1 200 m（含）以下	3 000 m	3 600 m
1 200～2 400 m（含）	4 200 m	4 800 m
2 400 m 以上	视需要确定	视需要确定

（4）不同飞行阶段高度表的拨正程序。

① 离场航空器。

一是起飞前在放行许可中必须包括本场 QNH，并将此作为气压式高度表拨正值；

二是在爬升过程中航空器保持本场 QNH，直至到达过渡高度。在穿越过渡高度时，航空器立即将高度表的气压刻度调整到标准气压（1 013.2hPa），其后保持 QNE 拨正值；

三是离场航空器在爬升过程中，若在过渡高度以下穿越 QNH 适用区域的侧向水平边界，必须立即将高度表气压刻度调到 QNE，其后保持 QNE 拨正值。

② 航路和航线飞行。

在未建立过渡高度和过渡高度层的航路、航线飞行阶段，航空器应使用 QNE 作为高度表拨正值，并按照规定的飞行高度层飞行。

③ 进场航空器。

一是进场航空器在进场、进近许可或加入起落航线许可中应包括本场 QNH，在过渡高度层或以上飞行时使用 QNE 拨正值；

二是进场航空器在下降穿过机场的过渡高度层时，应立即将气压式高度表拨正值调到本场 QNH 值，其后保持 QNH 拨正值；

三是进场航空器在过渡高度以下进入 QNH 适用区域的侧向边界时，应立即将高度表气压刻度调到本场 QNH 值，其后保持 QNH 拨正值。

④ 飞越机场的航空器。

一是在过渡高度层或者以上飞越机场的航空器，高度表拨正值使用标准气压（1 013.2hPa）。

二是在 QNH 高度表拨正水平边界内飞行时，其高度表正值使用 QNH；

三是由于过渡夹层中不同航空器高度表拨正值可能不一致，过渡夹层不得用于平飞。当航路、航线飞行高度层恰好在某机场过渡夹层，且要穿越此机场 QNH 适用区域的水平边界时，管制员必须指令飞行员改变航空器飞行高度层，避开过渡夹层。

⑤ 航空器在相邻机场之间飞行。

在相邻机场之间飞行的航空器（不含飞越航空器），其高度表拨正程序按照管制移交协议有关规定执行。

⑥ 航空器等待高度气压面的确定及等待高度的使用。

当航空器在过渡高度层（含）以上等待时，高度表拨正值使用标准气压（QNE），最低等待高度为过渡高度。

当航空器在过渡高度层（含）以下等待时，高度表拨正值使用机场修正海平面气压（QNH），最高等待高度为过渡高度。每间隔 300m 为一个等待高度，最低等待高度不得低于起始进近高度。

3．修正海平面气压适用区域的水平边界划定的方法

（1）以机场的甚高频全向信标台/测距仪（VOR/DME）为圆心，在半径 55 km（30 n mile）以内使用该机场 QNH，以外使用 QNE。

（2）有若干个 VOR/DME 的机场，则应明确定位的导航台，在半径 55 km（30 n mile）以内使用该机场 QNH，以外使用 QNE。

（3）没有 VOR/DME 的机场，以航线无指向性无线电信标（Non-directional Beacon，NDB）为圆心，在半径 55 km（30 n mile）以内使用该机场 QNH，以外使用 QNE。

（4）没有 VOR/DME 和航线 NDB 的机场，以主起降方向的一个 NDB 为圆心，在半径 55 km（30 n mile）以内使用该机场 QNH，以外使用 QNE。

（5）如果有 DME 与仪表着陆系统（Instrument Landing System，ILS）下滑台合建，以 DME 为圆心，在半径 55 km（30 n mile）以内使用该机场 QNH，以外使用 QNE。

（6）当机场导航设施不全、航空器难以利用机场导航台定位时，在距机场中心 10 min 以内使用该机场 QNH，10 min 以外使用 QNE。

（7）设置空中走廊的机场，在空中走廊外口以内使用该机场 QNH，在空中走廊外口以外使用 QNE。

（8）如果上述选择方法不能满足实际需要，还可以使用以下方法确定使用 QNH 的边界：①强制报告点；②管制移交点；③机场区域范围界限；④管制协调规定中明确的范围。

4．有关注意事项

（1）有些国家规定，当修正海平面气压达到一定数值时，要相应地调整过渡高度层。而我国大部分地方规定的是过渡高度层不改变，必要时相应地调整过渡高度。

（2）管制员在管制过程中，对于航空器在修正海平面气压适用区域的侧向边界附近且高度在过渡高度上下运行时要特别注意最低间隔的配备。

（3）空中交通管制员发送的放行、进场、进近许可和进入起落航线许可中应包括 QNH。

（4）QNH 和 QFE 共存时应注意的问题：当飞行员请求使用 QFE 时，管制员可以在进近和着陆许可中提供，但飞行员只能在最后进近阶段使用 QFE。在 QNH 适用区域内，管制员应以 QNH 为基准在各航空器之间配备垂直间隔。

（5）过渡夹层不得平飞。当航路或航线的飞行高度层恰在过渡夹层内，航空器进入 QNH 适用区域的侧向边界时，应按照管制员的指令调整飞行高度层，以避免在过渡夹层内平飞。

（6）管制员和飞行员均应严格遵守高度表拨正程序，正确掌握高度表拨正时机。

（7）遵守其他相关规定，保证飞行安全。

第五节　飞行高度层配备与缩小垂直间隔

一、飞行高度层配备

1. 巡航高度层配备

航空器在航路和航线飞行时，应当按照所配备的飞行高度层飞行，我国现行的巡航高度层配备如图 3-1 所示。

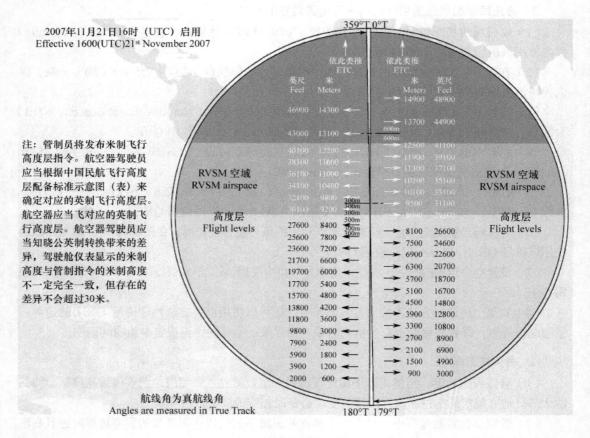

图 3-1　巡航高度层配备

（1）真航线角在 0°～179° 的范围内，高度为 900～8 100 m 时，每隔 600 m 为一个高度层；高度为 8 900～12 500 m 时，每隔 600 m 为一个高度层；高度在 12 500 m 以上时，每隔 1 200 m 为一个高度层。12 500 m（含）以下高度层配备满足"东单"（真航线角为 0°～179° 时，其航线为向东飞，所使用的高度层除以 100 后应为单数，简称"东单"）的原则。

（2）真航线角在 180°～359°范围内，高度为 600～8400 m 时，每隔 600 m 为一个高度层；高度为 9 200～12 200 m 时，每隔 600 m 为一个高度层；高度在 13 100 m 以上时，每隔 1200 m 为一个高度层。12 200 m（含）以下高度层配备满足"西双"（真航线角为 180°～359°时，其航线为向西飞，所使用的高度层除以 100 后应为双数，简称"西双"）的原则。

（3）真航线角从航线起点和转弯点量取。

2．非巡航高度层配备

（1）机场塔台或进近管制室管制区域。

在该区域内的飞行高度层配备，不论使用哪种高度表拨正值，不论航向如何，航空器垂直间隔在 12 500 m 以下不得小于 300 m。

（2）机场等待空域的飞行高度层配备。

在该区域内，从 600 m 开始，每隔 300 m 为一个高度层。最低等待高度层离地面的最高障碍物的真实高度不得小于 600 m，距离仪表进近程序起始高度不得小于 300 m。

（3）航路等待空域的飞行高度层配备。

在该区域内，在 8 400 m 以下时，每隔 300 m 为一个等待高度层；8 400～8 900 m 为一个等待高度层；在 8 900～12 500 m 时，每隔 300 m 为一个等待高度层；12 500 m 以上，每隔 600 m 为一个等待高度层。航路等待空域的最低飞行高度层不得低于航线最低安全高度。

3．选择巡航高度层应当考虑的因素

（1）只有在航线两侧各 25km 以内的最高标高不超过 100m、气压不低于 1 000hPa（750mmHg）时，才能允许在 600m 的高度层飞行；如果最高标高超过 100m、气压低于 1 000hPa（750mmHg）时，巡航飞行高度层应当相应提高，以保证飞行的真实高度不低于安全高度。

（2）航空器的最佳巡航高度层。

（3）航线天气状况。

（4）航线最低飞行的安全高度。

（5）航线巡航高度层占用和空闲情况。

（6）飞行任务的性质。

4．管制员发布高度（层）指令的时机

（1）在指定高度（层）飞行的航空器报告脱离该高度（层）后，可以将该高度（层）指定给其他航空器，但航空器之间的垂直间隔不得低于规定的最低标准。

（2）当飞行员报告有强烈颠簸以及指示由飞行员自行决定上升或下降时。在接到脱离指定高度（层）的航空器已到达规定的最低标准以上间隔的高度（层）的报告前，不得将所脱离的高度（层）指定给其他航空器。

二、缩小垂直间隔

国际民用航空组织从 20 世纪 70 年代开始研究将 8 400 m 以上飞行的 600 m 垂直间隔缩小为 300 m。1997 年 3 月，欧美国家在北大西洋空域首次成功实施缩小垂直间隔并安全运行。

2002 年 2 月 21 日 19：30（协调世界时），在南中国海地区 16 个飞行情报区/责任区的管制空域内，FL290（个别航段为 FL310）与 FL410（含）之间，缩小垂直间隔运行陆续开始实施（泰国曼谷和韩国仁川这两个区域已先后于 2002 年 2 月和 2005 年 9 月开始实施缩小垂直间隔运行）。

自 2007 年 11 月 2 日零时（北京时间）起，在我国境内的沈阳、北京、上海、广州、昆明、武汉、兰州、乌鲁木齐飞行情报区以及三亚飞行情报区 01 号扇区空域实施缩小垂直间隔。在上述飞行情报区及扇区内，8 900～12 500 m 被定义为缩小垂直间隔空域。

1．缩小垂直间隔的概念

缩小垂直间隔（Reduce Vertical Separation Minimum，RVSM）是相对于常规垂直间隔（Conventional Vertical Separation Minimum，CVSM）而言的。国际民用航空组织建议的 RVSM 指 FL290 与 FL410（含）之间将原来的 2 000 ft 垂直间隔最低标准缩减到 1 000 ft。

我国的 RVSM 方案使用的单位是公制，指在飞行高度层 8 900 m（含）至 12 500 m（含）之间，航空器之间的最小垂直间隔为 300 m。

2．RVSM 空域及运行

（1）我国 RVSM 实施的范围。

我国 RVSM 实施的水平范围为：沈阳、北京、上海、广州、昆明、武汉、兰州、乌鲁木齐飞行情报区以及三亚飞行情报区岛内空域。

我国 RVSM 实施的垂直范围为：飞行高度层 8 900（含）～12 500 m（含）。

（2）国际民用航空组织的运行建议。

按照国际民用航空组织的建议，RVSM 空域是指在飞行高度层 29 000ft（8850m）至飞行高度层 41 000ft（12 500m）之间的空域。获准 RVSM 运行的民用航空器可以在 RVSM 空域内飞行。未获准 RVSM 运行的民用航空器除非事先得到管制单位的批准，否则不得在 RVSM 空域内运行。实施 RVSM 应当进行其实施前后的安全评估，以保证符合国际民用航空组织的安全标准。

3．空中交通管制的一般规定

（1）在 RVSM 空域内，管制员应当为以下的航空器之间配备 600 m 的最小垂直间隔：

① 未获准 RVSM 运行的民用航空器与其他任何航空器之间；

② 未获准 RVSM 运行的国家航空器与其他任何航空器之间；

③ 获准 RVSM 运行、进行编队飞行的国家航空器与其他任何航空器之间；

④ 通信失效或发生其他特殊情况的航空器与其他任何航空器之间。

（2）管制员在下列情况下应当采取相应措施，保证飞行安全和顺畅：

① 当航空器按计划进入 RVSM 空域而无规定的机载设备时；

② 当管制员被通知一架航空器已丧失保持 RVSM 所要求的指定飞行高度层（许可的飞行高度层 CFL）的能力时；

③ 当航空器驾驶员要求提供空中交通情报，以帮助减少潜在的视觉问题时；

④ 当航空器驾驶员通知保持高度装置的性能已经低于 RVSM 空域的要求时；

⑤ 当显示高度与确定的飞行高度层有 2 000ft（600m）或更多的误差时。

我国管制员发布的飞行高度层指令是米制的。航空器驾驶员应当根据中国民航飞行高度层配备标准来确定对应的英制飞行高度层，保证航空器之间的垂直间隔至少为 1 000 ft。当管制员通过雷达发现航空器没有飞对应的英制飞行高度层时：应当提醒航空器驾驶员按照中国民航飞行高度层配备标准飞行对应的英制飞行高度层。由于米制和英尺转换带来的差异，雷达标牌显示的高度不完全一致，但存在的差异不会超过 30 m。

对在 RVSM 空域内的军事飞行，管制员应当采取临时限制空域：禁止使用部分飞行高度层、规定特定航路等措施，保证民用航空器与军事航空器之间的最小垂直间隔不小于 600m。

在 RVSM 空域内，不允许任何民用航空器进行编队飞行。

（3）当航空器首次进入 RVSM 空域时，空中交通管制单位应当检查其是否符合 RVSM 运行要求。管制员可以通过以下方式证实并以此确定航空器是否符合 RVSM 运行：

① 通过陆空通话证实；

② 向上一个管制单位证实；

③ 向航空器运营人证实。

（4）管制员在指挥航空器改变高度时，应当注意下列因素：

① 存在潜在的飞行冲突时应当进行通报；

② 管制员可以根据管制调配的需要指定航空器爬升率或下降率，但应当注意在航空器爬升或下降至管制许可高度前的最后 300 m 垂直范围内，航空器爬升或下降率大于 1 500 ft/min 而附近存在其他航空器时可能会触发机载防撞系统告警。

（5）未获准 RVSM 运行的航空器在 8 400m（含）以下飞行、需要穿越 RVSM 空域爬升至 13 100m（含）以上运行，或在 13 100m（含）以上飞行、需要穿越 RVSM 空域下降至 8 400m（含）以下运行，向管制员申请并获得批准，可以穿越 RVSM 空域，但应遵守以下规定：

① 保证在 RVSM 空域内飞行的航空器基本不受影响；

② 禁止航空器以低于正常爬升率或下降率的速率爬升或者下降；

③ 禁止航空器在穿越 RVSM 空域的过程中在某个高度改为平飞。

在交叉航路或航线飞行冲突比较突出的地区，空中交通管制单位可以按照建立空中交通立交桥的方式配备航路或航线可以使用的飞行高度层，减少水平飞行冲突。

在未实施雷达管制区域内的航路上，允许具备侧向偏置能力且使用 GPS 导航的航空器实施偏置程序，在航路中心线向右平行偏置 1n mile 或 2n mile 时，不需要报告精确的偏置位置。

在实施雷达管制区域内，实施侧向偏置程序应得到管制员的批准。实施侧向偏置程序的航空器在进入雷达管制空域、建立雷达识别后需要继续保持侧向偏置，应当向管员提出申请。

4. 在 RVSM 空域中的飞行要求

航空器运营人在取得注册国或航空器运营人所属国的适航和运行批准后，方可实施 RVSM 运行。航空器运营人在 RVSM 空域内运行时，应当符合中国民航局有关强制性安装机载防撞系统（Airborne Collision Avoidance System，ACAS）和气压式高度应答机的要求。

（1）在进入 RVSM 空域之前，航空器驾驶员应当检查所要求设备的情况，下列设备应当正常工作：

① 两套主用高度测量系统；

② 一套自动高度保持装置；

③ 一套高度告警装置。

上述设备出现故障，表明航空器不再满足 RVSM 运行要求，应当视为未获准 RVSM 运行（Non-RVSM）的航空器。

（2）航空器驾驶员应当熟练掌握紧急情况下航空器驾驶员和管制员的紧急程序，当航空器处于以下情况之一时，航空器驾驶员应当及时通知管制员：

① 由于设备失效，不再符合 RVSM 运行要求；

② 失去备用的高度测量系统；

③ 遇到影响保持高度能力的颠簸。

当航空器驾驶员在 RVSM 空域内改变高度，爬升或下降到指定高度时，应当进行高度报告。航空器在改变高度时与指定高度层的误差不得超过 45 m（150 ft）。

（3）在 RVSM 空域，除非管制员另有规定，航空器驾驶员可以采取下列措施，减少机载防撞系统产生的虚警：

① 在改变高度爬升或者下降时，爬升率或下降率保持在 500～1 000ft/min，且不得大于 1 500 ft/min。

② 在爬升或下降至管制许可高度前的最后 300m 垂直范围内，爬升率或下降率保持在 500～1 000 ft/min，且不得大于 1 500 ft/min。

当航空器爬升率或下降率小于 500ft/min 时，航空器驾驶员应当报告管制员，以便管制员合理预期航空器抵达管制许可高度的时间。

5．RVSM 运行中飞行计划的要求

航空器运营人应当按照计划的航路与备降航路 RVSM 的要求填报飞行计划，并在 FPL 编组第 10 项（设备）中填入字母"W"，表示航空器和航空器运营人都已获准 RVSM 运行。

未获准 RVSM 运行的国家航空器、专机如需在 RVSM 空域内运行，或不符合 RVSM 运行标准的航空器经过申请获得管制单位批准后在 RVSM 空域内运行，应当在 FPL 编组第 18 项中填写"STS/NON RVSM"。

如果管制单位没能收到航空器的飞行计划，接收单位应当口头与移交单位证实航空器 RVSM 状态。

6．暂停应用 RVSM 标准

当航空器驾驶员报告有中度以上的颠簸时，管制员应当要求其他航空器报告有关的颠簸情况，以决定是否在某个特定的高度层范围，暂停应用 RVSM 标准。

当暂停应用 RVSM 标准时，空中交通管制单位应当为所有航空器配备至少 600m 的最小垂直间隔标准，并与相邻管制单位进行协调。

管制单位应当就易发生颠簸的区域或航线制定暂停应用 RVSM 标准应急工作程序，并与气象部门和相邻管制单位协调。

复习思考题

1．简述 B-2448 的国籍。

2．了解 RECAT-CN 航空器重新分类方法。

3. 简述场面气压高、修正海平面气压高度、标准气压高度的定义、优缺点和适用范围。

4. 简述过渡高度、过渡高度层的定义和过渡夹层内飞行的要求。

5. 简述离场航空器、航路、航线飞行、进场航空器、飞越航空器的高度表拨正时机。

6. 在航空器进行航路和航线飞行时，巡航飞行高度层配备有哪些规定？

7. 什么是 RVSM？

第四章

空域

章前提要

　　随着航空事业的发展，空域逐渐成为一个专业术语。我们一般将空域定义为地球表面以上的可航空间。空域如同土地、河流、海洋一样，是一种自然资源，并具备明显的公共性和经济性。空域可重复使用并且只有被使用才能有价值。为满足不同用户对空域的需求，实现对空域的充分利用，必须对空域进行分类和划设，制定合理的使用规则。通过对本章的学习，学生应了解国际民用航空组织空域分类标准和美国空域分类，掌握中国空域的分类划设，了解空域使用程序、空域灵活使用、空域管理等内容。

第一节　空域分类

一、概念及目的

1. 空域分类概念

　　空域分类是将连续空域划分为若干个不同类型的空域，不同类型空域对航空器的使用条件要求不同，管制单位进行的管制类型也不同。空域分类不是简单的命名规则，而是对人员、设备、服务和管理的综合要求。

2. 空域分类目的

　　空域分类的目的是确保空域的安全、有序和充分利用，满足不同空域用户的需求和空域资源的最优配置。空域分类目的主要有以下三点：

　　（1）能够优化配置空域资源，在军事航空、运输航空、通用航空等不同空域用户对空域需求之间寻求平衡点，满足不同空域用户的使用需求。

　　（2）能够优化配置空管资源，为不同的空域用户提供适当的空中交通服务。

（3）能够增强空域的安全水平，通过对飞行规则、人员资格、通信导航设备能力、机载设备性能要求，将空域的安全水平控制在可接受的范围内。

二、国际民用航空组织空域分类标准

国际民用航空组织制定了空域分类的相关标准，将空中交通服务空域分为 A、B、C、D、E、F、G 七个基本类型。从 A 类到 G 类空域，逐步放松对目视飞行的限制。国际民用航空组织空域分类标准的提出使世界各国空域类型得到简化和统一，各国根据空域分类的原则结合本国的实际情况对其选择和补充。各类空域垂直相邻时，在共用飞行高度层的飞行应遵守限制较少的空域类型的要求，同时空域服务机构提供适合该类空域要求的服务，如表 4-1 所示。其中，飞行种类分为目视飞行规则（Visual Flight Rules，VFR）和仪表飞行规则（Instrument Flight Rules，IFR）。

表 4-1　国际民用航空组织空域类型

空域类型	飞行种类	间隔配备	提供的服务	速度限制	无线电通信需求	管制许可
A	仅限 IFR	一切航空器	空中交通管制	不适用	持续双向	需要
B	IFR	一切航空器	空中交通管制	不适用	持续双向	需要
	VFR	一切航空器	空中交通管制	不适用	持续双向	需要
C	IFR	IFR 与 IFR IFR 与 VFR	空中交通管制	不适用	持续双向	需要
	VFR	VFR 与 IFR	为 VFR 与 IFR 之间提供间隔服务；为 VFR 之间提供交通情况服务（并根据要求，提供交通避让建议）	平均海平面为 3 050m（10 000ft）以下：指示空速为 250 节	持续双向	需要
D	IFR	IFR 与 IFR	空中交通管制，关于 VFR 飞行之间提供情报服务，提供交通避让建议	平均海平面为 3 050m（10 000ft）以下：指示空速为 250 节	持续双向	需要
	VFR	不配备	VFR 与 IFR、VFR 与 VFR 之间飞行之间提供情报服务，提供交通避让建议	平均海平面为 3 050m（10 000ft）以下：指示空速为 250 节	持续双向	需要
E	IFR	IFR 与 IFR	空中交通管制，尽可能提供关于 VFR 飞行情报服务	平均海平面为 3 050m（10 000ft）以下：指示空速为 250 节	持续双向	需要

43

（续表）

空域类型	飞行种类	间隔配备	提供的服务	速度限制	无线电通信需求	管制许可
E	VFR	不配备	尽可能进行交通管制	平均海平面为3 050m（10 000ft）以下：指示空速为250节	不需要	不需要
F	IFR	IFR 与 IFR（尽可能）	空中交通管制，飞行情报服务	平均海平面为3 050m（10 000ft）以下：指示空速为250节	持续双向	不需要
F	VFR	不配备	飞行情报服务	平均海平面为3 050m（10 000ft）以下：指示空速为250节	不需要	不需要
G	IFR	不配备	飞行情报服务	平均海平面为3 050m（10 000ft）以下：指示空速为250节	持续双向	不需要
G	VFR	不配备	飞行情报服务	平均海平面为30 50m（10 000ft）以下：指示空速为250节	不需要	不需要

三、美国空域分类标准

美国联邦航空管理局于 1993 年采用了国际民用航空组织建议的空域分类标准，将美国的空域分为 A 类、B 类、C 类、D 类、E 类、G 类，没有 F 类空域。美国国家空域系统从管制方式上分为绝对管制空域（A 类空域）、管制空域（B 类、C 类、D 类、E 类空域）、非管制空域（G 类空域）以及一些特殊使用空域。美国的特殊使用空域包括禁区、限制区、告警区、军事活动区、警惕区、管制射击区、国家安全空域等。

美国的空域分为 A 类、B 类、C 类、D 类、E 类、G 类，其飞行种类、划设目的、提供服务以及空域范围。美国空域结构类型，具体如表 4-2 所示。

表 4-2　美国空域结构类型

空域类型	飞行种类	划设的目的	提供的服务	空域范围
A	仅限 IFR	主要目的是满足高空航路区域的IFR 飞行	飞行间隔服务和安全咨询服务	高度范围为平均海平面高度 18 000 ft（含）至标准气压高度 60 000 ft（含），水平范围为美国大陆、阿拉斯加州和夏威夷州以及海岸线向外延伸12 n mile 之上的空间

（续表）

空域类型	飞行种类	划设的目的	提供的服务	空域范围
B	IFR 和 VFR	主要目的是加强主要繁忙机场终端管制区范围内的空中交通管制，减少航空器空中相撞的情况	飞行间隔服务和安全咨询服务	B 类空域一般建立在繁忙机场附近，高度范围通常为地表至平均海平面高度 10 000ft（含），呈三环阶梯结构并具有 30n mile 的 C 模式应答机区域。地面附近的环阶结构半径为 10n mile，高度为平均海平面高度 3 000ft 以下，中间的环阶结构半径为 20n mile，高度为平均海平面高度 3 000ft 至平均海平面高度 5 000ft，顶层的环阶结构半径为 30n mile，高度为平均海平面高度 5 000ft 至平均海平面高度 10 000ft，同时 B 类空域还包括一个半径为 30n mile、高度为地表向上至平均海平面高度 10 000ft 的 C 模式应答机区域。进入 C 模式应答机区域的航空器必须安装具有高度信息的应答机（C 模式应答机）。当航空器在 B 类空域结构以外的 C 模式应答机区域内时，航空器同 ATC 之间不需要保持连续双向通信
C	IFR 和 VFR	主要目的是加强终端区范围内的空中交通管制，减少空中相撞的情况	提供飞行间隔服务，塔台管制提供跑道运行间隔服务。ATC 同时提供交通咨询和安全咨询服务	C 类空域一般建立在中型机场终端区内，该终端区内的机场必须具有塔台和进近雷达管制单位。C 类空域呈半径为 5n mile、1n mile 的两环阶梯结构并附有 20n mile 的外围进近管制空域。空域环阶的上限高度为空域内主要机场标高以上 4 000ft。内层半径为 5n mile 的圆柱形区域，高度为地表至机场标高以上 4 000ft；外层环阶半径为 10n mile，半径为 5～10n mile 的区域高度为真高 1 200ft 至机场标高以上 4 000ft。航空器在进入 C 类空域之前必须实行雷达管制。为了减轻工作负荷，C 类空域通常附有 20n mile 的外围进近管制空域，同时需要注意的是，C 类空域没有规定的 C 模式应答机区域
D	IFR 和 VFR	主要目的是使航空器从航路飞行至目的地机场的全过程能为管制空域所覆盖	提供飞行间隔服务，塔台管制提供跑道运行间隔服务。ATC 同时提供交通咨询和安全咨询服务	D 类空域又称管制地带，一般划设在拥有管制塔台的小机场中。标准的 D 类空域为一个半径为 4.3n mile 的环形结构，高度范围通常为地表至场压高度 2 500ft，同时包括地面至场压高度 1 000ft 的仪表进近程序
E	IFR 和 VFR	作为中低空空域、终端管制区同航路之间的过渡空域、无塔台机场的管制空域等使用	提供飞行间隔服务，塔台管制提供跑道运行间隔服务。ATC 同时提供交通咨询和安全咨询服务	美国 E 类空域是美国面积最大、应用最广泛的一类空域，E 类空域是除 A 类、B 类、C 类、D 类空域范围外的管制空域，包括美国的中低空空域、终端区同航路之间的过渡空域、无塔台机场的管制空域等。美国除西部洛基山脉外，大部分 E 类空域都处于雷达和通信号覆盖范围内

（续表）

空域类型	飞行种类	划设的目的	提供的服务	空域范围
G	IFR 和 VFR	非管制空域	ATC 不进行管制，通过飞行情报服务站向航空器提供交通咨询服务，同时提供安全咨询服务	在美国国家空域系统中，大多数 G 类空域高度范围都是地表至真高 1 200ft，但是在美国的西部山区，当空域不包含航路区域时，该空域也是 G 类空域，这时 G 类空域的高度范围是地表至平均海平面高度 14 500ft。G 类空域一般都处于 A 类、B 类、C 类、D 类和 E 类空域的下方，航图上一般没有相应的标识来指示该类空域

四、中国空域分类现状

在我国空域内，沿航路、航线地带和民用机场区域设置管制空域，包括：高空管制空域、中低空管制空域、进近管制空域和机场管制地带，其分别对应为 A 类、B 类、C 类、D 类空域。

管制空域根据范围不同可分为管制区和管制地带。管制区（Control Area）为：地球表面上空从某一规定界限向上延伸的管制空域，如 A 类空域。管制地带（Control Zone）为：从地球表面向上延伸到规定上限的管制空域，如 D 类空域。

我国空域分类上下限和飞行种类如表 4-3 所示。

表 4-3　我国空域分类上下限和飞行种类

类别	管制空域名称	下限	上限	飞行种类
A	高空管制区	6 000m（不含）	巡航高度层	IFR
B	中低空管制区	最低飞行高度层	6 000m（含）	IFR、VFR
C	进近管制区	最低飞行高度层	6 000m（含）	IFR、VFR
D	机场管制地带	地面	第一等待高度层	IFR、VFR

在我国境内标准气压高度 6 000m（不含）以上的空间，可以划设高空管制空域。在此空域内飞行的航空器必须按照仪表飞行规则飞行，并接受空中交通管制。

在我国境内标准气压高度 6 000m（含）至其下某指定高度的空间，可以划设中低空管制空域。在此类空域内飞行的航空器，可以按照仪表飞行规则飞行，并接受空中交通管制；对符合目视气象条件的，经航空器驾驶员申请，并经过相应的管制单位批准，也可以按照目视飞行规则飞行，并接受空中交通管制。

进近管制空域通常是指在一个或者几个机场附近的航路、航线汇合处划设的便于进场和离场航空器飞行的管制空域。它是高空管制空域或者中低空管制空域与机场管制地带之间的连接部分，其垂直范围通常在 6 000m（含）以下最低高度层以上；水平范围通常为半径 50 公里或者走廊进出口以内的除机场塔台管制区外的空间。在此空域内飞行的航空器，可以按照仪表飞行规则飞行，并接受空中交通管制；如果符合目视飞行规则的条件，经航空器驾驶员申请，并经相应的管制单位批准，也可以按照目视飞行规则飞行，并接受空中交通管制。

机场管制地带通常包括起落航线和最后进近定位点之后的航段以及第一个等待高度层（含）以下至地球表面的空间和机场机动区。在此类空域内飞行的航空器，可以按照仪表飞行规则飞行，并接受空中交通管制；对符合目视气象条件的，经航空器驾驶员申请，并经塔台管制室批准，也可以按照目视飞行规则飞行，并接受空中交通管制。

第二节　空域划设

空域应当分类划设，符合航路的结构、机场的布局、飞行活动的性质和提供空中交通服务的需要。空域应当根据规范划设，并按照相关行政法规和规章获得有关部门的批准。

一、空域划设规范

1. 空中交通服务区域

空中交通服务区域包括飞行情报区、高空管制区和中低空管制区、终端（进近）管制区、机场管制地带和塔台管制区、航路和航线。

2. 飞行情报区

飞行情报区（Flight Information Region，FIR）是为提供飞行情报服务和告警服务而划设的空间。飞行情报区内的飞行情报服务工作由该区飞行情报部门承担或由指定的单位负责。这些情报包括机场状态、导航设备的服务能力、机场或航路上的气象、高度表拨正值调定、有关危险区域、航空表演以及特殊飞行限制等。

飞行情报区应当根据向该飞行情报区提供服务的飞行情报单位或者指定的其他单位的名称进行命名。飞行情报区的名称由民航局通报国际民用航空组织亚太地区办事处并协调确定其代码。飞行情报区名称、代码、范围以及其他信息应当按照航行情报发布规定予以公布。

我国境内和国际民用航空组织批准的由我国提供飞行情报服务的公海范围内，共划分 11个飞行情报区，分别为：北京飞行情报区、上海飞行情报区、广州飞行情报区、昆明飞行情报区、武汉飞行情报区、兰州飞行情报区、乌鲁木齐飞行情报区、三亚飞行情报区、香港飞行情报区和台北飞行情报区。

3. 高空管制区和中低空管制区

高空管制区和中低空管制区被统称为区域管制区。区域管制区的范围应当包含按照仪表飞行规则运行的所有航路和航线，以及仪表等待航线区域和空中放油区等特殊飞行区域，但是终端（进近）管制区和机场塔台管制区除外。区域管制区的划设必须与通信、导航、监视和气象等设施的建设和覆盖情况相适应，并考虑管制单位之间的协调需要，以便能够有效地向区域内所有飞行的航空器提供空中交通服务。

区域管制区应当以对该区域进行管制的空中交通管制单位所在城市的名称加上高空管制区或者中低空管制区作为识别标志。区域管制区的名称、范围、责任单位、通信频率以及其他要求的信息应当按照航行情报发布规定予以公布。

区域管制区可以根据区域内的空中交通流量、管制员工作负荷以及地空通信的繁忙程度划设管制扇区。高空管制区内提供空中交通服务的空域通常为 A 类空域；在包含其他类型空域的情形下，应当明确其空域类型和范围。中低空管制区内提供空中交通服务的空域通常为 B 类空域；在包含其他类型空域的情形下，应当明确其空域类型和范围。

高空管制区的下限通常高于标准气压高度 6 000m（不含），或者根据空中交通管制情况确定，并取某个飞行高度层为其值。高空管制区的上限应当根据空中交通管制情况确定，并取某个飞行高度层为其值。

中低空管制区的下限通常在距离地面或者水面 200m 以上，或者为终端（进近）管制区或者机场塔台管制区的上限。若中低空管制区的下限确定在平均海平面高度 900m 以上，则应当取某个飞行高度层为其值。中低空管制区的上限通常衔接高空管制区的下限；其上方未设高空管制区的，应当根据空中交通管制情况确定其上限，并取某个飞行高度层为其值。

4. 终端（进近）管制区

如果机场附近的进场和离场航线飞行比较复杂，或者一个机场或几个邻近机场全年总起降架次超过 36 000 架次，应当考虑设立终端（进近）管制区，以便对进场和离场飞行的航空器进行安全、高效的空中交通管制。在通常情况下，在终端管制区内同时为 2 个或者 2 个以上机场的进场和离场飞行进行进近管制，在进近管制区内仅对 1 个机场的进场和离场飞行进行进近管制。

终端（进近）管制区的划设应当与通信、导航、监视和气象等设施的建设和覆盖情况相适应，并考虑管制单位之间的协调需要，以便能够有效地对区域内所有飞行的航空器进行管制。

终端（进近）管制区的下限通常应当在距离地面或水面 200m 以上，或者为机场塔台管制区的上限。如果终端（进近）管制区内存在弧半径为 13km 的机场管制地带，则终端（进近）管制区的下限应当在地面或者水面 450m 以上。如果终端（进近）管制区的下限确定在平均海平面高度 900m 以上，则应当取某个飞行高度层为其值。终端（进近）管制区的上限通常不超过标准气压高度 6 000m，并应当取某个飞行高度层为其值。

如果终端（进近）管制区的外围边界呈阶梯状，则在确定其外围边界时应当考虑终端（进近）管制区内的最小爬升梯度、机场标高、机场管制地带的半径、管制区阶梯状外围边界是否与机场周围空域和地理环境相适应并符合相关安全标准。终端（进近）管制区阶梯状外围边界应当按照下列规定确定：

（1）机场管制地带外围边界向外 20km，若管制地带半径为 10km，则阶梯最低高为 300m；若管制地带半径为 13km，则阶梯最低高为 450m。

（2）机场管制地带外围边界向外 20～30km，阶梯最低高为 750m。

（3）机场管制地带外围边界向外 30～40km，阶梯最低高为 1 050m。

（4）机场管制地带外围边界向外 40～60km，阶梯最低高为 1 350m。

（5）机场管制地带外围边界向外 60～120km，阶梯最低高为 2 250m。

（6）机场管制地带外围边界向外 120～180km，阶梯最低高为 3 900m。

（7）机场管制地带外围边界向外 180～240km，阶梯最低高为 5 100m。

上述阶梯最低高的参照面为机场跑道。在阶梯最低高加上机场标高超过机场过渡高度时，应当将其转换为相应的标准气压高度。终端（进近）管制区可以根据区域内的空中交通流量、管制员工作负荷以及地空通信繁忙程度，划设管制扇区。

终端（进近）管制区应当以对该区域进行管制的空中交通管制单位所在城市的名称加上高空管制区或者中低空管制区作为识别标志。终端（进近）管制区的名称、范围、责任单位、通信频率以及其他要求的信息应当按照航行情报发布规定予以公布。

5. 机场管制地带和塔台管制区

民用机场应当根据机场及其附近空中飞行活动的情况建立机场管制地带，以便在机场附近空域内建立安全、顺畅的空中交通秩序。一个管制地带可以包括一个机场，也可以包括2个（含）以上紧靠的机场。

（1）机场管制地带。

机场管制地带应当包括所有不在管制区内的仪表进离场航线，并考虑机场能够运行的所有类型航空器的不同性能要求。划设的机场管制地带，不得影响不在机场管制地带内相邻机场的飞行活动。

机场管制地带，通常应当选择机场基准点作为管制地带的基准点。在导航设施距离机场基准点小于1km时，也可以以该导航设施的位置点作为管制地带的基准点。机场管制地带的水平边界通常按照下列办法确定：

① 对于可供D类和D类以上航空器使用的机场，如果其为单跑道机场，则机场管制地带为以跑道两端入口为圆心、13km为半径的弧和与两条弧线相切的跑道的平行线围成的区域；如果其为多跑道机场，则机场管制地带为以所有跑道的两端入口为圆心、13km为半径的弧及相邻弧线之间的切线围成的区域。该区域应当包含以机场管制地带基准点为圆心、半径为13km的圆。如果因此使得跑道入口为圆心的弧的半径大于13km，则应当向上取值为0.5km的最小整数倍。

② 对于仅供C类和C类以下的航空器使用的机场，其机场管制地带水平边界的确定办法与上述相同。然而，此处以跑道两端入口为圆心的弧的半径以及应当包含的以机场管制地带基准点为圆心的圆的半径应当为10km。

③ 对于仅供B类和B类以下航空器使用的机场，其机场管制地带的水平边界为以机场管制地带基准点为圆心、以10km为半径的圆。

④ 对于需要建立特殊进近运行程序的机场，其机场管制地带的水平边界可以根据需要适当放宽。

机场管制地带的下限应当为地面或者水面，上限通常为终端（进近）管制区或者区域管制区的下限。如果机场管制地带的上限需要高于终端（进近）管制区或者区域管制区的下限，或者机场管制地带位于终端（进近）管制区或者区域管制区的水平范围以外，则机场管制地带的上限应当取某个飞行高度层为其值。

机场管制地带进行空中交通管制的空域应当设置为D类空域。机场管制地带通常应当使用机场名称加上机场管制地带进行命名。机场管制地带的名称、范围、空域类型以及其他要求的信息，应当按照航行情报发布规定予以公布。

为保护机场附近空中交通的安全，在机场净空保护区域以外至机场管制地带边界内施放无人驾驶自由气球，施放气球的单位或者个人应当征得机场空中交通管制单位的同意。

（2）机场塔台管制区。

设立管制塔台的机场应当划设机场塔台管制区。机场塔台管制区应当包含机场管制地带，如果机场在终端（进近）管制区的水平范围内，则机场塔台管制区的范围通常与机场管制地带的范围一致。机场塔台管制区的范围与机场管制地带的范围不一致的，应当明确机场管制地带以外空域的类型。

塔台管制区通常应当使用机场名称加上塔台管制区命名。机场塔台管制区的名称、范围、责任单位、通信频率、空域类型以及其他要求的信息，应当按照航行情报发布规定予以公布。

6. 航路和航线

航线是指航空器在空中飞行的预定路线，沿线应有保障飞行安全所必需的设施。

航路是指以空中航道形式建立的、设有无线电导航设施或者对沿该航道飞行的航空器存在导航要求的管制区域或者管制区域的一部分，具有一定的宽度。

（1）航路和航线划设的基本规定。

航路和航线的建设应当充分考虑所经地区的地形、气象特征以及附近的机场和空域，充分利用地面导航设施，方便航空器飞行和提供空中交通服务。航路和航线的建设和使用，应当有利于提高航路和航线网的整体运行效率；并且应当符合下列基本准则：

① 航路或者航线应当根据运行的主要航空器的最佳导航性能划设；

② 中高密度的航路或者航线应当划设分流航线，或者建立支持终端或者进近管制区空中交通分流需要的进离场航线；

③ 航路或者航线应当与等待航线区域侧向分离开；

④ 最多可以允许两条空中交通密度较高的航路或者航线汇聚于一点，但是其交叉航迹不得大于90°；

⑤ 最多可以允许三条空中交通密度较低的航路或航线汇聚于一点；

⑥ 航路或者航线交叉点应当保持最少量，并避免在空中交通密度较大的区域出现多个交叉点；如果交叉点不可避免，应当通过飞行高度层配置减少交叉飞行冲突。

空中交通航路的宽度为20km，其中心线两侧各为10km；航路的某一段受到条件限制的，可以减少宽度，但不得小于8km。航路和航线的高度下限不应低于最低飞行高度层，其上限与飞行高度层的上限一致。航路和航线的最低飞行高度，应当是航路和航线中心线两侧各25km以内的障碍物的最高标高，加上最低超障余度后向上以米取整。在高原和山区，最低超障余度为600m；在其他地区，最低超障余度为400m。根据受性能限制的航空器在某段航路或者航线上运行的需要，可以对该段航路或者航线的最低飞行高度进行评估，并根据评估结果重新确定其最低飞行高度。

（2）航路和航线的代号识别规范。

① 一般规定。

航路和航线必须指配能够被唯一识别的代号。航路和航线代号指配的目的是：

a. 无须借助地面坐标或者其他方法即可明确识别任何空中交通服务航路或者航线。

b. 通过指配代号可以明确航路或者航线的性质和类型。

c. 沿着空中交通服务航路或航线，或者在一个特定区域内运行时，能指明所需的导航性能准确性的程度。

d. 能指明一条主要或者专门用于某种类型航空器运行的航路和航线。

航路和航线代号的分配应当在一定范围内由指定的机构或者部门进行协调，以免出现重复。航路和航线代号的分配应当遵循下列原则：

a. 能够简单并且可以唯一识别任意一条空中交通服务航路和航线。

b. 避免航路或者航线代号的重复。

c. 方便地面和自动化系统的应用，符合空中交通服务和航空器数据处理及显示的需要。

d. 使得运行中使用最为简短。

e. 具有充分发展的可能性，以供未来需要而无须做根本变动。

f. 进离场航线的代号分配应当能够清楚区分：离场航线与进场航线、进离场航线与其他航路或航线、要求利用地面无线电导航设施或者机载导航设备进行领航的航路或航线与利用目视地标进行领航的航路或航线。

g. 进离场应当使用一个明语代号或者一个相对应的编码代号予以识别。对于明语代号，应易于辨别代号是关于标准进场或者离场的航线，且不应造成航空器驾驶员和空中交通服务人员在发音上产生困难。

② 代号的组成。

a. 除进离场航线外的航路和航线的代号按照如下办法确定：

（a） 代号应当含有基本代号，必要时可以补充一个前置字母或者一个后置字母。

（b） 代号的字符数通常不多于五个，在任何情况下不得超过六个。

（c） 基本代号应当包含一个字母，其后随以 1～999 的某个数字。

应从下列字母中选用基本代号：

A、B、G、R：地区航路网组成中的空中交通服务航路和航线，其中区域导航航路除外。

L、M、N、P：地区航路网组成中的区域导航航路。

H、J、V、W：非地区航路网组成中的空中交通服务航路和航线，其中区域导航航路除外。

Q、T、Y、Z：非地区航路网组成中的区域导航航路。

如果需要，可以在基本代号前加上一个前置字母：

K：表示主要为直升机划设的低空航路或者航线；

U：表示航路或航线或者其中的部分航段划设在高空空域；

S：表示专门为超音速航空器加速、减速和超音速飞行而划设的航路或航线。

在基本代号之后可以加上一个后置字母，表示航路或者航线提供服务的种类或者所需要的转向性能。

Y：在飞行高度层 6 000m（含）以上的所需导航性能（Required Navigation Performance，RVP）类型 1 的航路，字母 Y 表示航路上在 30°和 90°之间的所有转弯，必须在直线航段间正切圆弧允许的所需导航性能精度容差内进行，并限定转弯半径为 42km；

Z：在飞行高度层 5 700m（含）以下的所需导航性能类型 1（RNP1）航路，字母 Z 表示航路上在 30°和 90°之间的所有转弯，必须在直线航段间正切圆弧允许的所需导航性能精度容差内进行，并限定转弯半径为 28km；

D：表示航路、航线或者部分航段只提供咨询服务；

F：表示航路、航线或者部分航段只提供飞行情报服务。

b. 进离场航线代号由明语代号和编码代号组成。标准进离场航线的明语代号应包括：

（a） 基本指示码；后随。

（b） 航路指示码；后随。

（c） "进场"（Approach）或者"离场"（Departure）字样；后随。

（d） 如果该进离场航线是供航空器按照目视飞行规则飞行使用，则增加"目视"（Visual）。

基本指示码应当是一条标准离场航线的终点或者一条标准进场航线的起点的名称或者名

称代码。航路指示码应当是 01～09 的某个数字。

仪表或者目视标准进离场航线的编码代号应包括：

（a） 标准离场航线的终点或者标准进场航线的起点的编码代号或者名称代码；后随。

（b） 明语代号中的航路指示码；后随。

（c） 字母 A 表示进场航线，字母 D 表示离场航线；后随。

（d） 如果基本指示码是五字代码，由于航空器显示装置的限制，可能要求缩短基本指示码，缩短该指示码的方法由航空器所有人或者经营人自行处理。

c. 区域导航进近程序代号包括明语代号和编码代号。区域导航进近程序的明语代号应当包括：

（a）"RNAV"［一般指区域导航（Area Navigation）］；后随。

（b）一个基本指示码；后随。

（c）一个航路指示码；后随。

（d）"进近"字样；后随。

（e）设计进近程序的跑道代码。

基本指示码应当是一条标准离场航线的终点或者一条标准进场航线的起点的名称或者名称代码。航路指示码应当是 01～09 的某个数字。

区域导航进近程序的明语代号应当包括：

（a）"RNAV"；后随。

（b）基本指示码；后随。

（c）航路指示码；后随。

（d）字母 A 表示进场航线，字母 D 表示离场航线；后随。

（e）设计进近程序的跑道代码。

③ 代号的指配原则。

a. 除进离场航线外的航路或航线的基本代号按照下列原则指配：

（a）主要干线航路或航线，不论其经过哪些飞行情报区或者管制区，其全长应当只指定一个基本代号；

（b）凡两条或者两条以上干线航路或航线有一段共同航段，其共同航段应当分别指配各航段的代号。如果这种指配对提供空中交通服务造成困难，应当通过协议确定只指定一个代号；

（c）指定给一条航路或航线的基本代号不得再指定给任何其他航路或者航线；

（d）对国际航路或航线代号的需求，由民航局空中交通管理局通告国际民用航空组织亚太地区办事处协调确定。

b. 进离场航线代号按照下列原则指定：

（a）每条进离场航线应当指定一个单独的代号。

（b）为了区分与同一重要点有关，即使用同一基本指示码的两条或者多条进离场航线，每条航线应当指定一个单独的航路指示码。

c. 区域导航进近程序的代号按照以下办法指定：

（a）区域导航进近程序的代号必须按照为具有同一航迹但不同飞行剖面的程序指定一个单独的代号。

（b）区域导航进近程序的航路指示码字母，必须对一个机场的所有进近统一分配，其指定应当是唯一的。

④ 代号的使用。

a. 除进离场航线外，航路或航线的代号在通信中按照以下原则使用：

（a）在印字通信中，任何时候代号均应当以不少于两个且不多于六个字符表示。

（b）在话音通信时，代号的基本字母应按照国际民用航空组织的规定发音。

如代号中含有前置字符，在话音通信时应按下述发音：

K—Kopter；

U—Upper；

S—Supersonic。

由于航空器上显示设备的限制，代号的后置字符可能无法显示，此时，航空器驾驶员在通话中可以不使用代号的后置字符。

b. 进离场航线代号在通信中按照以下原则使用：

（a）在话音通信中，应当只使用航线的明语代号，且明语代号中的"离场""进场""目视"等词需作为明语代号的必要组成部分。

（b）在印字或编码通信中，应当只使用编码代号。

每条现行有效的航路或航线的详细说明都应包括其代号，给航空器指定航路或航线，即向航空器发布放行许可的有关工作席位或与进行空中交通管制有关的工作席位。

7. 等待航线区域

等待航线区域是为了解决或者缓解航空器在空中飞行过程中已经或者将要出现的矛盾冲突，在航路、航线或者机场附近划设的用于航空器盘旋等待或者上升、下降的区域。确定是否需要划设等待航线区域应当考虑下列因素：

（1）附近的空域、航路和航线的布局；

（2）空中交通密度、复杂程度以及空中交通管制的需要程度；

（3）需要等待的航空器的性能。

划设等待航线区域通常应当利用有效的全向信标台和测距台来准确定位。等待航线的进入航向应当朝向或者背向用以定位的全向信标台和测距台，以提高航空器在等待航线区域内的导航精度。利用无方向信标台划设等待航线区域的，等待航线的定位点应当设置在无方向信标台的上空。划定等待航线区域应当按照等待航空器的性能和飞行程序设计规范进行，并且与周围空域、航路、航线和障碍物保持安全的缓冲区。

划定和使用等待航线区域，应当明确等待高度的气压基准面。等待高度在机场过渡高度（含）以下的，其气压基准面应当为修正海平面气压；等待高度在机场过渡高度层（含）以上的，其气压基准面应当为标准气压；过渡高度和过渡高度层之间的部分不得用于空中等待飞行。

等待航线区域应当使用标定等待航线区域的导航设施的名称或者代码命名。等待航线区域的名称、范围、使用限制以及其他要求的信息，应当按照航行情报发布规定予以公布。

8. 特殊区域

特殊区域是指国家为了政治、军事或科学试验的需要，划设的限制或禁止航空器进入的空域，通常分为空中放油区、试飞区域、训练区域、空中禁区、空中限制区、空中危险区、防空识别区和临时飞行空域，其中空中禁区、空中危险区和空中限制区是空域的重要组成部分。特殊区域应当确保与周围空域、航路和航线之间有侧向缓冲区和垂直缓冲区。无法保证有要求的侧向缓冲区或者垂直缓冲区的，经批准可以适当缩小缓冲区，但必须在通信、导航或者监视等方面予以保障。

（1）空中禁区。

空中禁区在国际上又称"禁止区"，被划分为永久性禁区和临时性禁区两种，是在各种类型的空域中限制、约束等级最高的，一旦建立则任何飞行活动均被禁止，除非有特别紧急的情况。这些区域主要被用来保护关系国家利益的重要设施、核设施、化学、武器生产基地及某些敏感区域，不仅本身很重要，而且当工作事故发生波及上述目标后，还将产生极大的危害，所以对于该区的建立各国都比较慎重，常以醒目的"P"在航图上加以标注。

（2）空中限制区。

空中限制区是限制、约束等级较空中危险区高、但比空中禁区低的一种空域，在该空域内飞行并非绝对禁止，而是否有危险，已不能仅仅取决于飞行员自身的判别和推测。建立空中限制区的原因往往包括空中靶场试验、高能激光试验、导弹试验等，有些空中限制区的生效时间持续24h，有些生效时间仅限于某些时段，其他时段对飞行无任何影响。该区在航图上使用"R"加以标注。

（3）空中危险区。

国际上对空中危险区的规定是可以由每个主权国家在自己的陆地或领海上空建立，也可以在无明确主权的地区建立，它在所有的限制性空域中约束、限制最少。在通告中应发布该区建立的时间、原因、持续的长短，以便于其他飞行员做决策应对危险。该区在航图上使用"D"加以标注。

（4）防空识别区。

防空识别区（Air Defense Identification Zone，ADIZ）指的是一国基于空防需要，单方面划定的空域。其目的在于为军方及早发现、识别和实施空军拦截行动提供条件。在第二次世界大战后，随着空中作战力量的发展，特别是以高空高速为基本特征的二代战斗机的发展，各国传统的防空体系面临较大威胁。如果还按照对方目标逼近本国领空才出动战机拦截，时间不充裕，根本无法保证拦截成功。因此，在本国领空之外的公共空域（简称"公空"）划定防空识别区，就成了扩大预警空间、保证拦截时间的通行做法。

防空识别区在应用入侵防护（Application Intrusion Prevention，AIP）系统中也有比较详细的信息和对进入该区域的航空器的要求。

空中禁区、空中限制区和空中危险区应当使用代号识别，并按照航行情报发布规定下列资料：

① 区域的名称或者代号；
② 区域的范围，包括垂直范围和水平范围；
③ 区域的限制条件；
④ 区域活动的性质；
⑤ 其他要求提供的内容。

空中禁区、空中限制区和空中危险区的代号通常有如下特征：

① 空中禁区、空中限制区和空中危险区的代号由飞行情报区代码、区域性质代码以及001～999 之间的某个三位数字编码组成，其中区域性质代码应加括号。

② 飞行情报区代码为飞行情报区四字代码中的前两位字母。

③ 空中禁区的区域性质代码为 P，空中限制区的区域性质代码为 R，空中危险区的区域性质代码为 D。例如，ZB（P）001，表示北京情报区 001 号禁区。

④ 每个飞行情报区所用空中禁区、空中限制区、空中危险区代号中数字编码应当统一分配，不得重叠。

⑤ 每个飞行情报区所用空中禁区、空中限制区、空中危险区代号中数字编码应当按照数字顺序统一编号，而不是按照区域性质单独编号。

⑥ 空中禁区、空中限制区或空中危险区被取消时，该区域的代号在二年之内不得被重新使用。

⑦ 空中禁区、空中限制区或空中危险区的位置跨越飞行情报区时，其代号按照该区域的负责单位所在的飞行情报区的顺序编号。

⑧ 空中禁区、空中限制区或空中危险区的代码，应当与军方识别编号之间建立对应表，并向有关单位提供。

二、管制扇区划设

1. 管制扇区划设的考虑因素

管制扇区划设的目的是充分、合理地利用空域资源，有效地减轻管制人员的工作负荷，降低地空无线电通话密度，提高空中交通服务能力。管制扇区划设应当考虑以下因素：

（1）本地区的空域结构；

（2）空中交通服务航路网，包括航路和航线数量、交叉点数量及位置、航空器飞行状态情况（如平飞、上升、下降所占的百分比）；

（3）空中交通流量的分布情况；

（4）管制员的工作能力；

（5）空中交通管制设备的保障能力；

（6）机场及跑道情况；

（7）飞行剖面；

（8）空域需求；

（9）空中交通服务方式；

（10）与相关单位之间的协调；

（11）管制扇区之间的移交条件；

（12）航空器转换扇区飞行的航路及高度。

2. 管制扇区划设的原则

（1）管制扇区划设应当保证管制扇区范围内实现地空通信信号覆盖，并根据通信信号覆盖状况确定最低航路通信覆盖高度。

（2）管制扇区划设应当考虑通信频道的拥挤程度，适当平衡各管制扇区单位时间内的地空通话量。

（3）管制扇区划设应当考虑管制扇区内的导航设施布局。导航设施多则表明航线交叉多、飞行冲突多、所需雷达引导少，航空器可以按照导航设施确定精确的位置、减轻管制员的工作量。

（4）管制扇区划设应当考虑管制扇区内航空器的飞行性能和运行类型。适用于高速航空器活动的管制扇区，其范围应当适当扩大，便于大的转弯半径；适用于慢速航空器活动的管制扇区，应当尽可能在本管制扇区内解决所有交叉冲突。管制扇区内特殊空域，如放油区、训练空域、限制性空域等，其中的特殊运行即使只是偶尔发生，其空中交通服务活动也应当列为管制扇区的工作量，最好是在特殊运行发生时，能够将该扇区的工作量适当转移至其他扇区。

（5）管制扇区划设应当考虑管制员的注意力分配和工作负荷。

（6）管制扇区划设应当考虑空中交通管制的需要，避免不必要的管制通报和协调。管制扇区划设应当具有逻辑性，便于管制员掌握。管制扇区的边界应当避免重叠交叉。

（7）相邻区域、终端（进近）管制区或者机场塔台管制区之间的管制协调和移交应当避免涉及多个管制扇区。

（8）如果相邻的两个或者多个终端（进近）管制区之间达到充分的雷达信号覆盖，而且管制工作程序严密，则终端（进近）管制区之间的空域可以委托相关的机场塔台进行空中交通管制。

（9）管制扇区的最低飞行高度和最低雷达引导高度应符合一定的标准。

① 管制扇区的最低飞行高度是在管制扇区以及管制扇区边界外 9km 范围内的最高障碍物的标高加上最少 400m 的最低超障余度，然后以 50m 向上取整得到的值。如果在高原和山区，则应当在最高障碍物的标高之上加上 600m 的最低超障余度，然后以 50m 向上取整。

② 雷达管制扇区最低雷达引导高度是指应当在雷达管制扇区内，根据地形、通信和雷达信号覆盖情况确定的，满足最低飞行高度和管制员实施雷达引导所需的高度，这个值应当以 50m 向上取整。

③ 管制扇区应当标明最低飞行高度，雷达管制扇区还应当标明最低雷达引导高度，以便让航空器驾驶员和管制员遵守。

3．管制扇区划设与使用方法

（1）平面几何象限划分。以主要机场或者主要导航设施（如 VOR/DME）为中心，根据空中交通流量分布特点，将整个区域采用几何划分的办法划设管制扇区，合理分配工作量。

（2）按照高度划分管制扇区。根据上升、下降和飞越的高度，选定区域内的高度界定值，在该值附近确定管制扇区的高度范围。

（3）按照航路、航线的繁忙程度、使用性质和飞行特点划分管制扇区。根据进离场航线的单向进出特点和航路飞行交叉冲突矛盾点的分布，选定比较繁忙的几条航路、航线，将这些航路、航线合理地分配至相应的管制扇区，使得管制员的注意力能够集中在这些主要的航路、航线上，做到工作负荷比较平均。

管制扇区通常应当明确开放使用的时间。各区域应当根据本区域空中交通流量随时间变化的特点，确定各个扇区开放使用的起止时间，做到管制扇区的灵活使用。

4．管制扇区的名称与代码

管制扇区的名称采用管制单位加管制扇区代码的最后两位数的办法来指配，例如，上海区域 02 号扇区。

　　管制扇区的代码为八位数字或者字母，前六位为字母，后两位为数字。其中，前四位字母为管制单位所在地的四字代码，例如，上海为 ZSSS；第五、第六两位字母标明管制扇区的性质，即 TM 表示终端管制扇区，AP 表示进近管制扇区，AR 表示区域管制扇区；最后两位数字表示该区域内扇区的序列号。例如，ZSSSAR03 表示上海 03 号管制扇区；ZUUUAP01 表示成都进近 01 号扇区。

三、重要点的设置

　　重要点（Significant Point）是用以标定空中交通服务航路、航线，航空器的飞行航径，以及为其他航行和空中交通服务目的而规定的地理位置。

1. 重要点的设置目的和原则

　　（1）重要点的设置目的在于划定空中交通服务航路、航线，以及满足空中交通服务单位了解和掌握航空器空中运行情况的需要。

　　（2）重要点的设置应当尽可能参照地面无线电导航设施，最好是甚高频无线电导航设施。例如，无线电导航设施，其重要点应当设在能够利用自备式导航设备予以确定的地点，或者设在目视飞行时可以依靠目视观察确定的地点。

　　（3）经过相邻的空中交通管制单位或者管制席位间协议，可以把特定的地点规定为"管制移交点"。

　　（4）重要点必须用编码代码予以识别。

2. 重要点的分类

　　根据对航空器空中运行和空中交通服务的作用，重要点可以分为四类：

　　（1）用于航空器在空中运行过程中航路、航线的改变和导航设施的转换的重要点。

　　（2）用于航空器的空中运行和空中交通服务的重要点。

　　（3）在限制的时间和特殊的航段内，用于航空器的空中运行和空中交通服务的重要点。

　　（4）仅用于相邻管制区间的空中交通服务的重要点。

3. 重要点的名称和编码代码

　　（1）导航设施所在地标明的重要点的名称和编码代码。

　　重要点的名称应当易于识别，最好使用相关的地理位置名称进行命名。考虑因素如下：

　　① 该名称不应当造成航空器驾驶员和空中交通服务人员话音通信时在发音上产生困难。以地理位置名称进行命名的重要点，应当尽可能采用该名称的简语或者缩语。

　　② 该名称应当在通话中易于辨别，且不与同区域内其他重要点的名称混同。

　　③ 该名称最好由三个汉字或者至少六个字母组成，由字母组成时最好构成两个音节，不超过三个音节。

　　④ 重要点和标注重要点的导航设施应当选用同一名称。

　　重要点的编码代号应当与无线电导航设施的识别信号相间。该无线电导航设施所在地点 1 100km 范围内，编码代号不得重复。

（2）以非导航设施所在地标明的重要点的名称和编码代号。

① 在不使用无线电导航设施所在地标明的地点设置重要点时，对外开放航段上的重要点，应当使用五个英文字母组成的名称代码（简称"五字代码"）；国内航段上的重要点，应当使用英文字母 P 后随 1～999 中的某个数字组成的名称代码（简称"P 字代码"）。该名称代码为该重要点的名称和编码代号。

② 该名称代码的确定应当避免使航空器驾驶员与空中交通服务人员在无线电通话中产生发音困难。

③ 该名称应当在通话中易于辨别，并不应当与同一区域内其他重要点的名称混同。

④ 已被指定给一个重要点的名称代码不得再被指定给任何其他重要点。如不能符合此要求应当在首先使用此名称代码的重要点所在位置 1 100km 范围内不再重复使用。

⑤ 对五字代码的需求由民航局空中交管局通告国际民用航空组织地区办事处协调确定。P字代码由民航局空中交管局确定。

⑥ 已经取消使用的五字代码或者 P 字代码，两年内不得再被指定给其他重要点；两年后再次指定时，通常不应在原地区使用。

⑦ 在没有划定航路、固定航线的区域，或者由于运行上的需要而航路、航线随时改变的区域，其重要点应当以大地坐标系——1984（WGS-84）来确定，其中飞经该区域的进、出口重要点除外。

四、报告点的设置

（1）报告点的设置目的是：空中交通服务部门能够了解和掌握航空器在空中运行的情况。

（2）报告点的设置应当考虑以下因素：

① 所提供空中交通服务的类型；

② 一般情况下的空中交通流量；

③ 航空器执行现行飞行计划的精确度；

④ 航空器的速度；

⑤ 应用的最低间隔标准；

⑥ 空域结构的复杂程度；

⑦ 所采用的空中交通管制方法；

⑧ 飞行重要航段的起始点；

⑨ 管制移交程序；

⑪ 安全和搜寻援救的要求；

⑫ 驾驶舱和地空通信的工作负荷；

其他有关因素。

（3）报告点的设置应当遵循以下原则：

① 设置强制报告点时，应当遵循的原则为：

a. 强制报告点必须被限制为向空管单位例行提供航空器飞行进展情况所必需的最少数量；

b. 装备无线电导航设施的地点，不一定要指定为强制报告点；

c. 不一定要在飞行情报区或者管制区边界上设置强制报告点。

② 设置要求报告点时，应当根据空中交通服务附加位置报告的要求确定。

③ 在某些特殊地区，可以设置以整数地理经纬度数进行报告的报告制度。

④ 对强制报告点和要求报告点应当定期检查，以保证空中交通服务的需要，减少飞行人员的工作负荷。

五、进离场航线重要点的设置

（1）标准仪表进离场航线重要点的设置。

① 标准仪表进离场航线重要点，应当设置在以下位置：

a. 标准仪表离场航线的结束点或者标准仪表进场航线的起始点；

b 指定航径的改变点；

c. 适用或者不适用的飞行高度层或者飞行速度的限制点；

d. 考虑到起飞阶段航空器驾驶员高负荷工作，要求参照无线电导航设施的标准仪表离场的起始点应当设在距跑道末端 3.7km 以上。

② 标准仪表进离场航线重要点的定位应当参照地面无线电导航设施，特别是指定航径的改变点，最好利用甚高频无线电导航设施所在地标明。如不符合此要求，应当采用以下方式定位：

a. VOR/DME；

b. VOR/DME 和 VOR 径向线；

c. VOR 径向线交叉定位；

d. 应当尽量减少利用 NDB 方位线定位，且不使用扇形指点标；

e. 利用 VOR/DME 定位时应当使用与确定下一航径有关的 VOR/DME 设施。

（2）目视进离场航线重要点的设置。

目视进离场航线重要点，应当设置在依靠目视参考相关地标易于识别的地理位置，也可以使用无线电导航设施所在地点进行设置。

六、转换点的设置

（1）全向信标台标定的空中交通服务航路、航线应当设置转换点，以帮助该航段的航空器准确运行。通常情况下，距离达 200km 及以上的航段才应当设置转换点，但由于航路的复杂性、导航设施的密度或者其他技术及运行上的原因，有理由在较短的航段上设置转换点的情况除外。

（2）设置转换点，应当根据全向信标台的性能，包括对防干扰准则的评估情况进行，也可以通过飞行校验加以核实。

（3）除非导航设施或者通信频率保护另有规定，直线航段上的转换点应当位于导航设施之间的中点位置，而当导航设施之间的航段改变方向时，转换点应当设置为导航设施径向线的交点。

第三节　空域使用

为规范民用航空相关空域的建设和使用，明确空域建设和使用工作的职责和程序，民航局根据《民用航空使用空域办法》以及有关规定，制定了空域使用程序规定。民用航空空中交通管理机构和从事民用航空活动的单位及个人，应当遵守其相关规定。

中国民航局空中交管局负责提出民用航空对空域的需求、建设和使用意见，按照国家规定组织相关空域的建设和使用，监督和检查民用航空活动使用空域的情况。地区空中交管局负责监督本地区民用航空活动使用空域的情况，协调民用航空活动在空域内的日常运行，提出民用航空活动对空域的需求、建设和使用意见，报民航局空中交管局或者按规定协商解决。

一、空域使用的基本工作程序

空域使用的基本工作程序包括采集需求、制定目标和确定方案、评估方案并征求意见、协调报批方案、开展准备工作、实施方案、实施情况反馈和控制等七个阶段。

（1）采集需求。掌握空域运行情况；采集空域使用的意见和建议。

（2）制定目标和确定方案。制定总体目标或阶段性目标；确定处理原则和工作计划；确定初步的空域建设方案。

（3）评估方案并征求意见。利用辅助评估系统进行评估；组织专家进行评估；征求有关部门的意见。

（4）协调报批方案。上报有关部门并协调批准；将批准后的方案通报有关部门。

（5）开展准备工作。制订实施计划；修改相关规定；组织人员培训；建设空中交通服务设施；发布航行情报资料。

（6）实施方案。按照职责组织实施空域建设方案。

（7）实施情况反馈和控制。安排值班，掌握实施情况和处理异常现象；查找问题原因，落实整改措施；实施情况总结报告。

空域管理部门应当掌握本地区各类民用航空活动使用空域的情况，按照规定采集和整理有关的空域运行数据；定期或者不定期地采集空域用户、空中交通服务和其他相关部门关于空域使用的需求。采集需求应当采取以下形式：

（1）通过书面形式每年定期采集需求；

（2）通过座谈会等形式不定期征求意见和建议；

（3）对影响飞行安全的空域问题进行专题调研。

空域用户、空中交通服务和其他相关部门有责任和义务及时向空域管理部门反映空域运行中存在的问题，或者提出改善空域环境的意见和建议。空域管理部门应当根据空域使用需求，确定满足空域使用需求的总体目标和阶段性目标，明确处理具体空域事宜的原则和计划，组织技术人员研究提出空域建设方案。

空域管理部门应当组织专家论证空域建设方案，有条件的，应当利用计算机辅助评估工具评估空域建设方案，并根据结果修改空域建设方案。论证或者评估空域建设方案应当包括方案的可行性、安全水平和经济性等方面的内容。如果此论证或者评估无法量化，可以根据业务判断得出结论。空域建设方案应当征求空域用户、空中交通服务和其他相关部门的意见，并根据这些部门的意见进行完善。空域建设方案被批准后，应当及时通报有关的空中交通服务部门、空中交通服务设施建设部门、飞行程序设计部门和航行情报服务部门。根据批准的空域建设方案，组织有关部门制订详细的实施计划。实施计划的内容应当包括修改相关规定，修改飞行程序设计方案，建设必要的设施或者设备，培训有关人员，发布航行情报资料等。必要时，可以提出分步实施计划。

有关单位应当根据批准的空域建设方案和实施计划，修改相关规定，组织培训有关人员，建设必要的设施和设备，修改相关的飞行程序设计方案。航行情报服务部门应当及时发布空域建设方案涉及的航行情报资料。对外发布或者提供的空域数据，应当由民航局空中交通管理局按照规定报国家有关部门审核处理后对外公布。通常情况下，空域建设方案的启用时间应当与航行情报资料的生效日期一致。

地区空中交管局应当根据批准的空域建设方案和实施计划，具体组织实施空域建设方案。涉及跨越地区空中交管局的空域建设方案，由民航局空中交管局协调有关地区空中交管局实施。

空域管理部门应当按照下列规定监督和处理空域建设方案的实施情况：

（1）空域建设方案实施后的 7 日内，空域管理部门应当组织值班或者委托有关空中交通服务部门监督空域建设方案的实施情况，收集反馈意见，及时上报和协调处理存在的问题。

（2）空域建设方案实施后的 1 个月内，空域管理部门应当及时收集整理空域建设方案的实施情况，并做出书面报告上报或者通报给有关单位。

（3）当空域建设方案实施过程中出现重大问题时，空域管理部门应当及时研究确定解决办法并协调落实，查找问题出现的原因。

二、空域管理的基本内容

空域管理围绕空中航行需求，对空域特征进行提取和分析，设计与优化航路航线网、军事空域、管制空域等，对空域申请使用进行批复，对通信导航监视台站进行保障能力分析，测算空域系统性能、容量及安全性等级等。归纳起来讲，其内容包括空域规划设计、空域运行管理和空域评估监督三个方面。

1. 空域规划设计

空域规划通过优化空域各类静态要素的布局与配置，构建空域网络体系，建立合理的空中飞行秩序，在保证飞行安全前提下，最大限度地增加飞行流量。空域网络由点、线和面组成，点表现为线路的交叉点、机场等，线表现为航路航线及飞机进离场程序，面表现为各类特殊使用空域，如军事训练空域、空中限制区、空中禁区、危险区等。

2. 空域运行管理

运行管理是在既定的国家空域网络结构下，通过制定相关的法律法规，设计空域使用协调制度并建立临时航线使用规定、空域灵活使用规定等，为各类用户提供空域使用服务，并形成有效的组织结构。

3. 空域评估监督

空域评估监督通过建立度量空域在使用中的整体状况的指标体系，对空域实际运行中各类数据进行统计分析，为空域规划提供依据，为空域运行管理问题查找、开展各项管理工作提供分析结论，为空域使用监督提供量化描述，贯穿空域管理的全过程，是日常空域规划设计、使用运行的一项十分重要的工作。

三、空域灵活使用

1. 概念

空域灵活使用（Flexible Use of Airspace，FUA）是欧洲航空安全组织成员国为了满足民航的需求、提高空中交通管理能力，同时也为了满足军事同盟执行军事演习、训练任务的空域需求而采用的一种解决方案。空域灵活使用包含以下三个空域管理层：

（1）战略空域管理层：负责国家空域政策的制定、组织和实施。在战略空域管理层，国家高层军民空域政策研究机构负责建立预定的空域结构、制定国家空域管理政策，在考虑国内、国际有关协议的基础上，依据各国的相互协作划设空中交通服务航路网络架构，公布已建立的国家空域结构和使用程序。

（2）预战术空域管理层：根据用户需求进行日常空域分配。空域管理小组对所有空域和航路的需求情况进行收集和分析，并公布国家日常空域使用计划，该计划对统一的空域分配情况要做详细说明。

（3）战术空域管理层：在保持军事飞行和民用飞行的安全间隔的情况下实时应用空域。在战术空域管理层，空域管理涉及对空域使用计划中所公布的空域情况进行实时补充、删除和/或重组，还涉及解决特殊空域问题和/或个别军事飞行/民事飞行现状的问题，这些问题都是由于军民航空中交通服务单位实时共享数据而导致的，这些共享数据包括在系统支持下或无系统支持下的管制员的指令。

在空域灵活使用的实施过程中，军民航双方是否安全、有效使用空域直接取决于军民航在以上三个空域管理层的协作能力。

2．空域灵活使用规则和程序

（1）空域管理第一级（ASM1）。

ASM1 是战略性的空域管理，是在国家整体利益的前提下，考虑国内、国际用户对空域的需求，制定合理的国家空域管理政策，建立国家空域结构体系，对空域进行战略性管理，使军民航对联合使用空域达成共识。为了建立和保持灵活的空域结构体系，国家应迅速地收集民用和军用航空的信息资料，以便在三级管理实行前充分了解其影响。国家应对空域和航路结构进行评估和审查，空域管理第一级要为第二级和第三级建立有效的空域结构体系，并给予最低限度的授权，以使后两者能灵活地工作。第一级还要为第二级和第三级制定优先权规则和空域分配商议程序。

（2）空域管理第二级（ASM2）。

空域灵活使用一旦被采用，在第二级就应建立空域管理单元来负责对空域进行逐日分配和临时隔离，并对空域进行战术前管理。在空域管理第一级所制定的空域结构体系、优先权规则和空域分配商议程序等范围内，地区空域管理部对空域的军用和民用需求进行协调，收集和分析所有的空域使用要求后，再决定每天的空域分配，并作为正式的空域使用计划下达各有关单位。空域管理单元被赋予适当的权限，以便将需要较高部门来决定的情况减至最少。由两个或更多国家建立的分区域空域管理单元有责任对国界两侧进行预战术空域管理。

（3）空域管理第三级（ASM3）。

空域管理第三级是战术性的空域管理，包括实时使用空域、取消使用空域计划或对空域管理第二级所分配的空域实时再分配，解决民用和军用空中交通服务部门或其所属的管制员之间发生的特殊空域问题或交通情况。

3．空域灵活使用的手段和方法

空域灵活使用的手段和方法，可归纳为条件航路（Conditional Route，CDR）、临时隔离空域（Temporary Segregated Area，TSA）、跨国界区域（Cross-Border Area，CBA）、减少协调空域（Reduced Co-ordination Airspace，RCA）。

（1）条件航路（CDR）。

条件航路是空中交通服务（ATS）航路网络的一部分，CDR 包括所有非永久航路，可与临时隔离区有关联地建立，如 TSA 或 CBA。CDR 在第一级建立，由国家空域管理单元在第二级分配，区域管制中心在第三级使用。CDR 通常作为预计划航路情景建立和使用，并通过补充现有的 ATS 航路网络或同该网络连接，建立更直接的航路和备用航路。

条件航路的建立和使用是空域管理单元执行预先策略工作的主要手段之一，将增加更多直接和供选择的航路，并能重新构建空域结构。为使空域更适合操作要求，可以采用在临时隔离区建立新的 ATS 航路，或将一些长期 ATS 航路变成 CDR 的方法。

（2）临时隔离空域（TSA）。

隔离空域是具有确定尺寸的空域，需要保留供特定用户在一个确定的时期内专用。TSA 给国家在使用空域方面带来了相当大的灵活性。TSA 在第一级建立，由空域管理单元根据每日对特定期间的申请在第二级分配，在第三级对应实时民用或军用空域用户要求的时期内激活。

（3）跨国界区域（CBA）。

跨国界区域是一种为国际边界上空特定运行要求而建立的 TSA。CBA 的建立使得边界空域能够被最大化使用，以优化航路结构。当通过国界两侧建立 CBA 的可能性存在时，有关国家应努力优化国界区域的空域和航路结构，可在适用的场合通过建立有关的 CDR 来实现。建立和使用 CBA 的正式协议必须关注主权、防御、法律、运营、环境以及搜寻与援救。

（4）减少协调空域（RCA）。

在减少协调空域的概念下，当一个给定的空域由负责的军事单位按照协调的需要释放时，该空域按 RCA 通知各方。采用 RCA 概念的主要优点是可以通过减少给定空域单独协调的需要，降低管制员的工作负荷。

第四节　基于性能导航

在航空飞行中，传统导航是利用地面导航台信号，通过向台或背台飞行，实现对航空器的引导，航路规划和终端区飞行程序受地面导航台布局和设备种类的制约。随着航空器机载设备能力的提高以及卫星导航等先进技术的不断发展，国际民用航空组织提出了"基于性能导航"（Performance Based Navigation，PBN）的概念。

一、概念

PBN 是指在相应的导航基础设施条件下，航空器在指定的空域内或者沿航路、仪表飞行程序飞行时，对系统精确性、完好性、可用性、连续性以及功能等方面的性能要求。PBN 概念代表了从地基导航向区域导航的转变。

PBN 的作用及优势主要体现在以下九个方面。

（1）精确地引导航空器，提高飞行运行安全性；

（2）提供垂直引导，实施连续稳定的下降程序，减少可控飞行撞地的风险；

63

（3）改善全天候运行水平，提高航班正常性，保障地形复杂机场运行的安全；

（4）实现灵活和优化的飞行航径，增加飞机业载，减少飞行时间，节省燃油；

（5）规避噪音敏感区，减少排放，提高环保水平；

（6）实施平行航路，增加终端区内进、离场航线定位点，提高交通流量；

（7）减少航空器横向和纵向间隔，增大空域容量；

（8）减少陆空话音通信和雷达引导需求，降低飞行员和管制员的工作负荷；

（9）减少导航基础设施的投资和运行成本，提高运行的整体经济效益。

PBN 运行的三个基础要素是支持系统运行的导航规范、导航设施和导航应用。

导航规范中明确规定了性能要求，也规定了满足这些性能要求的导航传感器、导航设施、操作程序和培训等。导航应用是在导航规范和相应导航设施支持下实现的。

二、导航设施

导航设施指能满足导航规范要求的星基导航设施或陆基导航设施。PBN 运行陆基导航设施包括 VOR/DME 、DME/DME 和 INS 等，而星基导航设施为全球导航卫星系统（Global Navigation Satellite System，GNSS）。全球导航卫星系统是世界范围内的位置、速度和时间确定系统的通用术语，它包括一个或多个卫星、航空器接收器和系统完整性监测。GNSS 包括全球定位系统（Global Positioning System，GPS）、星基增强系统 （Satellite-based Augmentation System，SBAS，例如，广域增强系统）、陆基增强系统（Ground-based Augmentation System，GBAS，例如，局域增强系统）、全球卫星导航系统（Global Navigation Satellite System，GLONASS）、伽利略，以及其他批准民用的卫星导航系统。

GNSS 可以降低和减少航空器对陆基无线电导航设施的依赖，使航路规划不再受地面台的限制，减少导航台的建设与维护费用，实现真正意义上的航路设计灵活性。GNSS 可以在必要的时候被增强，以支持实际操作阶段的 RNAV 和 RNP。GNSS 是 RNAV 和 RNP 运行的重要导航系统，在航空器的运行中，允许 GNSS 与其他导航系统的冗余备份，但 GNSS 系统是首选导航系统。

PBN 概念中涉及对卫星导航系统精确性、完好性、连续性、可用性以及功能性等方面的性能要求。卫星导航系统精确性指在任何时间、地点，导航系统的测量位置与真实位置的差值。ICAO 的附件 10 中规定，对任一区域的估计位置，位置误差在精度要求之内的概率不能低于95%。卫星导航系统完好性指当导航系统发生故障或误差超过允许限制时，系统能够向用户及时发出告警或关闭系统。卫星导航系统连续性是指导航系统在用户的整个使用周期内可以持续提供导航定位服务。卫星导航系统可用性表示当用户需要时，系统可提供导航。卫星导航系统功能性指当卫星系统和用户设备均正常工作时，系统所提供的导航性能可满足该飞行阶段的要求。

三、导航规范

导航规范指在指定空域内运行 PBN 程序所需要的一系列航空器和机组人员要求。它定义了实施 PBN 所需要的性能及具体功能要求，同时也确定了导航源和设备的选择方式，能够对国家管理当局和运营人提供具体指导。导航规范中明确了导航性能要求，以及可选的用于满足性能要求的导航传感器和设备。导航规范是制定适航和运行审批材料的基础，会详细说明 RNAV 或 RNP 在精度、完好性、可用性和连续性方面所要求的性能。

PBN 包含两个基本导航规范：区域导航（RNAV）和所需导航性能（RNP）。

（1）区域导航（RNAV）：是一种允许在地面导航设备覆盖区域内或在独立机载导航设备性能范围之内，或者在两者结合情况下的任何理想飞行航径上进行航空器运行的导航方法。RNAV 规范指的是一种基于区域导航的导航规范，它不包括对机载性能监视和告警的要求，使用前缀 RNAV（如 RNAV5、RNAV 2 和 RNAV 1 等）。

（2）所需导航性能（RNP）：是要求和具备机载性能监视和告警功能（OPMA）的 RNAV。RNP 规范指的是一种基于区域导航的导航规范，包括对机载性能监视和告警的要求，使用前缀 RNP（如 RNP 4、RNP APCH 等）。

洋区、偏远陆地、航路和终端运行，RNP 规范以 RNP X 标识，如 RNP 4。常用的 RNP 精度值有 10nm、5nm、4nm、2nm、1nm、0.5nm、0.3nm，甚至可以到达 0.1nm。RNAV 规范标识为：RNAV X，如 RNAV 1。如果两个导航规范共用一个数值 X，可以使用前缀加以区分，如高级 RNP1（Advanced-RNP1）和基础 RNP1（Basic-RNP1）。对 RNP 和 RNAV 标识而言，符号"X"均表示在空域、航路或程序范围内运行的所有航空器至少在 95% 的飞行时间里，可以达到以 n mile 计的侧向导航精度。

进近导航规范包含仪表进近的各个航段。RNP 规范的标识将 RNP 作为前缀，后接一个词语缩写，如 RNP APCH 或 RNP AR APCH。没有 RNAV 进近规范。

RNP APCH 是一种 RNP 进近程序。该程序引导范围是航空器至机场跑道。GNSS 和 DME/DME 都可以作为该导航信号源，就目前而言主要运用 GNSS 信号。

在 RNP APCH 中，包含两部分内容。其一是侧向导航（Lateral Navigation，LNAV）进近程序，它是 PBN 运行下的一种类精密进近程序，只提供水平方向的导航。其二是接近与垂直指导（Approach with Vertical Guidance，APV）进近程序，它可以提供 LNAV，并且可以提供基于气压的而非导航信号的垂直引导。

RNP AR APCH 又被称为 RNP AR 进近程序，是 PBN 运行中的重要组成部分，该程序的投入运行需要民航局的特殊批准；RNP AR 进近程序在一些复杂地形的单跑道机场的运行可以处理这些机场的可飞行问题，旨在提高机场的运行效率。

RNP AR 进近程序是一种高性能的 RNP 程序，该技术的优点是精度高，一方面为飞机提供水平引导，另一方面还可以提供垂直引导。相比于传统程序的保护区及飞行模式，RNP AR 进近程序的保护区范围小且灵活，同时还可以通过实施固定半径转弯飞行模式，形成灵活和优化的飞行路径。RNP AR 进近程序目前在中国西藏自治区的林芝机场得到了应用。

四、导航应用

导航应用指在特定空域概念下，在航路、程序或定义的空域范围内应用导航规范和相应导航设施以支持导航的使用。例如，在终端区，导航规范是水平精度为 1n mile 的 RNP 1，导航设施可能是全球导航卫星系统（GNSS）或测距仪（DME/DME）RNP 和 RNAV 导航规范在特定飞行阶段的应用（见表 4-4）。

表 4-4　RNP 和 RNAV 运行的应用

导航规范	飞行阶段								
	海洋/偏远陆地航路	陆地航路	终端	进近					终端
			进场	起始	中间	最后	复飞		离场
RNP 1	N/A	N/A	1	1	1	N/A	1		1
RNP 2	2	2	N/A	N/A	N/A	N/A	N/A		N/A
RNP 4	4	N/A	N/A	N/A	N/A	N/A	N/A		N/A
RNP 10	10	N/A	N/A	N/A	N/A	N/A	N/A		N/A
RNP APCH	N/A	N/A	N/A	1	1	0.3	1		N/A
RNP 0.3	N/A	0.3	0.3	0.3	0.3	N/A	0.3		0.3
RNAV1	N/A	1	1	N/A	N/A	N/A	1		1
RNAV2	N/A	2	2	N/A	N/A	N/A	N/A		2
RNAV5	N/A	5	5	N/A	N/A	N/A	N/A		N/A

注：1. N/A 表示不适用。

　　2. 除 RNP APCH 外，所有导航规范的最后进近阶段均标注为 N/A。

　　3. RNP 1 可与任何类型的进近结合使用（RNP、ILS 或 GLS）。

　　4. RNP 0.3 导航规范目前仅适用于旋翼航空器的运行。

　　表 4-4 中包含了用于每个飞行阶段的侧向水平精度值（如适用），RNP 1 要求在终端进场和离场的 RNP 值为 1，也可用于起始、中间和复飞阶段。RNP 2 使用的 RNP 值为 2，用于海洋、偏远陆地航路和陆地航路的运行。RNP 4 和 RNP 10 分别表示 RNP 值为 4 和 10，用于海洋和偏远陆地航路运行。RNP APCH 运行时 RNP 值为 1，直到缩小到 RNP 0.3 的最后进近阶段，RNP 值在复飞时又会扩展至 RNP 1。最后，旋翼航空器导航规范 RNP 0.3 要求，除海洋、偏远陆地航路和最后进近阶段外，所有飞行阶段的 RNP 值都为 0.3。RNAV 运行是在将 RNAV1、RNAV2 或 RNAV5 等导航规范应用到陆地航路、终端（包括进场、离场等）等特定阶段。

复习思考题

1. 掌握空域的概念和分类目的。

2. 了解 ICAO 和美国的空域分类标准。

3. 掌握中国民用航空空域分类现状。

4. 掌握 PBN 的概念和基本要素。

5. 了解中国民用空域的使用程序。

第五章

机场

章前提要

　　机场是指全部或部分供航空器进场、离场和场面活动使用的陆上或水上的一个划定区域（包括所有建筑物、设施和设备）。机场是航空运输体系中不可缺少的一个重要部分，飞行员驾驶航空器的起点和终点一般来说都在机场。机场是航空活动的重要场地，完备的机场场道和飞行保障设备（设施）是保证飞行安全的重要条件。通过对本章的学习，学生应了解机场的命名和分类；掌握机场运行等级划分和跑道命名；了解航站楼的功能、跑道道面标志、灯光系统及机场净空等内容。

第一节　机场概述

一、机场的命名及分类

1. 机场命名规则

　　（1）以城市名+地名+（定语：国际）+机场命名，如深圳宝安国际机场、成都双流国际机场、郑州新郑国际机场、乌鲁木齐地窝堡国际机场等。

　　（2）以著名特征和历史遗留命名，如北京首都国际机场、广州白云国际机场。

　　（3）以纪念意义命名，如云南腾冲驼峰机场（纪念抗日战争期间飞虎队所开辟的驼峰航线）。

　　（4）以人名命名，如纽约肯尼迪国际机场、曼谷素万那普国际机场等。

2. 机场的分类

　　机场分类标准较多，常用标准是按照机场使用对象和航线业务两种标准划分的。机场按照使用对象分为民用机场和军用机场。本教材涉及的机场主要指民用机场。民用机场又分为运输机场和通用机场两类，如图 5-1 所示。

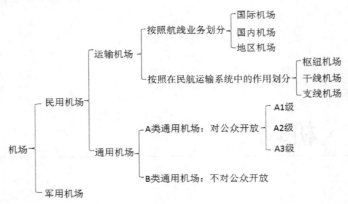

图 5-1　机场分类

运输机场可分为国际机场、国内机场和地区机场。国际机场指为国际航线定期航班运行提供服务的机场，该类机场有出入境和过境设施，并设有固定的联检机构（海关、边防检查、卫生检疫、动植物检疫、商品检验等）。国际机场一般也同时为国内航线的定期航班和非定期航班提供服务。国内机场指供国内航线定期航班或不定期航班飞行使用的机场，不提供国际航线定期航班运行保障服务。地区机场一般有中国香港特别行政区、中国澳门特别行政区的机场。

此外，按照在民航运输系统中的作用划分，运输机场可分为枢纽机场、干线机场和支线机场。枢纽机场是指国际、国内航线密集的机场。旅客在此可以很方便地中转到其他机场。干线机场则以国内航线为主，航线连接枢纽机场、直辖市和各省会或自治区首府，客运量较为集中，年旅客吞吐量不低于 10 万人次。支线机场是指省、自治区内经济比较发达的中小城市和旅游城市，或经济欠发达且地面交通不便的城市地方机场，其客运量较少，年旅客吞吐量一般低于 10 万人次。

通用机场根据其是否对公众开放分为 A、B 两类。A 类通用机场，即对公众开放的通用机场，指允许公众进入以获取飞行服务或自行开展飞行活动的通用机场；B 类通用机场，即不对公众开放的通用机场，指除 A 类通用机场以外的通用机场。

A 类通用机场分为以下三级：

A1 级通用机场：含有使用乘客座位数在 10 座以上的航空器开展商业载客飞行活动的 A 类通用机场；

A2 级通用机场：含有使用乘客座位数为 5～9 的航空器开展商业载客飞行活动的 A 类通用机场；

A3 级通用机场：除 A1、A2 级外的 A 类通用机场。

二、机场代码

1. 三字机场地名代码

三字机场地名代码，又称 IATA 机场代码，由国际航空运输协会（Internation Air Transport Association，IATA）对机场进行编码，通常由三位字母组成，刊登在 IATA 机场代码目录中。三字地名代码是 SITA（指国际航空电信协会，一个非营利组织）电报中经常用到的地名代码，用来发动态电报。SITA 电报是空管部门与航空公司运控中心相互联系的主要手段，用来传递航班计划、航班动态。它是最常用的机场代码，多用于公共场合。

机场的三字代码是向 IATA 申请的，因为全世界的机场是统一编码的，很多代码已经被别的机场使用了，后面申请的就不可再使用，所以三字代码不可能完全与机场的名称相联系，申请得越晚越不容易与名字相关。例如，申请较早的机场，北京首都国际机场的三字代码是 PEK，和北京（Peking）相关；上海虹桥国际机场的三字代码是 SHA，和上海（Shanghai）相关；而上海浦东国际机场是新机场，其三字代码 PVG 与浦东（Pudong）只是近似。我国部分机场的三字代码和四字代码如表 5-1 所示。

表 5-1　国内部分机场三字代码和四字代码

序号	城市名	机场名称	机场三字代码	机场四字代码	序号	城市名	机场名称	机场三字代码	机场四字代码
1	北京	北京首都国际机场	PEK	ZBAA	12	西安	西安咸阳国际机场	XIY	ZLXY
2	北京	北京大兴国际机场	PKX	ZBAD	13	郑州	郑州新郑国际机场	CGO	ZHCC
3	上海虹桥	上海虹桥国际机场	SHA	ZSSS	14	武汉	武汉天河国际机场	WUH	ZHHH
4	上海浦东	上海浦东国际机场	PVG	ZSPD	15	哈尔滨	哈尔滨太平国际机场	HRB	ZYHB
5	广州	广州白云国际机场	CAN	ZGGG	16	沈阳	沈阳桃仙国际机场	SHE	ZYTX
6	深圳	深圳宝安国际机场	SZX	ZGSZ	17	长春	长春龙嘉国际机场	CGQ	ZYCC
7	成都	成都双流国际机场	CTU	ZUUU	18	天津	天津滨海国际机场	TSN	ZBTJ
8	成都	成都天府国际机场	TFU	ZUTF	19	乌鲁木齐	乌鲁木齐地窝堡国际机场	URC	ZWWW
9	重庆	重庆江北国际机场	CKG	ZUCK	20	呼和浩特	呼和浩特白塔国际机场	HET	ZBHH
10	杭州	杭州萧山国际机场	HGH	ZSHC	21	银川	银川河东国际机场	INC	ZLIC
11	昆明	昆明长水国际机场	KMG	ZPPP	22	兰州	兰州中川国际机场	LHW	ZLLL

（续表）

序号	城市名	机场名称	机场三字代码	机场四字代码	序号	城市名	机场名称	机场三字代码	机场四字代码
23	西宁	西宁曹家堡国际机场	XNN	ZLXN	30	太原	太原武宿国际机场	TYN	ZBYN
24	南京	南京禄口国际机场	NKG	ZSNJ	31	合肥	合肥新桥国际机场	HFE	ZSOF
25	长沙	长沙黄花国际机场	CSX	ZGHA	32	南昌	南昌昌北国际机场	KHN	ZSCN
26	青岛	青岛流亭国际机场	TAO	ZSQD	33	拉萨	拉萨贡嘎国际机场	LXA	ZULS
27	厦门	厦门高崎国际机场	XMN	ZSAM	34	海口	海口美兰国际机场	HAK	ZJHK
28	南宁	南宁吴圩国际机场	NNG	ZGNN	35	三亚	三亚凤凰国际机场	SYX	ZJSY
29	贵州	贵州龙洞堡国际机场	KWE	ZUGY	36	福州	福州长乐国际机场	FOC	ZSFZ

2. 四字机场地名代码

四字机场地名代码，也称 ICAO 机场代码，由国际民用航空组织制定，公布在 ICAO 的航行通告之地名代码 DOC7910 上。四字地名代码是 AFTN（指国际民用航空组织航空固定业务通信网）固定电报中经常用到的地名代码，是 AFTN 固定电报的重要组成部分，主要用于空中交通管理部门之间传输航班动态。航班信息处理系统中就以四字代码代表目的地机场和起降机场，较少在公共场合使用。

ICAO 四字机场代码是国际民用航空组织为世界上所有机场所制定的识别代码，由 4 个英文字母组成。ICAO 机场代码被用于空中交通管理及飞行计划等。ICAO 机场代码与一般公众及旅行社所使用的 IATA 机场代码并不相同。

ICAO 机场代码有区域性的结构，并不会重复。通常首字母代表所属大洲。E 为欧洲地区，EG 开头的一般是指英国的机场，美国大陆（指美国的陆地部分）使用 K 开头，大多数 Z 开头的是中国机场（不包括 ZK-朝鲜和 ZM-蒙古），V 代表东南亚地区。第二个字母代表国家，剩余两个字母用于分辨城市。部分幅员广阔的国家以首字母代表国家，其余三个字母用于分辨城市。例如，上海虹桥国际机场的 ICAO 代码是 ZSSS；上海浦东国际机场的 ICAO 代码是 ZSPD；北京首都国际机场的 ICAO 代码是 ZBAA。我国部分机场的四字码可参见表 5-1。

三、机场运行等级划分

1. 飞行区等级

国际民用航空组织和中国民用航空局对飞行区等级采用指标 I 和 II 进行分级，以使该机场飞行区特性的许多规定与航空器特性联系起来,从而较好地划定了该机场可以起降的机型和种类。

飞行区指标Ⅰ是指按拟使用机场跑道的各类飞机中最长的基准飞行场地长度,分为1、2、3、4四个等级,见表5-2。基准飞行场地长度是指飞机以规定的最大起飞重量,在标准条件(海平面、标准气压、气温 15℃、无风且跑道无坡度)的条件下起飞所需的最小场地长度。

表5-2　飞行区指标Ⅰ

飞行区指标Ⅰ	基准飞行场地长度(m)
1	<800
2	800～1 200(不含)
3	1 200～1 800(不含)
4	≥1 800

飞行区指标Ⅱ是指按拟使用该机场飞行区的各类飞机中最大翼展或最大主起落架外轮外侧间距,分为 A、B、C、D、E、F 六个等级,两者中取较高等级(见表5-3)。

表5-3　飞行区指标Ⅱ　　　　　　　　　　单位:m

飞行区指标Ⅱ	翼展	主起落架外轮外侧间距
A	<15	<4.5
B	15～24(不含)	4.5～6(不含)
C	24～36(不含)	6～9(不含)
D	36～52(不含)	9～14(不含)
E	52～65(不含)	9～14(不含)
F	65～80(不含)	14～16(不含)

主起落架外轮外侧间距是指主起落架外侧边之间的距离,如图5-2所示。

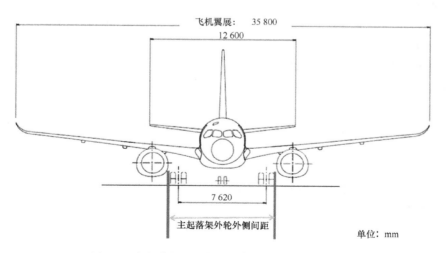

图 5-2　主起落架外轮外侧间距与飞机翼展示意图

根据各机型的运行技术指标就可以确定该机型所需要的飞行区等级，如表 5-4 所示。

表 5-4　机型所需要的飞行区等级

机型	基准飞行场地（m）	翼展（m）	主起落架外轮外侧间距（m）	所需飞行区等级
A320-200	2480	33.9	8.7	4C
B747-400	3383	64.7	12.4	4E
A380	2750	79.75	13.8	4F

2．跑道导航设施等级

跑道导航设施等级按配置的导航设施能提供飞机以何种进近程序飞行来划分，可以分为非仪表跑道和仪表跑道两种。

（1）非仪表跑道（Non-instrument Runway）——只能供飞机用目视进近程序飞行的跑道，代码为 V。

（2）仪表跑道（Instrument Runway）——供飞机用仪表进近程序飞行的跑道，其中精密进近是使用仪表着陆系统（ILS）、微波着陆系统（Microwave Landing System，MLS）或精密进近雷达（Precision Approach Radar，PAR）提供方位和下滑引导的进近。非精密进近是指使用甚高频全向信标台［Very High Frequency（VHF）Omnidirectional Range，VOR］、无方向性无线电信标台（Non-directional Radio Beacon，NRB）或航向台（Localizer，LOC）等地面导航设施，只提供方位引导，不提供下滑引导的进近，仪表着陆系统下滑台不工作。

仪表跑道可分为以下四种。

（1）非精密进近跑道（用 NP 表示）。它是装有目视助航设备和一种至少足以提供直线进入的方向性引导的非目视助航设备的仪表跑道，非目视助航设备能足以对直接进近提供方向性引导。

（2）Ⅰ类精密进近跑道（用 CATⅠ表示）。它是装有仪表着陆系统和（或）微波着陆系统以及目视助航设备、能供飞机在决断高（DH）低至 60m、能见度（Visibility，VIS）不小于 800m 或跑道视程（Runway Visual Range，RVR）不小于 550 m 时着陆的仪表跑道。

（3）Ⅱ类精密进近跑道（用 CATⅡ表示）。它是装有仪表着陆系统和（或）微波着陆系统以及目视助航设备、能供飞机在决断高（Decision Height，DH）低于 60m 但不低于 30m 和跑道视程不小于 300m 时飞行的仪表跑道。

（4）Ⅲ类精密进近跑道（用 CATⅢ表示）。它是装有仪表着陆系统和（或）微波着陆系统引导飞机飞至跑道并沿其表面着陆滑行的仪表跑道。它又根据对目视助航设备的需要程度进一步分为三种。

①　Ⅲ类 A：用于决断高小于 30m 或不规定决断高以及跑道视程不小于 175m 时运行。

②　Ⅲ类 B：用于决断高小于 15m 或不规定决断高以及跑道视程小于 175m 但不小于 50m 时运行。

③　Ⅲ类 C：用于不规定决断高和跑道视程时运行。对于Ⅱ类或Ⅲ类运行的机场，不再使用能见度，只有 RVR 标准。

3．援救和消防等级

援救和消防等级是指机场所具备的与使用该机场最高类别航空器相对应的消防援救能力。

按航空器机身长、宽划分消防保障等级，保障援救能力越强，级别越高（见表5-5）。

表 5-5 援救和消防的机场等级

机场级别	飞机机身全长（m）	最大机身宽度（m）
1	0<l<9	2
2	9≤l<12	2
3	12≤l<18	3
4	18≤l<24	4
5	24≤l<28	4
6	28≤l<39	5
7	39≤l<49	5
8	49≤l<61	7
9	61≤l<76	7

第二节 航站楼的功能

航站楼（Terminal Building）又称候机楼、航站大厦、客运大楼等。航站楼是航站区的主体建筑物。航站楼的设计不仅要考虑其功能，还要考虑其环境、艺术氛围及民族风格等。航站楼一侧连着机坪，另一侧又与地面交通系统相联系。旅客、行李及货邮在航站楼内办理各种手续，并进行必要的检查以实现运输方式的转换。

航站楼的旅客都是按照到达和离港向目的地流动的，在设计航站楼时必须很好地安排旅客流通的方向和空间，这样才能充分利用空间，使旅客顺利到达要去的地方，不致造成拥挤和混乱。航站楼内的旅客流程一般划分为离港、进港和中转三类。其中，离港流程是指旅客由地面交通进入机场航站楼完成相关手续直至登机的过程，相对复杂，它一般包括国内出发和国际出发两类流程；进港流程是指旅客在飞机降落后，旅客完成行李领取等各项工作远离航站楼的过程，包括国内到达和国际到达两类流程；中转流程是指旅客为满足出行需要，完成从一个到另一个航班的换乘过程，它包括国内转国际、国内转国内、国际转国内、国际转国际四类流程。由于各种机场旅客流程的组织原则和国家航空政策的不同，不同国家或地区的以及不同类型的流程之间明显是有差异的，如美国的国际出港流程一般为办票、安全检查、候机、登机等，而国内的国际出港流程一般包括检验检疫、海关、办票、处境边防、安全检查、候机、登机等，涉及国际航班的流程一般需要海关检疫、检查检验、边防检查等手续，而国内出发和到达以及国内转国内的旅客流程往往只需要涉及安检、值机等一般的登机过程。

目前通用的安排方式是把出港（离去）和入港（到达）分别安置在上、下两层，上层为出港，下层为入港，这样互不干扰又可以相互联系。由于国内旅客和国际旅客所要办理的手续不同，通常把这两部分旅客分别安排在同一航站楼的两个区域，或者分别安排在两个航站楼内。

航站楼内的活动大致可以划分为以下五个部分。

（1）直接为旅客提供的服务。

航站楼的某些服务是专为方便航空旅行者提供的，并且与航空公司的工作没有直接联系，习惯上把这些服务称作直接为旅客的服务。为了便于讨论，将此项服务进一步划分为商业性服务和非商业性服务。

机场航站楼通常提供以下非商业性服务，并且这些服务是由机场管理当局提供或委托第三方提供管理的，包括：①行李搬运；②航班和常规的机场信息；③行李手推车；④带锁的行李存放箱和行李存放室；⑤指示标志；⑥座位；⑦卫生间、托儿所和更衣室；⑧头等舱休息室；⑨邮局和公用电话；⑩为伤残旅客和特殊旅客提供的服务。

根据以机场为主进行运营的思想体系，商业设施将由机场管理当局直接管理运作，或将特许经营权租赁给专业的服务公司。大型机场通常在旅客航站楼的服务中提供以下商业性活动：①汽车停靠；②免税店；③其他商店（书店、纪念品商店等）；④汽车租赁；⑤保险；⑥银行；⑦旅馆预订；⑧广告；⑨商业中心。

（2）与航空公司相关的旅客服务。

在机场航站楼内，很多工作通常都是由航空公司或其代理机构来完成的。这些工作主要包括以下内容：①航空公司信息服务；②机票的预订和销售；③行李交运与存放；④飞机装卸行李；⑤行李的传送和领取（行李的领取一般由机场当局管理）；⑥航空公司旅客的 VIP 区域。

（3）VIP 服务。

目前航空旅行仍然是一种相对质优价高的旅行方式，往往会吸引一些知名人士或富有的人士乘坐飞机旅行，一些比较繁忙的机场经常会接待大量的贵宾（Very Important Person，VIP）。例如，英国伦敦希思罗机场，据估计每年要接待超过 6 000 多组贵宾，这就要求航站楼能够提供 VIP 专用的设施和服务人员，从而保障这部分贵宾的到港和离港，即为他们提供专用通道，避免与普通旅客混在一起。因此，提供 VIP 服务应当具有独立的候机设施，同时该设施应当能够容纳较大规模的贵宾团体。此外，为了防止非法袭击，设施中必须配备安全防卫手段。在具有多个航站楼的机场，为了减少交通拥挤及其他不便之处，一般不采用建立 VIP 中心或 VIP 接待专用候机厅的结构。

（4）政府活动。

绝大多数机场在满足可容纳一定规模的旅客流量的同时，还需要在机场航站楼附近区域为其他机构提供相应的办公室和工作场所。这些机构包括民用航空管理机构和空中交通流量管理机构，在涉及国际航空旅客的大型机场，至少还需要为以下四个政府服务机构提供办公场所：海关、移民检查（边防检查）、卫生检疫和动植物检疫。

就大多数国家而言，对卫生检疫和动植物检疫所必需的设施并没有特殊的要求，而海关检查和边防检查程序却相对比较烦琐，因此有关这方面的检查程序所需要的场地比较大。由于先进行边防检查，同时考虑海关检查的相对效率，所以实际上，海关检查大厅一般不会占据很大的空间，尤其在欧洲，因为采用了海关检查程序的红色/绿色通道，在不明显降低强制检查程序的同时，大大降低了海关检查时间。然而，在一些国家仍然存在费时且烦琐的海关检查程序，这便造成了在机场航站楼中，必须设置相对比较多的办公平台和旅客检查区域。另外，大多数政府代理机构也同样需要办公用地和诸如休息、卫生间等场所。

（5）与旅客无关的机场管理功能。

在一些相对较小的机场，为了便于相互通信，通常将所有与旅客无关的机场管理职能部门都置于航站楼内部，这些部门包括：机场管理部、采购部、金融服务部、法律部、人事部、对外公共关系部、航空服务部、工程动力部、民航内部公共服务部（如机场噪音监测）、设备、房屋维修部（动力部）。

　　大型机场通常习惯上将这些管理功能分别设置在不同的建筑物中。对于运输业务比较繁忙的航站楼，为避免产生交通堵塞，有时这些部门会分布在离航站楼较远的位置，对于多功能机场管理机构，如法国巴黎机场、美国纽约机场和新泽西机场，以及私有的多功能机场管理公司，其管理机构和工作人员均可以设置在远离航站楼的地方，只保留其与航线管理密切相关的部分机构和人员在航站楼办公。考虑到机场管理机构在工作时对场地的需求，航站楼设计时应充分考虑日后机场管理机构对机场设施将如何进行运营管理。

第三节　机场道面系统

　　跑道、滑行道和机坪等构成了机场道面系统，机场道面系统为飞机起飞、着陆、地面滑行和上下客货提供安全的地面保障服务，直接关系航行的安全和经济效益，因而在机场的建设和使用中有重要的作用。

一、跑道方向和跑道号

　　跑道是指陆地机场内供飞机起飞和着陆使用的特定长方形场地，是航空器起降的主要道面设施。如图 5-3 所示，与跑道相关的道肩、停止道、净空道等也对航空器的安全运行起着重要作用。

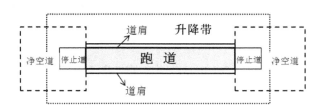

图 5-3　跑道及相关道面结构图

　　跑道号码应由两位数字组成，平行跑道的跑道号码应由两位数字后加一个字母组成。在单条跑道、两条平行跑道和三条平行跑道上，此两位数应是从进近方向看最接近跑道磁方位角度数（从磁北方向顺时针方向计算，与向该跑道端进近方向的夹角）的十分之一的整数。在四条或更多的平行跑道上，一组相邻跑道应按最接近磁方位角度数的十分之一编号，而另一组相邻跑道则按次一个最接近的磁方位角度数的十分之一编号。当按上述规则得出的是一位数字时，则在它前面加一个零，如图 5-4 所示。

　　在有平行跑道的情况下，跑道号码中的字母排列宜采用下列顺序（从进近方向看去从左至右）：

　　（1）两条平行跑道："L" "R"；

　　（2）三条平行跑道："L" "C" "R"；

　　（3）四条平行跑道："L" "R" "L" "R"；

　　（4）五条平行跑道："L" "C" "R" "L" "R" 或 "L" "R" "L" "C" "R"；

　　（5）六条平行跑道："L" "C" "R" "L" "C" "R"。

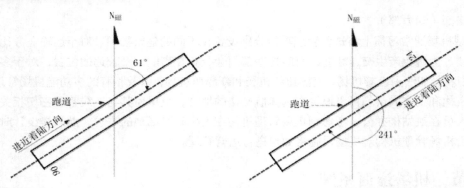

图 5-4　跑道号的确定

注：跑道号码以航向角（着陆方向）确定。左图航向角为 61°，取其 1/10 后再四舍五入，即 "06"；右图的航向角为 241°，取其 1/10 后再四舍五入，即 "24"。

二、道面强度

1. 道面等级序号

道面等级序号（Pavement Classification Number，PCN）是指不受运行次数限制的道面承载强度的数字。这个数字由场建部门提供。一条跑道的 PCN，一般来说是固定的，但是如果道面强度受冰冻等条件影响而有季节性变化，则可以在不同季节有不同的 PCN（冰冻影响土基强度）。道面的 PCN 由修建部门提供，可以在机场细则中查到，表示方法如下：PCN90/R/B/X/T、PCN38/F/A/X/U。PCN 后面的数字代表该跑道的等级号，它与道面厚度、道面材料（水泥铺筑面还是沥青铺筑面）有关。

第一个字母可以是 R 或者 F，R（Rigid）代表刚性道面，即水泥铺筑面。F（Flexible）代表柔性道面，即沥青铺筑面。

第二个字母可以是 A、B、C、D 之一，反映了道基强度的大小：

A 为地下土质高强度；B 为地下土质中等强度；C 为地下土质低等强度；D 为地下土质特低强度。

第三个字母可以是 W、X、Y、Z 之一，代表允许的轮胎压力，W 表示允许的轮胎压力是高压，即 1.5 兆帕及以上；X 代表允许的轮胎压力是中等压力，即 1.0～1.5 兆帕。Y 表示允许的轮胎压力是低压，即 0.5～1.0 兆帕。Z 表示允许的轮胎压力是超低压，即 0.5 兆帕及以下。现在飞机的轮胎压力绝大多数小于 1.5 兆帕，属于中压轮胎。

第四个字母是 T、U 之一，表示评价手段，T 表示技术评鉴定，U 表示试飞或经验评定。

2. 飞机等级序号

飞机等级序号（Aircraft Classification Number，ACN）是飞机对一具有规定的标准土基类型的道面相对作用的一个编号。ACN 由飞机制造商提供。一种给定的飞机有不同的 ACN，取决于它在什么道面运行，是柔性道面（F）还是刚性道面（R），以及土基的相对强度。飞机等级序号是按其重心位置对关键起落架产生的临界荷载计算得出的。一般用相对于最大停机坪（机坪）总质量的最后重心位置来计算 ACN。在特殊情况下，最前重心位置可能使前起落架产生更临界的荷载。

3. ACN-PCN 评定法

ACN-PCN 评定法是指用某一飞机的 ACN 与某一跑道的 PCN 相比较，以确定该跑道能否承受该飞机的起降的一种方法。

当 ACN≤PCN 且飞机的胎压或规定的飞机类别的最大起飞质量符合规定时，该道面就能承受飞机运行。

当 ACN＞PCN 时，在满足下列条件下可有限制地超载运行：

（1）道面没有呈现被破坏迹象，土基强度未在显著减弱期间；

（2）对于柔性道面，ACN 不超过 PCN 的 10%，而对刚性道面或以刚性道面为主的复合道面，ACN 不超过 PCN 的 5%；

（3）年超载运行的次数不超过年总运行次数的 5%。

第四节　机场目视助航设施

目视助航设施是在机场飞行区内及其附近，为飞机驾驶员昼夜提供起飞、进近、着陆和滑行的目视引导信号而设置的工程设施，一般由道面标志、助航灯光、标记牌、标志物等组成。其繁简程度和布置形式则根据机场的平面布置、飞行业务量、机场接收飞机的气象标准和配合使用的无线电导航设施的内容和精密程度等因素而定。各国因使用习惯不同，稍有差异。国际民用航空组织为了促进各成员对所开放的国际机场上的目视助航设施趋于标准化，颁布了一系列国际通用标准。

一、跑道道面标志

跑道标志的颜色都是白色，跑道的识别标志即跑道号码的确定如前所述。正常跑道入口标志从离入口 6m 的距离处开始，由一组尺寸相同、位置对称于跑道中线的纵向线段组成，如图 5-5 所示，该组线段也被称为跑道端线。

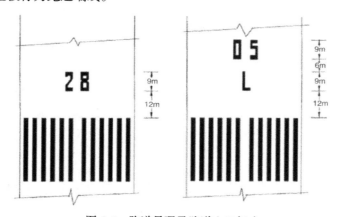

图 5-5　跑道号码及跑道入口标志

当有跑道入口内移时，跑道入口标志需增加一条横线，并将跑道中线标志改为箭头，如图 5-6 所示。

此外，跑道上还有跑道中线标志、定距标志和接地带标志等。跑道中心线标志是沿跑道中心线的有一定间隔的一组白色条形组成的，一般白色条长 30m，间隔 20m。定距标志在基准代码为 4 的铺砌面的跑道两端必须设置，起点必须距入口 300m 处，由长 45～60m，宽 6～10m 的矩形标志组成，对称在跑道中线两侧。接地带标志在精密进近跑道必须设置，但不适用于宽度小于 23m 的跑道，由若干对称在跑道中线两侧的长方形标志组成，长度不小于 22.5m，相邻线条间隔 1.5m，纵向间距为 150m，示意图如图 5-7 所示。

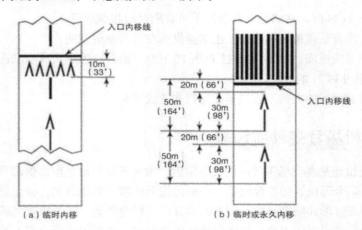

图 5-6　跑道入口内移标志

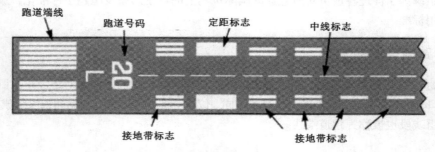

图 5-7　跑道上的各种标志示意图

二、机场助航灯光设施

机场灯光与机场地面标志一样，同属机场的目视助航设备，其目的是更好地引导飞机安全进场着陆。尤其是在夜间和低云、低能见度条件下的飞行，机场灯光系统更是发挥着不可替代的作用。

1．进近灯光系统

进近灯光系统的组成包括进近中线灯、进近旁线灯、进近横排灯、目视进近坡度指示系统及精密进近航道指示器。

进近中线灯是跑道中心线延长线上一行固定的可变白光灯，延伸至距跑道入口不小于 900m，灯距为 30m。进近旁线灯是从跑道入口延伸至距跑道入口 270m 处的红光灯（Ⅱ、Ⅲ类精密进近跑道安装此灯），灯距为 30m。进近横排灯是在距跑道入口 300m 处设置进近横排灯（Ⅱ、Ⅲ类精密进近跑道在距跑道入口 150m 和 300m 处各设置一排）。进近横排灯被跑道中心线延长线垂直平分，每边内侧灯距跑道中心线延长线 4.5m，各向外再设七个灯，灯间距为 1.5m，灯的颜色为可变白光，如图 5-8 所示。

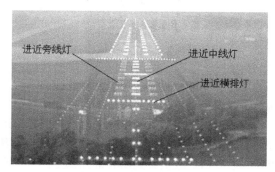

图 5-8 进近灯光系统

跑道的运行类别不同，进近灯光系统的结构组成并不相同，具体可分为简易进近灯光系统、Ⅰ类精密进近灯光系统以及Ⅱ类和Ⅲ类精密进近灯光系统，如图 5-9、图 5-10、图 5-11 所示。

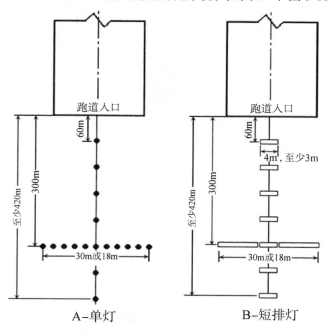

图 5-9 简易进近灯光系统示意图

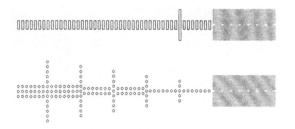

图 5-10 Ⅰ类精密进近灯光系统示意图

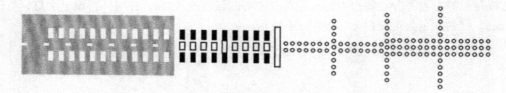

图 5-11　Ⅱ类和Ⅲ类精密进近灯光系统示意图

目视进近坡度指示系统及精密进近航道指示器由多组成对的灯组组成，其中精密进近航道指示器排列在跑道左侧，目视进近坡度指示系统灯光对称地排列在跑道两侧，二者都被用于引导飞机在进近过程中保持正常的下滑航迹，如图 5-12、图 5-13 所示。其具体的指示情况为：当航空器高于标准下滑航道时，航空器驾驶员看到所有灯光都是白色；当航空器正在标准下滑航道上时，看到的灯光有白色也有红色；当其低于标准下滑航道时，看到所有灯光都是红光。

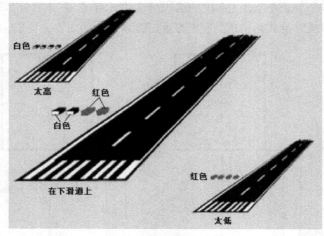

图 5-12　精密进近航道指示器

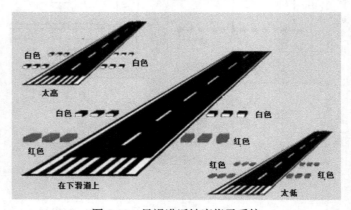

图 5-13　目视进近坡度指示系统

2．跑道灯光系统

供白天低能见度或夜间使用的跑道，应按要求设置跑道灯光系统。跑道灯光系统主要包括跑道边线灯、跑道入口灯、跑道末端灯、跑道中线灯、跑道接地带灯等。

跑道边线灯必须沿跑道全长安装于与跑道中线等距平行的跑道两边边缘直线上，或在跑道边缘以外不超过 3m 处安装，灯光的颜色为可变白光的恒定发光灯，用于指示跑道两侧的边界，距跑道末端 600m 或跑道的三分之一范围内显示黄色，一般取其中的较小者。

跑道入口灯安装于跑道末端或靠近跑道末端外不大于 3m 处，灯光颜色为绿色，向外照射。跑道入口灯必须垂直于跑道轴线，一般跑道安装的跑道入口灯不少于 6 个。各类精密进近跑道安装一排跑道入口灯，灯距间隔为 3m。

跑道末端灯设置在有跑道边灯的跑道的末端，设计为向跑道方向发红色光的单向恒光灯，用于帮助驾驶员识别跑道末端，向内照射。

跑道中线灯一般是 II 类和 III 类精密进近跑道所必需的。根据跑道类别不同，这些灯应以 7.5m、15m 或 30m 的纵向均匀间隔，从跑道入口至末端标出跑道中线。从跑道入口到离跑道末端 900m 处，必须是可变白色的固定灯；由距跑道末端 900m 处到离跑道末端 300m 处，是红色与可变白色相间的灯；由离跑道末端 300m 处直到跑道末端为红色灯。跑道中线灯用于标明跑道中线位置，通常沿跑道中线设置，但实际安装时往往偏在跑道中线同一侧一小段距离，驾驶员在操纵飞机对准中线滑跑时，这段距离可忽略不计。各种跑道灯光系统布局如图 5-14 所示。

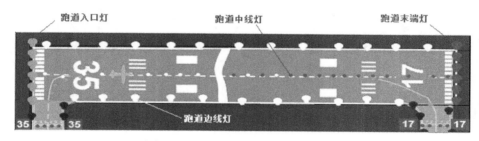

图 5-14　几种跑道灯光系统的示意图

跑道接地带灯是所有 II 类和 III 类精密进近跑道的接地带都必须设置的灯光系统，灯光颜色为可变白色。从跑道入口起纵向延伸至 900m 处，仅当跑道长度小于 1 800m 时，该距离缩短至使其不超过跑道的中间点。跑道接地带灯必须对称地布置在跑道中线两侧，其最里面的灯之间的横向间隔不小于 18m，也不大于 22.5m，一般以 18m 为宜。跑道接地带灯由若干横向排列的灯组（排灯）组成。每一排灯必须由至少 3 个间隔不大于 1.5m 的灯具组成，各排灯间的纵向间距为 30m，如图 5-15 所示。

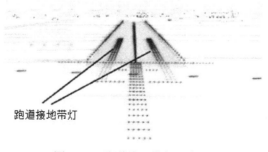

图 5-15　跑道接地带灯示意图

第五节　机场净空

为了限制机场周围障碍物的高度，国际民用航空组织在《国际民用航空公约》的附件 14 第一卷（机场设计和运行）中规定了一组障碍物限制面，简称"附件 14 面"。它是在机场选址和机场设计过程中，评价机场净空条件、限制障碍物的高度规范，也是机场净空保护的一个重要标准。附件 14 面由若干个平面和斜面组成，如图 5-16、图 5-17、图 5-18 所示。其中，各个面的范围及坡度随跑道等级的不同而不同。

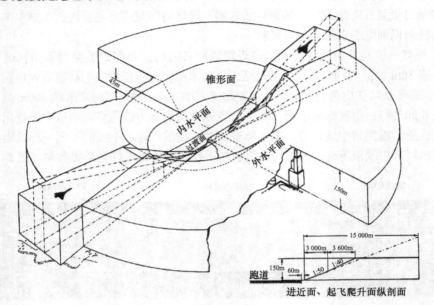

图 5-16　附件 14 面的立体图

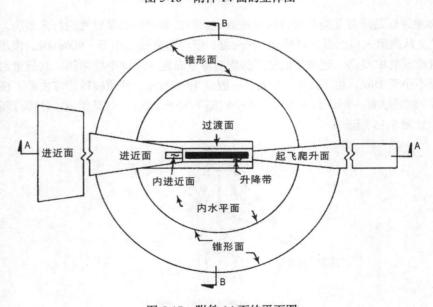

图 5-17　附件 14 面的平面图

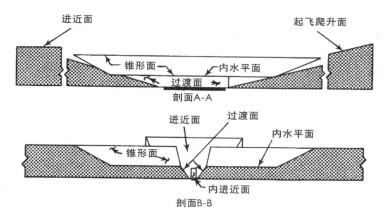

图 5-18 附件 14 面的剖面图

复习思考题

1. 机场飞行区等级是如何划分的？
2. 如何确定机场跑道号码？
3. 什么是 PCN？其各个数字代表什么含义？
4. 简述 ACN-PCN 评定法。
5. 简述机场进近灯光系统的组成。

第六章

飞行规则

章前提要

　　飞行按照驾驶和领航技术分为目视飞行和仪表飞行，与这两种飞行种类相对应的飞行规则分别为目视飞行规则（VFR）和仪表飞行规则（IFR）。通过对本章的学习，学生应掌握目视飞行条件和仪表飞行条件；掌握目视飞行和仪表飞行的最低安全高度；理解目视飞行和仪表飞行的水平间隔标准。

第一节　目视飞行规则

　　目视飞行是指在可见天地线和地标的条件下，能够判明航空器飞行状态和目视判断方位的飞行。航空器进行目视飞行时，管制员应当根据目视飞行规则的条件，配备符合规定的安全间隔。

一、目视飞行条件

　　目视飞行适用于起落航线的飞行（速度不限）、通用航空在作业区的飞行、执行通用航空任务调机到临近机场的飞行、在特殊目视航线上的飞行（速度不限）等情况。一般情况下，只有在昼间，飞行高度在 6 000m 以下、巡航表速不大于 250km/h、云下飞行、低云量不超过 3/8，并且符合目视气象条件时，方可按照目视飞行规则飞行。其中，目视飞行条件是指航空器与云的水平距离不得小于 1 500m，垂直距离不得小于 300m；飞行高度为 3 000m（含）以上时，能见度不得小于 8 000m；飞行高度为 3 000m 以下时，能见度不得小于 5 000m。

二、目视飞行的垂直间隔和最低安全高度

1. 目视飞行的最低安全高度

（1）航线目视飞行的最低安全高度。

巡航表速在 250km/h（不含）以上的航空器，按照航线仪表飞行最低安全高度的规定执行。

巡航表速在 250km/h（含）以下的航空器，通常按照航线仪表飞行最低安全高度的规定执行。航空器如果低于最低高度层飞行，距航线两侧各 5 km 地带内最高点的真实高度应该有：平原和丘陵地区不得低于 100 m，山区不得低于 300 m。

（2）机场区域内目视飞行的最低安全高度。

巡航表速在 250km/h（不含）以上的航空器，按照机场区域内仪表飞行最低安全高度的规定执行。

巡航表速在 250km/h（含）以下的航空器，距离最高障碍物的真实高度不得小于 100 m。

2. 目视飞行的垂直间隔

航路航线飞行或者转场飞行的垂直间隔按照飞行高度层配备。对于机场管制地带或者进近管制空域内的飞行，航空器之间的垂直间隔不得小于 300m。

三、目视飞行水平间隔

同航迹、同高度目视飞行时，巡航表速 250 km/h（含）以上的航空器之间、航空器前后距离不小于 5 km；巡航表速 250 km/h 以下的航空器之间、航空器前后距离不小于 2 km。在使用同一跑道起飞或着陆时，前面航空器已飞越跑道末端或在跑道上空改变航向已无相撞危险前，或者根据目视或前面航空器报告确认该航空器已脱离跑道前，后面航空器不得开始起飞滑跑，也不得飞越使用跑道的起始端。

四、航空器相遇时的避让规定

按目视飞行规则飞行的航空器相遇时，应当按照下列规定避让并调整间隔：

（1）两架航空器在几乎同一高度上对头相遇时，应当各自向右避让，相互间保持 500 m 以上间隔；

（2）两架航空器在几乎同一高度上交叉相遇时，航空器驾驶员从座舱左侧看到另一架航空器时，应当下降高度；从座舱右侧看到另一架航空器时，应当上升高度；

（3）航空器在几乎同一高度上超越前面航空器，后方航空器航迹与前方航空器对称面夹角小于 70° 时，应当与前面航空器右侧保持 500 m 以上的间隔进行，避免小于规定间隔从对方上下穿越或从其前方切过，后方超越的航空器对保持两架航空器之间的间隔负责；

（4）单机飞行的航空器，应当避让编队飞行的航空器；

（5）有动力装置重于空气的航空器应当避让飞艇、滑翔机及气球；

（6）飞艇应当避让滑翔机及气球；

（7）滑翔机应当避让气球；

（8）有动力装置的航空器，应当避让拖曳物体的航空器；

（9）飞行中的或在地面上、水面上运行的航空器，应当避让正在着陆或正在进近着陆的航空器；

（10）正常飞行的航空器，应当避让已知需被迫着陆的航空器；

（11）重于空气的航空器为了着陆而在同一机场同时进近时，高度较高的航空器，应当避让高度较低的航空器；但是，后者不得利用此规定切入另一架正在进入着陆最后阶段的航空器前方或超越该航空器；

（12）滑行的航空器，应当避让正在起飞或即将起飞的航空器。

五、目视间隔与目视进近

在气象条件允许时，优先使用目视规则，可有效降低雷达管制员的工作负荷，提高其工作效率。实施目视间隔和目视进近是通过间隔委托的形式，以达到加速飞行流量、丰富管制手段、降低管制员工作负荷、增加机场跑道容量和终端区空域容量的目的。

1. 目视间隔

目视间隔是管制员为航路、终端和塔台管制空域内飞行高度为 6 000m（含）以下运行的航空器配备的一种飞行间隔。目视间隔配备应当考虑以下两种情况：

（1）塔台管制员看到相关航空器并为其配备目视间隔，以避免航空器发生冲突。

（2）航空器驾驶员看到其他相关航空器，并得到管制员保持目视间隔的指令后，通过必要的机动飞行来保持安全间隔，以避免飞行冲突。该情况下的目视间隔可以通过目视跟进或者保持与相关航空器持续能见的方式来建立。

当航空器之间的间隔通过目视手段建立时，使用目视间隔之前和之后应当为航空器配备其他允许的间隔，管制员使用目视间隔时应当考虑以下因素：

（1）航空器性能；

（2）尾流间隔要求；

（3）相关航空器的接近率；

（4）飞行的航路；

（5）已知或预测的天气条件必须满足航空器保持在能见范围内，直到建立雷达或者非雷达间隔。

目视间隔的使用还需满足以下要求：

（1）管制员为航路、终端区和塔台管制区内飞行高度为 6 000 m（含）以下飞行的航空器配备目视间隔时，应至少与配备目视间隔的其中一架航空器保持通信联系。

（2）当航空器驾驶员报告看到另外一架相关航空器并表示能够保持目视间隔，或者当管制员向驾驶员询问能否保持目视间隔并得到驾驶员的肯定答复时，管制员可以指示航空器驾驶员与另外一架相关航空器保持目视间隔。此时，目视间隔责任由航空器驾驶员承担。

（3）塔台管制员持续目视能见两架相关航空器，且相关航空器之间不存在尾流间隔影响，或者前机不是 B757 时，塔台管制员可以为相关航空器之间配备目视间隔。此时，目视间隔责任由管制员承担。

（4）当前机尾流可能影响目视跟进落地的航空器时，管制员应当及时提醒航空器驾驶员注意前机尾流影响，并通报前机机型和尾流等级。

（5）当起飞路径出现汇聚、交叉、对头等情况而无法满足保持目视间隔要求时，管制员不得为连续起飞的航空器之间配备目视间隔。

（6）当起飞航空器之间因前重后轻、前慢后快和尾流影响等航空器性能因素而无法满足保持目视间隔的要求时，管制员不得为连续起飞的航空器之间配备目视间隔。

2. 目视进近

目视进近是执行仪表飞行规则计划的航空器在获得空中交通管制单位授权后目视飞往目的地机场的一种进近方式。目视进近不是仪表进近程序，不需要设置复飞航段，也不同于起落航线的目视飞行。当航空器驾驶员不能完成目视进近时，应当及时转为仪表进近或者复飞，管制员应当提供必要的协助并为其配备符合规定的间隔。

使用目视进近时应当满足以下要求：

（1）航空器驾驶员实施目视进近必须在任何情况下都保持对着陆机场或者前机的持续能见。目视进近的实施必须得到相关空中交通管制部门的批准并接受管制指挥。

（2）航空器驾驶员实施目视进近时，着陆机场云底高应当高于或等于 300 m，能见度应当大于或等于 5 000m。如果目的地机场没有天气情报服务，航空器驾驶员报告能够保持目视下降并飞向着陆机场时，管制员可以许可航空器驾驶员实施目视进近。

（3）当着陆机场云高高于最低雷达引导高度 150 m 以上，而且机场能见度大于 5 000m 时，管制员可以通过雷达引导航空器进行目视进近。

（4）在条件复杂或导航设施缺乏的机场实施目视进近时，管制员在证实航空器驾驶员目视机场（或前机）的同时，应当确认航空器驾驶员能否持续目视地面，只有得到驾驶员的肯定答复后，管制员方可发布目视进近许可。

（5）在目视进近许可发布以前，管制员不得引导航空器下降到最低雷达引导高度或者程序高度以下。在接受目视进近许可之后，航空器驾驶员应当保持与地面障碍物之间的安全间隔飞向着陆机场或者跟随前机实施进近。必要时，管制员应当向航空器驾驶员通报相关信息或发布建议性指令。

六、目视飞行的管制要求

航空器在目视飞行的适用范围内作目视飞行、按目视飞行规则在飞行高度为 6 000m（不含）以上和跨音速或者超音速飞行，以及在飞行高度为 3 000m 以下且指示空速大于 450km/h 飞行时，应当经管制单位批准。

在中低空管制空域、进近管制空域和机场管制地带内按目视飞行规则飞行的航空器应当遵守下列规定：

（1）飞行前应当取得空中交通管制单位的放行许可；

（2）飞行中严格按照批准的飞行计划飞行，持续守听有关空中交通管制单位的频率，并建立双向通信联络。

（3）按要求向有关空中交通管制单位报告飞越每一个位置报告点的时刻和高度层。

为便于提供飞行情报、告警服务以及同军事单位之间的协调，按目视飞行规则飞行的航空器，处于或者进入有关管制单位指定的区域和航路飞行时，航空器驾驶员应当持续守听向其提供飞行情报服务的空中交通管制单位的有关频率，并按要求向该单位报告飞行情况及位置。

按目视飞行规则飞行的航空器改为按仪表飞行规则飞行的，应当遵守下列规定：

（1）立即向有关管制单位报告对现行飞行计划将要进行的更改；

（2）在管制空域内遇到天气低于目视飞行规则的最低气象条件时，能按仪表飞行规则飞行的航空器驾驶员，应当立即向有关管制单位报告，经管制单位许可后，改按仪表飞行规则飞行；只能按目视飞行规则飞行的航空器，应当立即返航或者去就近机场着陆。

按照目视飞行规则飞行时，飞行人员必须加强空中观察，并对保持航空器之间的间隔和航空器与地面障碍物之间的安全高度是否正确负责。

第二节 仪表飞行规则

仪表飞行是完全或部分地按照航行驾驶仪表，判定航空器飞行状态及其位置的飞行。

一、仪表飞行条件

在下列条件下，必须按照仪表飞行规则的规定飞行：

（1）在仪表气象条件（Instrument Meteorological Conditions，IMC）（低于目视气象条件）下飞行时；

（2）在云层、云上目视气象条件下飞行时；

（3）夜间飞行时；

（4）高度在 6 000m 以上的飞行时。

仪表飞行的航空器，必须具有姿态指引、高度指示、位置判断和时钟等设备，其机长必须具有仪表飞行等级的有效驾驶执照。

二、仪表飞行的垂直间隔和最低安全高度

1．仪表飞行的最低安全高度

（1）机场区域内。

在机场区域内，不得低于仪表进近图中规定的最低扇区高度，在按照进离场程序飞行时，不得低于仪表进离场程序中规定的高度；在没有公布仪表进离场程序或最低扇区高度的机场，在机场区域范围内，航空器距离障碍物的最高点的高度，平原地区不得小于 300 m，高原、山区不得小于 600m。

（2）航线上。

航路、航线飞行或者转场飞行的安全高度，在高原和山区应当高出航路中心线、航线两侧各 25 km 以内最高标高（指机场或障碍物距平均海平面的垂直距离）600m；在其他地区应当高出航路中心线、航线两侧各 25 km 以内最高标高 400m。

2．仪表飞行的垂直间隔

航路航线飞行或者转场飞行的垂直间隔，按照飞行高度层配备。对于机场管制地带或者进近管制空域内的飞行，航空器之间的垂直间隔不得小于 300m。

三、仪表飞行水平横向间隔

当通过位置报告，确信两架航空器位于不同地理位置上空，则相关航空器之间存在横向间隔（如图 6-1 所示）。地理位置可以通过目视或者参考导航设备确定。

1. 两架航空器使用同一导航设备或者方法飞行，航空器之间的横向间隔规定

（1）使用全向信标台，航空器之间的航迹夹角不小于 15°，其中一架航空器距离全向信标台 50 km（含）以上（见图 6-2）；

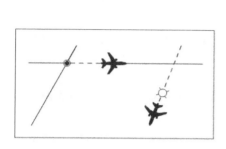

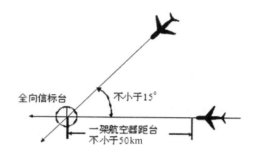

图 6-1　不同地理位置上空，航空器之间存在横向间隔　图 6-2　使用全向信标台，航迹夹角不小于 15°

（2）使用无方向信标台，航空器之间的航迹夹角不小于 30°，其中一架航空器距离无方向信标台 50 km（含）以上（见图 6-3）；

（3）当使用推测定位，航空器之间的航迹夹角不小于 45°，其中一架航空器距离航迹交叉点 50 km 或以上。该点由目视或参照导航设备而定，并且确定两架航空器均为飞离交叉点（见图 6-4）；

图 6-3　使用无方向信标台，航迹夹角不小于 30°　　图 6-4　使用推测定位，航迹夹角不小于 45°

（4）使用区域导航飞行时，航空器之间的航迹夹角不小于 15°，且两架航空器航迹相应的保护空域不重叠。横向间隔根据两航迹之间的角度差和相应保护空域的值确定，以距两航迹交点的距离表示。

2. 不同航路（航线）上顺向飞行

规定的不同航路（航线）的宽度和保护空域互相不重叠，且飞行的航空器相互不交叉穿越，航空器可以在航路（航线）上顺向飞行，否则应当为航空器配备其他间隔。

四、仪表飞行水平纵向间隔

1. 同航迹、同高度、同速度飞行的纵向间隔

同航迹、同高度、同速度飞行的航空器之间，纵向间隔为 10 分钟。管制单位间订有协议

的，按照协议规定执行，但不得低于此标准。

2．同航迹、同高度、不同速度飞行的纵向间隔

（1）同航迹、同高度、不同速度飞行的航空器，当前行航空器保持的真空速比后随航空器快 40 km/h（含）以上时，两架航空器飞越同一位置报告点后应当有 5 分钟的纵向间隔（见图 6-5）；

（2）当前行航空器保持的真空速比后随航空器快 80 km/h（含）以上时，则两架航空器飞越同一位置报告点后应当有 3 分钟的纵向间隔（如图 6-6 所示）。

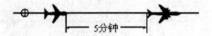　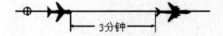

图 6-5　前机真空速比后机快 40km/h　　　　图 6-6　前机真空速比后机快 80km/h

3．同高、航迹交叉的纵向间隔

（1）在同高度上，航迹交叉飞行的两架航空器，相互穿越对方航路中心线或者航线时，应当有 15 分钟的纵向间隔（见图 6-7）；

（2）如果可以利用导航设备经常测定位置和速度，应当有 10 分钟的纵向间隔（见图 6-8）。

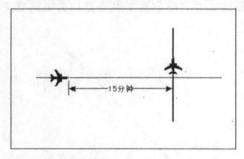　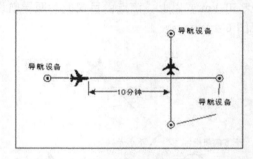

图 6-7　同高度航迹交叉，15 分钟纵向间隔　　　图 6-8　同高度航迹交叉，10 分钟纵向间隔

4．同向穿越纵向间隔

（1）改变高度的航空器，穿越同航迹的另一航空器的高度层，在上升或者下降至被穿越航空器的上或者下一个高度层之间，与被穿越的航空器之间应当有 15 分钟的纵向间隔（见图 6-9）。

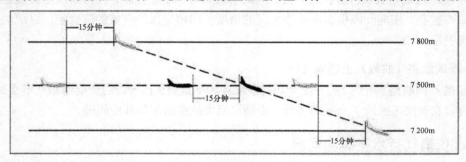

图 6-9　同向穿越，15 分钟纵向间隔

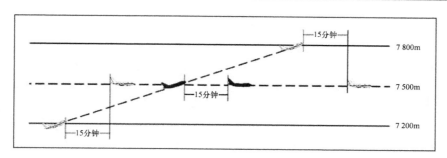

图 6-9　同向穿越，15分钟纵向间隔（续）

（2）如果能够利用导航设备经常测定位置和速度，可以缩小为 10 分钟的纵向间隔（见图 6-10）。

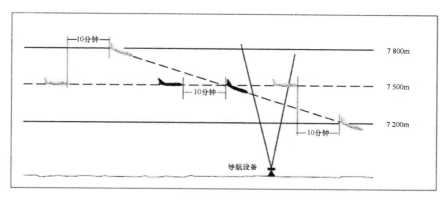

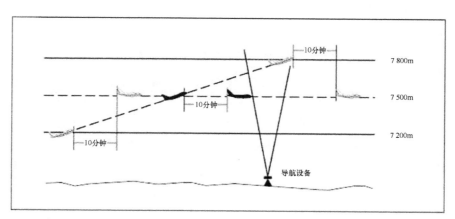

图 6-10　同向穿越，10分钟纵向间隔

（3）如果前后两架航空器飞越同一位置报告点，只有在后一架航空器飞越位置报告点 10 分钟内，其中改变高度的航空器开始穿越的时间应当与被穿越航空器之间有 5 分钟的纵向间隔（见图 6-11）。

5. 逆向穿越纵向间隔

（1）改变高度的航空器，穿越逆向飞行的另一航空器的高度层时，如果在预计相遇点前 10 分钟，可以上升或者下降至被穿越航空器的上或者下一个高度层（如图 6-12 所示）；

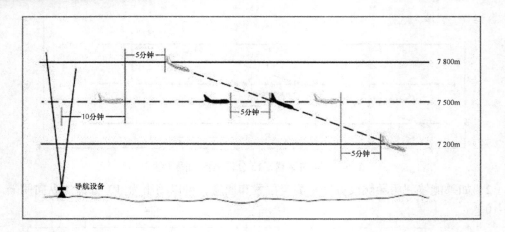

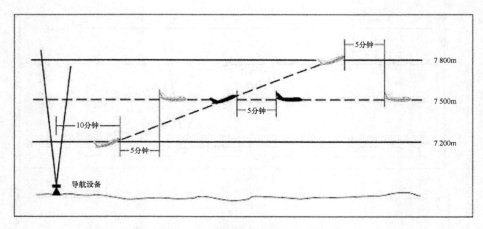

图 6-11　同向穿越，5 分钟纵向间隔

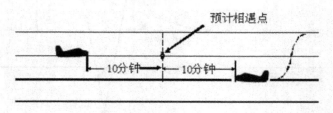

图 6-12　逆向相遇前穿越，10 分钟纵向间隔

（2）如果在预计相遇点后 10 分钟，可相互穿越或者占用同一高度层（见图 6-13）；

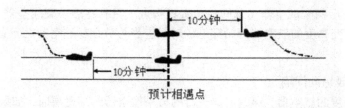

图 6-13　逆向相遇后穿越，10 分钟纵向间隔

（3）如果接到报告，两架航空器都已经飞越同一全向信标台、无方向信标台或者测距台定位点 2 分钟后，可以相互穿越或者占用同一高度层（见图 6-14）。

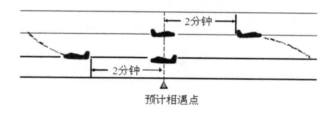

图 6-14 逆向相遇后穿越，2 分钟纵向间隔

6．两导航台外穿越间隔

两架航空器在相距距离不小于 50 km 的两个导航设备外侧逆向飞行时，如果能够保证在飞越导航设备时，彼此已经上升或者下降到符合垂直间隔规定的高度层，可以在飞越导航设备前相互穿越（见图 6-15）。

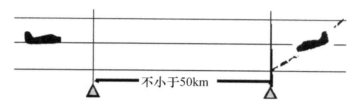

图 6-15 两导航台外穿越间隔

7．DME 距离间隔

（1）同航迹、同高度飞行的航空器，同时使用航路、航线上的同一测距台测距时，纵向间隔为 40 km（见图 6-16）；当前行航空器保持的真空速比后随航空器快 40 km/h（含）以上时，纵向间隔为 20 km（见图 6-17）。

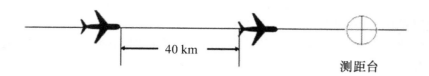

图 6-16 同航迹，同高度，同一测距台，40km 纵向间隔

图 6-17 同航迹，同高度，同一测距台，20km 纵向间隔

（2）同高度、航迹交叉飞行的两架航空器，并且航迹差小于 90°，同时使用位于航迹交叉点的测距台测距，纵向间隔为 40 km（见图 6-18）；当前行航空器保持的真空速比后随航空器快 40 km/h（含）以上时，纵向间隔为 20 km（见图 6-19）。

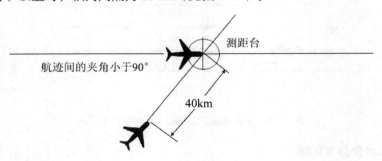

图 6-18　同高度，航迹差小于 90°，40km 纵向间隔

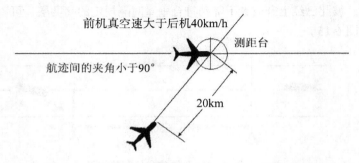

图 6-19　同高度，航迹差小于 90°，20km 纵向间隔

（3）同航迹飞行的两架航空器同时使用航路、航线上的同一测距台测距定位，一架航空器穿越另一架保持平飞的航空器所在的高度层时，应当保持不小 20 km 纵向间隔上升或者下降至被穿越航空器的上或者下一个高度层（见图 6-20）。

（4）逆向飞行的航空器同时使用航路上的同一测距台测距定位，只有两架航空器已相遇过且相距最小 20 km 时，方可相互穿越或者占用同一高度层（见图 6-21）。

（5）使用测距台配备纵向间隔时，应当符合下列条件：

① 机载和地面测距设备经过校验符合规定标准，并正式批准使用，且航空器位于其测距有效范围之内；

② 有关的航空器之间以及航空器与管制员之间已建立同频双向联络；

③ 使用测距台实施飞行间隔的两架航空器应当同时使用经过核准的同一测距台测距；

④ 一架航空器能够使用测距台，另一架航空器不能使用测距台定位时，不得使用测距台配备纵向间隔。

8. 马赫数技术纵向时间间隔

当采用马赫数技术为航空器配备纵向间隔时，沿同航迹平飞、上升或者下降飞行的喷气式航空器之间的纵向间隔应当符合下列规定。

（1）10 分钟；

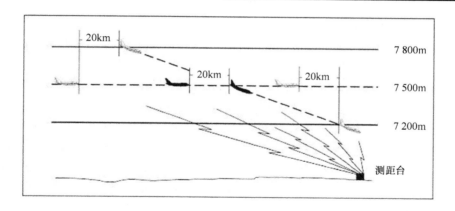

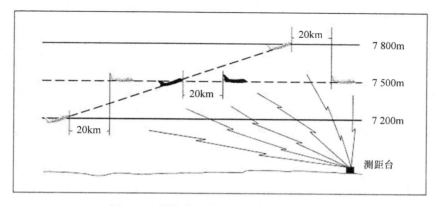

图 6-20 同航迹，同一测距台，20km 穿越间隔

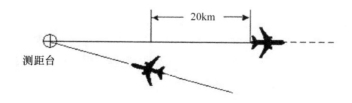

图 6-21 逆向飞行，同一测距台，20km 纵向间隔

（2）如果前行航空器较后随航空器快 0.02 个马赫，为 9 分钟；前行航空器较后随航空器快 0.03 个马赫，为 8 分钟；前行航空器较后随航空器快 0.04 个马赫，为 7 分钟；前行航空器较后随航空器快 0.05 个马赫，为 6 分钟；前行航空器较后随航空器快 0.06 个马赫或以上，为 5 分钟。

（3）使用马赫数时，应当以真马赫数为依据。当采用马赫数技术为 10 分钟的纵向间隔时，前行航空器必须保持等于或者大于后随航空器所保持的马赫数。

（4）在使用马赫数技术采用基于时间的纵向间隔标准的航路上，喷气式航空器应当按照管制员同意的马赫数飞行，如需改变马赫数，应当得到管制员的同意。由于航空器的性能原因，在航路上升或者下降中不能保持原有的马赫数，航空器驾驶员应当在请求上升或者下降时通知管制员。由于颠簸等原因必须立即对航空器的马赫数做暂时改变，航空器驾驶员应当将所做改变尽快通知管制员。

9. RNAV 航路的纵向间隔

在规定基于性能导航（PBN）的航路、航线上运行时，航空器之间的纵向距离间隔应当符合下列规定。

（1）无自动相关监视的情况。

如果管制员不能通过契约式自动相关监视（Automatic Dependent Surveillance，ADS）设施观察到航空器的位置，在使用所需导航性能值为 10（RNP10）的航路运行时，管制员与航空器驾驶员之间具备直接的话音或者管制员-飞行员数据链通信（Controller Pilot data Link Communications，CPDLC）联系，航空器的位置报告频率不低于每 24 分钟一次，在同一航迹上巡航、上升或下降的航空器之间间隔标准为不小于 100 km。当航空器未能在预计的时间报告其位置时，管制员应当在 3 分钟之内采取措施设法与该航空器建立通信联系。如果在航空器预计报告位置时间的 8 分钟内仍未能够建立通信联系，管制员则应当采取措施为航空器配备其他间隔。

（2）有自动相关监视的情况，同向。

如果管制员能够通过契约式自动相关监视设施观察到航空器的位置，在使用所需导航性能值为 10（RNP10）的航路运行时，航空器的契约式自动相关监视位置报告频率不低于每 27 分钟一次，在同一航迹上巡航、上升或下降的航空器之间，间隔标准为不小于 100 km。

如果管制员能够通过契约式自动相关监视设施观察到航空器的位置，在使用所需导航性能值为 4（RNP4）的航路运行时，航空器的契约式自动相关监视位置报告频率不低于每 32 分钟一次，在同一航迹上巡航、上升或下降的航空器之间，间隔标准为不小于 100 km；契约式自动相关监视位置报告频率不低于每 14 分钟一次，在同一航迹上巡航、上升或下降的航空器之间，间隔标准为不小于 60 km。

采用本项的间隔标准时，管制员与航空器驾驶员应当建立正常的通信联系，管制员所使用的主用通信手段，应当能够在 4 分钟内干预和解决潜在的冲突；所使用的备用通信手段，应当能够在 10.5 分钟内干预和解决潜在冲突。

利用契约式自动相关监视系统的航空器，其周期位置报告或者航路点位置报告超出规定的报告时限 3 分钟，则该位置报告被视为无效，管制员应当尽快采取措施重新获得位置报告；如果超出规定的报告时限 6 分钟，且可能失去与其他航空器的间隔时，管制员应当尽快采取措施解决可能的冲突。管制员所使用的通信手段应当保证能够在随后的 7.5 分钟内解决冲突。

（3）有自动相关监视的情况，逆向。

如果管制员能够通过契约式自动相关监视设施观察到航空器的位置，反向航迹上逆向飞行的航空器，在两航空器相遇后且达到以上规定的纵向间隔后，方可上升、下降或者穿越另一航空器所占用的高度层。

10. 等待航线与航路飞行的航空器之间的间隔

等待航空器可以在不同的定位点上空等待飞行，但这些等待航线空域和保护空域不得互相重叠，否则应当为在相邻等待航线上飞行等待的航空器之间配备垂直间隔。

进场、离场或者航路上飞行的航空器与等待航线空域之间应不小于 5 分钟的间隔，否则，管制员应当为进场、离场或者航路上飞行的航空器与在等待航线上飞行等待的航空器之间配备垂直间隔（见图 6-22）。

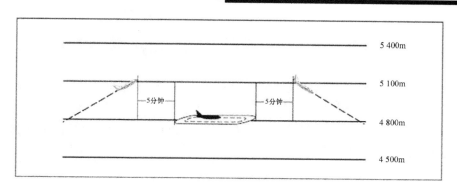

图 6-22　进、离场或航路上的航空器与等待航线空域之间为 5 分钟间隔

五、放行间隔

1. 同速航空器的放行间隔

同一机场连续放行数架同速度的航空器，间隔标准应当符合下列规定。

（1）前、后航空器同航迹、同高度飞行时，间隔标准为 10 分钟（见图 6-23）。

（2）前、后航空器同航迹、不同高度飞行时，间隔标准为 5 分钟（见图 6-24）。

（3）前、后航空器在不同航迹上飞行，航迹差大于 45°，起飞后立即实行横向间隔，间隔标准为 2 分钟（见图 6-25）。

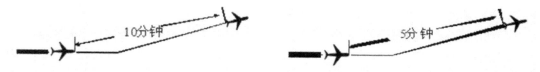

图 6-23　同速度、同航迹、同高度航空器的放行间隔　图 6-24　同速度、同航迹、不同高度航空器的放行间隔

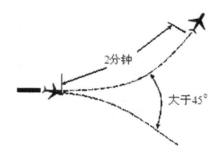

图 6-25　航迹差大于 45°同速航空器的放行间隔

2. 同航迹、不同速航空器的放行间隔

同一机场连续放行数架同航迹、不同速度的航空器，间隔标准应当符合下列规定。

（1）前面起飞的航空器比后面起飞的航空器速度快 80 km/h（含）以上时，间隔标准为 2 分钟（见图 6-26）；

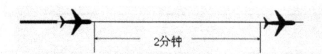

图 6-26   前机比后机速度快 80km/h 的放行间隔

（2）速度慢的航空器在前，速度快的航空器在后，速度快的航空器穿越前方速度慢的航空器的高度层并到达速度慢的航空器的上一个高度层时，应当有 5 分钟的纵向间隔（见图 6-27）。

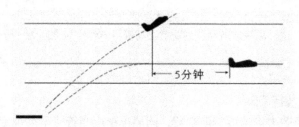

图 6-27   前慢后快，前高后低，5 分钟穿越间隔

（3）速度慢的航空器在前，速度快的航空器在后，如果同高度飞行，应当保证在到达着陆机场上空或者转入另一航线或者改变高度层以前，后航空器与前航空器之间应当有 10 分钟的纵向间隔（见图 6-28）。

3. 不同航迹、不同速航空器的放行间隔

同一机场连续放行数架不同航迹、不同速度的航空器，间隔标准应当符合下列规定：

（1）速度快的航空器在前，速度慢的航空器在后，航迹差大于 45°，并在起飞后立即实行横向间隔，为 1 分钟（见图 6-29）。

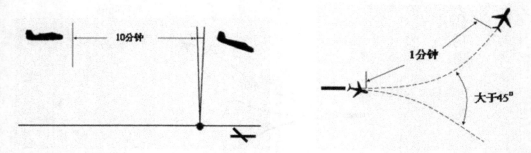

图 6-28   前慢后快，同高度飞行，10 分钟纵向间隔　　图 6-29   前快后慢，航迹差大于 45°时的放行间隔

（2）速度慢的航空器在前，速度快的航空器在后，航迹差大于 45°，并在起飞后立即实行横向间隔，间隔标准为 2 分钟（见图 6-30）。

4. 进、离场航空器的间隔规定

当管制员根据进场航空器位置而发放起飞许可时，离场航空器距进场航空器的间隔标准应当符合下列规定（见图 6-31）：

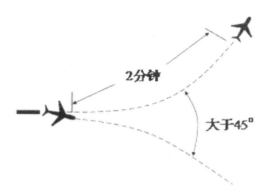

图 6-30　前慢后快，航迹差大于 45°的放行间隔

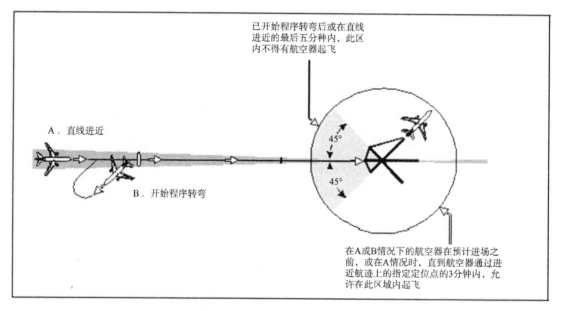

图 6-31　进、离场航空器的间隔

（1）当进场航空器按完整的仪表进近程序进近时：

① 在进场航空器开始进行程序转弯或者基线转弯转入最后进近航段之前，离场航空器可以起飞；

② 在进场航空器开始进行程序转弯或者基线转弯转入最后进近航段之后，离场航空器可以以与进近反方向成至少 45°以上角度的方向起飞，且起飞需在进场航空器预计飞越仪表跑道进近方向起始端 3 分钟前进行。

（2）当进场航空器按直线进近程序进近时：

① 在进场航空器预计飞越仪表跑道始端 5 分钟之前，离场航空器可以起飞；

② 在进场航空器预计飞越仪表跑道始端 3 分钟以前或进近航迹上的指定定位点之前，离场航空器可以以与进近反方向成至少 45°以上的角度的方向起飞。

复习思考题

1. 目视飞行的定义是什么？实施目视飞行有哪些条件？

2. 目视飞行最低气象条件是什么？

3. 按目视飞行规则飞行时，最低安全高度是如何规定的？

4. 按目视飞行规则飞行时，其安全间隔是如何规定的？

5. 按目视飞行规则飞行的航空器相遇时，如何避让？

6. 什么是目视进近？实施目视进近应满足哪些要求？

7. 什么是仪表飞行？在哪些条件下，必须按照仪表飞行规则飞行？

8. 仪表飞行的最低安全高度是如何规定的？

9. 仪表飞行水平横向间隔是如何规定的？

10. 仪表飞行水平纵向间隔是如何规定的？

11. 航班放行间隔是如何规定的？

12. 仪表飞行时，谁对保证航空器间的间隔、距离和高度层配备是否正确负责？

13. 同时有目视飞行和仪表飞行时，航空器间的间隔应按什么规定执行？

第七章

空中交通服务通信

章前提要

空中交通服务通信是民航事业的重要组成部分，是空中交通部门实施空中交通服务的重要手段。为保证飞行安全、提高工作效率，空中交通管制人员应熟悉空中交通服务通信业务，清楚各种通信设施的性能，熟练掌握民用航空飞行动态固定格式电报的拍发和接收。通过对本章的学习，学生应了解航空固定通信和航空移动通信两类通信方法；掌握 AFTN 和 SITA 两种民用航空飞行动态固定格式电报的编写；熟悉飞行员和管制员一般通话程序、技巧和方法；了解管制员–飞行员数据链通信的基本概念。

第一节　通信方法及种类

一、航空固定通信

航空固定通信是民航通信的重要组成部分，是在规定的固定点之间进行的单向或双向通信，是主要为了保障空中航行安全、正常、有效和经济而提供的电信服务。

航空固定通信业务是通过平面电报、数据通信、卫星通信、有线通信来进行的，因此，这几种通信方式也就构成了民航的通信网络。民航空中交通服务单位必须具有航空固定通信（直接电话通信和印字通信）设施，以交换和传递飞行动态、移交和协调空中交通服务。

1. 国际通信网络

国际通信网络包含两种电路，即 AFTN 电路和 SITA 电路。

（1）AFTN 电路。

国际民用航空组织航空固定业务通信网络（Aeronautical Fixed Telecommunication Network, AFTN）是为民航当局之间传递航空业务电报和飞行勤务电报服务的，其电路被称为"AFTN 电路"。

（2）SITA 电路。

国际航空电信公司（Societe International De Telecommunications，SIDT）是专门承担国际间航空公司通信和信息服务的合资组织，1949 年 12 月 23 日由 11 家欧洲航空公司的代表在比利时的布鲁塞尔创立，是为传递各航空公司之间运输业务的电报服务的，其电路被称为"SITA 电路"。

2．国内通信网络

以中国民航局为中心，我国民航通信业务遍及全国各个管理局、空管局、航空公司和航站。民航业务通信通常依靠有线电话和无线电报进行。有线电话是一种重要的辅助通信方式。

二、航空移动通信

航空移动通信，即地空通信，是飞机电台与地面电台或地面电台某些点之间的双向通信。目前，国内的航空移动通信主要是高频通信系统（High Frequency，HF）和甚高频通信系统（Very High Frequency，VHF）。

1．高频通信系统

高频通信系统是远距离通信系统。装在飞机上的两套高频通信系统被用于地面电台或者与其他飞机进行远程通信。驾驶员在选择工作频率和方式之后，可发射或接收信号。它使用了和短波广播的频率范围相同的电磁波，利用电离层的反射，因此通信距离可达数千千米，用于在飞行中长期与基地和远方航站联络。大型飞机一般装有两套高频通信系统，使用单边带通信，这样可以大大紧缩所占用的频带，节约发射功率。高频通信系统由收发机组、天线耦合器、控制盒和天线组成，它的输出功率较大，需要有透风散热的装置。现代民航飞机用的高频通信天线一般被埋入飞机蒙皮之内，装在飞机尾部。当飞机与地面通信站之间的距离超过视距范围时，高频通信系统是飞机跨越海洋和荒漠进行远距空地通信的主要方式。为了保证系统的可用性，多数远距离航行民用飞机都装备有两套高频通信设备。

2．甚高频通信系统

甚高频通信系统应用甚高频无线电波通信，它的有效作用距离较短，只在目视距离之内，其作用距离随高度变化，是目前民航飞机重要的通信工具。目前，在机场终端管制范围内，甚高频通信系统通信可提供塔台、进近、航站自动情报服务、航务管理等通信服务。在航路对空通信方面，随着在全国中大型机场及主要航路（航线）上的甚高频通信系统共用系统和航路甚高频通信系统遥控台的不断建设，主要航路达到了 3 000m 以上的甚高频通信系统通信覆盖。民航飞机上一般都装有两套及以上的甚高频通信系统，一套主用，一套作为备用。

甚高频通信系统所使用的频率范围依照国际民用航空组织的统一规定为 118.000～135.975MHz，每 25KHz 为一个频道，可设置 720 个频道由飞机和地面控制台选用，频率具体调配为：

（1）118.000～121.400MHz、123.675～128.800MHz 和 132.025～135.975MHz 三个频段主要被用于空中交通管制人员与飞机驾驶员间的通话，主要集中在 118.000～121.400MHz；

（2）121.100MHz、121.200MHz 被用于空中飞行情报服务；

（3）121.500MHz 为遇难呼救的世界统一的频道；

（4）121.600～121.925MHz 主要被用于地面管制。

第二节　民用航空飞行动态固定格式电报的相关规定

民用航空飞行动态固定格式电报的拍发与接收，是各空中交通管制单位和各航空公司航务部门了解和掌握飞行动态的重要手段之一。

一、民用航空飞行动态固定格式电报的拍发规定

我国根据民航现状，规定将飞行动态固定格式电报分为 AFTN 格式电报和 SITA 格式电报两种。AFTN 格式电报供空中交通管制单位使用，SITA 格式电报供航空公司航务部门使用。两种格式电报不能混合使用。

飞行动态固定格式电报的拍发规定只规定了主要固定格式电报的内容和拍发方法，其他不常用电报的拍发按照 ICAO Doc4444 要求的格式进行拍发，内容力求简明扼要，并不得涉及机密问题。

来往于航空公司间的各类航务电报均使用 SITA 格式拍发。航空公司飞行签派的代理人（单位）按公司的代理要求使用 SITA 格式拍发飞行动态及各类航务电报。签派机构与当地飞行管制单位间递发飞行预报、飞行领航计划报、因延误 1 小时以上或当日取消飞行而由公司签派部门通知有关飞行管制室的电报，可使用 AFTN 格式拍发。注意：①负责代理签派工作的空管部门以 SITA 格式给航空公司发电报时，给哪家航空公司代理即用哪家公司的二字代码。例如，上海管制单位给厦门航空代理签派，发电报给厦航驻北京机场办事处，发电报地址为 SHAZPMF，收电报地址为 PEKKKMF。②航空公司签派给空中交通管制单位使用 SITA 格式发电报时，用本公司二字代码。例如，国航签派给上海空中交通服务报告室，发电报地址为 PEKUOCA；收电报地址为 SHAZPCA。③代理签派工作的管制单位必须按规定使用 SITA 格式给代理单位发电报传送动态信息。

民用飞机在无民航航行机构的机场起降，其飞行动态、飞行预报等电报，由该机场所在区域内的民航空中交通服务报告室或区域管制室代发给有关民航空中交通管制单位。负责该机场航务代理的空中交通管制单位使用 SITA 格式发电报给航空公司签派室。

军用飞机在军用或军民合用机场起飞，例如，涉及民航管制指挥的航线或到民用机场降落，其飞行动态电报由该机场所在区域内的民航空中交通服务报告室或区域管制室代发给有关民航空中交通管制单位。

定期航班或包机的航班号，以民航局下发的航班计划通知为准，其余调机、包机、训练等航班号由航空公司和飞行单位编排，要求编排科学、合理、统一。同一航空公司（飞行单位）在同一个日历日〔按协调世界时（Universal Time Coordinated，UTC）为 1601UTC 至次日 1600UTC，即北京时间 00:01 至 24:00〕中不得使用完全相同的航班号。如果同一航班需要由两架以上飞机执行或因延误等情况造成在一天内执行几个相同航班号的航班，有关航空公司或飞行单位应在飞行预报中填写计划序号，以大写字母"L"后接两位阿拉伯数字表示。

国外的专包机、调机（含飞越我国领空的外机）飞行，以及我国从国外购进或引进的飞机的飞行，在飞行预报中除发航班号外，还要注明机型种类、飞行高度。在我国境内飞行的中外飞机统一呼航班号，其他中外民用飞机在运输飞行中有航班号的呼航班号、无航班号的可呼飞机注册号。常用国内、国际航空公司三字代码、二字代码和呼号详见附录 I。

中国民航各类空中交通管制电报计时以及对空报时均统一使用协调世界时（比北京时间晚 8 小时）。

由于民航的飞行管制区域和空军、海军的飞行管制区域不尽一致，为了便于空军、海军实施飞行管制，民航有关管制部门需将飞行动态电报（飞行预报、起飞报、延误报、取消报）拍发至我国民航有关管制室，再由其按军民航相关协议转报有关空军、海军单位。

管制单位不负责向各航空公司驻外办事处拍发飞行动态电报。国际航班飞行动态电报的拍发，分别由各公司签派部门和驻外办事处负责。

当我国国际航班的国际飞行自境外最后一点飞入我国，在境外（点）延误 1 小时以上或当日取消飞行，由该机场所属航空公司总签派室或公司基地签派室负责通知该国际航班在我国境内航线上的各有关管制室。

为保证及时向空军、海军通报国外飞机及我国国际飞行飞机在我国境内的飞行动态，由各负责指挥进出国境的管制室拍发飞越国境电报给沿途的有关管制室。

二、有关代码

民用航空飞行动态固定格式电报中的所有地名，都是按照 ICAO 和 CAAC 规定的四字地名代码设定的。其中，中国（港、澳、台除外）的所有地名代码均以字母 Z 开头，根据所在地区的不同，第二个字母也不一样。例如，华北地区所有地名代码的前两个字母都是 ZB，东北地区为 ZY，华中地区为 ZH，华南地区为 ZG，华东地区为 ZS，西南地区为 ZU，西北地区为 ZL。此外，云南的地名代码为 ZP，新疆的地名代码为 ZW。中国香港和中国澳门的地名代码以 V 开头，其中，中国香港地名代码的前两个字母为 VH，中国澳门地名代码的为 VM。中国台湾的地名代码的前两个字母为 RC。

常用民用航空组织部门电文代码，详见附录Ⅱ。

第三节　空中交通服务电报

随着我国民航与国际民航的接轨、国际航班和地区航班的不断增加，使用国际民用航空组织标准的空中交通服务电报越来越多。为了便于在拍发电报中使用统一的格式和标准、提高工作效率、逐步实现空管电报处理自动化和飞行信息处理自动化，我国民航管理部门根据 ICAO Doc4444 的有关规定和中国民航重新修订的《民用航空飞行动态固定格式电报》，统一了空中交通服务电报（使用 AFTN 格式的电报，又称"AFTN 电报"）的格式和编写方法。

一、空中交通服务电报的组成

电报由报头、缓急标志、收电地址和发电地址、签发时间、电文组成。电报格式见图 7-1。

（1）报头。例如，ZCZC XFT289 290559。报头由三个部分组成：电报开始符号，ZCZC；电报的序号，例如，TXF374（收）、XFT289（发）；流水号，由日、时、分 6 位数字组成。

（2）缓急标志。根据电报的缓急程度，电报缓急标志用 2 个字母表示，如表 7-1 所示。

（3）收电地址和发电地址。AFTN 电报的收电地址和发电地址各由 8 个字母组成，前 4 个字母为国际民航分配的四字地名代码，第五、第六个字母为单位的部门代码，第七、第八个字母为填充符号。其中，第七个字母为部门代码的填充符号，第八个字母则为整个收发电地址的填充符号。当部门代码以 Z 开头时第七个字母为 Z，当其以 Y 开头时则为 Y；而第八个字母都是 X。给未分配代码的单位发电报时使用 YYY，最末一位使用 X。例如，ZBTJYYYX。然后，在电文开始处以单独一行注明具体收电单位名称。另外，一份 AFTN 电报，收电地址最多只能编发 7 家，且只能编写一行。

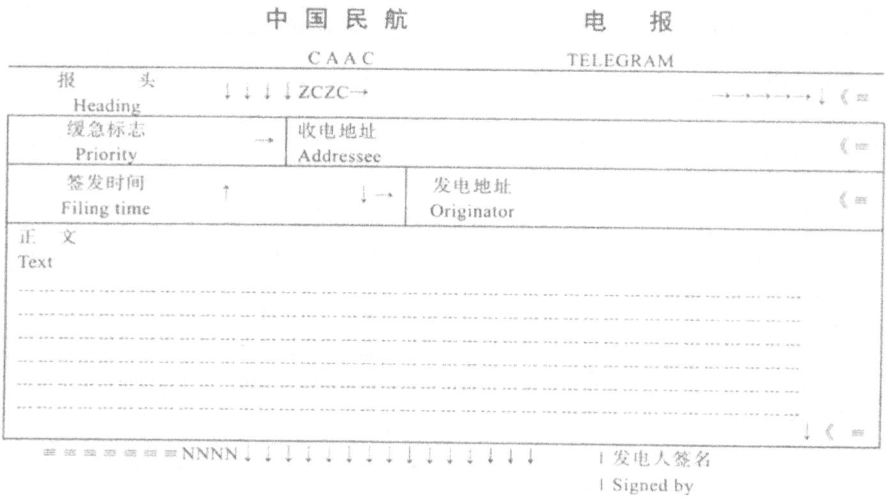

图 7-1　电报格式

表 7-1　电报缓急标志

标志	等级	电报种类
SS	第一等级	遇险报
DD	第二等级	特级报
FF	第三等级	加急报
GG	第四等级	急报

（4）签发时间。它由日、时、分 6 位数字组成。

（5）电文。电文使用《民航简字简语汇编》（简称"84 号规定"）中的简字或四字码。电文文字仅限于使用英文字母、0～9 这十个数字和斜线、小数点、括号等。

二、空中交通服务电报的种类、标志及等级

空中交通服务电报的种类、标志及等级如表 7-2 所示：

表 7-2　电报种类、标志及等级

序号	电报种类	标志	英文全称	等级
1	领航计划报	FPL	Field Flight Plan Message	FF
2	修订领航计划报	CHG	Modification Message	FF
3	取消领航计划报	CNL	Flight Plan Cancellation Message	FF

（续表）

序号	电报种类	标志	英文全称	等级
4	起飞报	DEP	Departure Message	FF
5	落地报	ARR	Arrival Message	GG
6	延误报	DLA	Delay Message	FF
7	现行飞行变更报	CPL	Current Flight Plan Message	FF
8	预计飞越报	EST	Estimate Message	FF
9	管制协调报	CDN	Co-ordination Message	FF
10	管制协调接受报	ACP	Acceptance Message	FF
11	逻辑确认报	LAM	Logical Acknowledgement Message	FF
12	请求飞行计划报	RQP	Request Flight Plan Message	FF
13	请求领航计划补充信息报	RQS	Request Supplementary Flight Plan Message	FF
14	领航计划补充信息报	SPL	Supplementary Flight Plan Message	FF
15	告警报	ALR	Alerting Message	SS
16	无线电通信失效报	RCF	Radio Communication Failure Message	SS

三、空中交通服务电报的通用数据

1. 高度层数据

高度层数据应用 4 种方法表示（见表 7-3）。

表 7-3 高度层数据的表示方法

表示的形式	表示的内容
"M" 后跟随 4 位数字	表示以 10m 为单位的海拔高度。 示例 1：海拔高度为 8 400m，以 "M0840" 表示
"S" 后跟随 4 位数字	表示以 10m 为单位的飞行高度层。 示例 2：飞行高度层为 11 300m，以 "S1130" 表示
"A" 后跟随 3 位数字	表示以 100ft 为单位的海拔高度。 示例 3：海拔高度为 4 500ft，以 "A045" 表示
"F" 后跟随 3 位数字	表示以 100 ft 为单位的飞行高度层。 示例 4：飞行高度层为 33 000ft，以 "F330" 表示

2. 位置及航路数据

表示位置或航路，应选用下列数据规定：

（1）应用 2～7 个字符表示应飞的空中交通服务航路代码。

（2）应用 2～5 个字符表示指定给航路上某一点的代码。

（3）应用 11 个字符表示经纬度时，如表 7-4 所示。

表 7-4 应用 11 个字符表示经纬度

表示的形式	表示的内容
第一、第二位数字	表示纬度度数
第三、第四位数字	表示纬度分数
第五位字母	"N" 表示 "北" 或 "S" 表示 "南"
第六、第七、第八位数字	表示经度度数
第九、第十位数字	表示经度分数
第十一位字母	"E" 表示 "东" 或 "W" 表示 "西"
示例：3804N16725W	北纬 38°04′，西经 167°25′

（4）应用 7 个字符表示经纬度时，如表 7-5 所示。

表 7-5 应用 7 个字符表示经纬度

表示的形式	表示的内容
第一、第二位数字	表示纬度度数
第三位字母	"N" 表示 "北" 或 "S" 表示 "南"
第四、第五、第六位数字	表示经度度数
第七位字母	"E" 表示 "东" 或 "W" 表示 "西"
示例：38N054E	北纬 38°，东经 54°

（5）使用重要点定位，应用 2～5 个字符代表某一重要点的编码代号，后随 6 位数字。前 3 位数字表示相对该点的磁方位度数，后 3 位数字表示距离该点的海里数。为使所要求的位数正确，必要时在数据前加 "0" 以补足位数。

示例：距全向信标台 "VYK" 40n mile、磁方位 180°的一点以 "VYK180040" 表示。

3．速度数据

速度数据（最多 5 个字符）应用以下 3 种方法表示：

（1）"K" 后随 4 位数字，表示真空速，单位为千米每小时（km/h）。示例：K0830。

（2）"N" 后随 4 位数字，表示真空速，单位为海里每小时（n mile/h）。示例：N0485。

（3）"M" 后随 3 位数字，表示最近的 1%马赫单位的马赫数。示例：M082。按有关 ATS 单位规定使用。

4．时间数据

（1）空中交通服务电报应使用协调世界时（UTC），精确到分。

（2）用连续的 4 位数字表示，前 2 位表示小时，后 2 位表示分。

示例：0830 是以协调世界时表示的 08:30。

四、空中交通服务电报的结构

1．固定格式的空中交通服务电报报文的组成

固定格式的空中交通服务电报报文的内容应由若干个选定的数据编组（以下简称 "编组"）

按固定顺序排列构成；不应随意缺省，每个编组由按顺序排列的几个不同内容的数据项或一个单项数据构成，之间应以空格或"/"隔开。

2. 编组号及其所对应的数据类型

编组号及其所对应的数据类型见表 7-6。

表 7-6　编组号及其所对应的数据类型

编组号	数据类型	编组号	数据类型
3	电报类别、编号和参考数据	15	航路
5	紧急情况说明	16	目的地机场和预计总飞行时间，目的地备降机场
7	航空器识别标志和 SSR 模式及编码	17	落地机场和时间
8	飞行规则及种类	18	其他情报
9	航空器数目、机型和尾流等级	19	补充情报
10	机载设备与能力	20	搜寻和援救告警情报
13	起飞机场和时间	21	无线电失效情报
14	预计飞越边界数据	22	修订

3. 结构和标点

（1）应用一个正括号"（"表示 ATS 报文数据的开始，其后随以各编组。示例：（FPL…。

（2）除第一编组（编组 3）外，在其他编组中，均应用一连字符"-"表示该编组开始，且只应在该编组开始时使用一次，其后随以各数据项。

示例：-STS/ ALTRV HEAD。

（3）各编组之间不应有空格。

示例：（DEP-CES501/A0254-ZSPD2347-VHHH-0）。

（4）应用一个反括号"）"表示空中交通服务报文数据结束。示例：…N/A1B1C1D1L1）。

（5）在编辑空中交通服务电报时，因编组 5、编组 15、编组 18、编组 19、编组 20、编组 21 和编组 22 的内容较多，如需进行换行操作，这个操作不应影响该编组内数据的完整性。

4. 编组数据的说明

（1）每个编组由一个或几个不同内容的数据项构成，之间应以空格或"/"隔开"。

（2）本规定使用两种结构的数据框代表不同类型的数据项：

数据框格式 1 为：

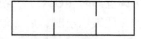

这种封闭型数据框表示该数据项由固定数量的字符构成。此示例表示该数据项中含有 3 个字符。

数据框格式 2 为：

这种开放型数据框表示该数据项由非固定数量的字符构成。此示例表示该数据项中含有任意数量的字符。

5．编组内容

（1）编组 3——电报类别、编号和参考数据。

其格式为：

数据项 A——报类代号。它用 3 个字母表示，详见表 7-2 中的"标志"。

数据项 B——电报号码。用 1~4 个字母表示发报的空中交通服务单位，后随斜线"/"，后随 1~4 个字母表示收报的空中交通服务单位，后随 3 个数字表示所发电报的顺序号。

数据项 C——参考数据。用 1~4 个字母后随斜线"/"，后随 1~4 个字母，后随 3 个数字，表示对数据项 B 回复的顺序号。

编组 3 在通常情况下只包括数据项 A，而数据项 B 和数据项 C 只有在两个空中交通服务单位的计算机系统之间进行数据交换时由计算机生成。

示例 1：（FPL；

示例 2：（LAMB/A052A/B002。

（2）编组 5——紧急情况说明。

其格式为：

数据项 A——危险等级。

INCERFA 表示不明阶段；

ALERFA 表示告警阶段；

DETRESFA 表示遇险阶段。

数据项 B——电报签发者。它用 8 个字母表示，前 4 个字母是国际民用航空组织分配的地名代码，后 4 个字母的前 3 个字母是发报的空中交通服务单位代码，最后 1 位为"X"或空中交通服务单位中的部门代码。

数据项 C——紧急情况的性质。根据需要加上明语短文，以便说明紧急情况的性质，各词之间用空格隔开。

示例：-ALERFA/ZBAAZRZX/REPORT OVERDUE。

（3）编组 7——航空器识别标志和 SSR 模式及编码。

其格式为：

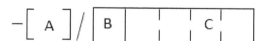

数据项 A——航空器识别标志。它不应多于 7 个字符，不包含连字符或符号的字母或数字。当国内航空公司执行国内段航班且任务性质为补班时，航空器识别标志最后 1 个字符应用 1 个英文字母对应替代，表示如下：

0 对应 Z　1 对应 Y　2 对应 X　3 对应 W　4 对应 V

5 对应 U　6 对应 T　7 对应 S　8 对应 R　　9 对应 Q

航空器识别标志包括以下两类：

① 国际民用航空组织分配给航空器运营人的三字代码，后随飞行任务的编号，作为航空器识别标志。

示例：KLM511、CCA1501、CES510W（CES5103 的补班）、CSN303Z（CSN3030 的补班）。

② 航空器的注册标志（例如，B2332、ELAKO、4QBCD、N2567GA）。

a.无线电话联络时航空器所使用的呼号仅包括此识别标志（例如，00TEK），或将国际民用航空组织航空器运营人电话代码置于其前（例如，SABENA 00TEK）。

b.航空器未安装无线电设备。

注意：① 当 SSR 编码情报未知、对接收单位无意义、在不使用二次监视雷达的区域内飞行时，此编组只含有数据项 A。

② 无线电话呼号的使用规定参见 ICAO Doc4444 附件 10 卷 I 第 5 章。国际民用航空组织代码和航空器经营人的电话代码参见 ICAO Doc8585《航空器经营人、航空当局和服务部门的代码》。

数据项 B——SSR 模式。用字母 A 表示数据项 C 的 SSR 模式。

数据项 C——SSR 编码。用 4 位 8 进制数字表示由空中交通服务部门指定给航空器的 SSR编码。

示例 1：-HDA901；

示例 2：-BAW039/A3031；

示例 3：-CES510X。

（4）编组 8——飞行规则及种类。

其格式为：

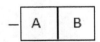

数据项 A——飞行规则。用 1 个字母表示飞行规则如下：

I 表示仪表飞行规则；

V 表示目视飞行规则；

Y 表示先仪表后目视飞行规则；

Z 表示先目视后仪表飞行规则。

注意：如果使用字母 Y 或 Z，计划改变飞行规则的各个航路点应按编组 15 的要求填写。

数据项 B——飞行种类。用 1 个字母表示空中交通服务部门要求的飞行种类如下：

G 表示通用航空飞行；

M 表示军用飞行；

N 表示非定期的航空运输飞行（包括加班飞行、包机飞行）；

S 表示定期的航空运输飞行；

X 其他飞行（包括急救飞行、熟练飞行、校验飞行、训练飞行、调机飞行、试飞飞行等）。

如果需要，可根据具体任务性质在编组 18 "STS/" 后说明飞行状况，或者，如果需要表示要求 ATS 处理的其他原因，在编组 18 "RMK/" 之后说明原因。

示例 1：-VG；

示例 2：-IS。

（5）编组 9——航空器数目、机型和尾流等级。

其格式为：

$$-\boxed{A}\ \boxed{B}\ /\ \boxed{C}$$

数据项 A——航空器数目（多于 1 架）。此单项仅用于多架航空器编队飞行的情况，用 1～2 位数字表示航空器的架数。

数据项 B——航空器机型。用 2～4 个字符表示，按附录Ⅲ规定的代码填写。如果无指定的代码或在飞行中有多种机型，填入"ZZZZ"。当使用字母"ZZZZ"时，应在编组 18"TYP/"数据项中填入航空器的具体机型。

数据项 C——尾流等级。用 1 个字母表示。航空器的最大允许起飞重量决定航空器的尾流等级。

H 为重型，表示航空器大于或等于 136t；

M 为中型，表示航空器大于 7t、小于 136t；

L 为轻型，表示航空器小于或等于 7t。

示例 1：-B738/M；

示例 2：-B744/H；

示例 3：-ZZZZ/M…TYP/YUN7；

示例 4：-03ZZZZ/M…TYP/3JH7A。

（6）编组 10——机载设备与能力。

其格式为：

$$-\boxed{A}\ /\ \boxed{B}$$

数据项 A——无线电通信、导航及进近助航设备与能力。它用 1 个字母表示，如表 7-7 所示。

表 7-7　用 1 个字母表示编组 10 的数据项 A

数据项	表示的内容
N	航空器未载有无线电通信、导航、进近设备或此类设备不工作
S	航空器载有标准的通信、导航、进近设备并可工作

先填入"N"或"S"，随后用下列 1 个或多个字符（建议按英文字母先后顺序排列），表示无线电通信、导航及进近助航设备与能力（见表 7-8）。

表 7-8　无线电通信、导航及进近助航设备与能力

数据项	表示的内容	数据项	表示的内容
A	GBAS 着陆系统	D	测距仪
B	星基增强系统的垂直引导进近程序	E1	飞行管理计算机、航路点位置报告、航空器通信寻址与报告系统
C	罗兰 C	E2	数据链飞行情报服务、航空器通信寻址与报告系统

（续表）

数据项	表示的内容	数据项	表示的内容
E3	起飞前放行、航空器通信寻址与报告系统	M1	空中交通管制无线电话、卫星通信（国际海事卫星组织）
F	自动定向仪	M2	空中交通管制无线电话（多功能运输卫星）
G	全球导航卫星系统	M3	空中交通管制无线电话（铱星）
H	高频、无线电话	O	全向信标台
I	惯性导航	P1～P9	保留给所需通信性能
J1	管制员-飞行员数据链通信、航空电信网、甚高频数据链模式 2	R	获得 PBN 批准
J2	管制员-飞行员数据链通信、FANS1/A、高频数据链	T	塔康
J3	管制员-飞行员数据链通信、FANS1/A、甚高频数据链模式 4	U	特高频无线电话
J4	管制员-飞行员数据链通信、FANS1/A、甚高频数据链模式 2	V	甚高频无线电话
J5	管制员-飞行员数据链通信、FANS1/A、卫星通信（国际海事卫星组织）	W	获得缩小垂直间隔批准
J6	管制员-飞行员数据链通信、FANS1/A、卫星通信（多功能运输卫星）	X	获得最低导航性能规范批准
J7	管制员-飞行员数据链通信、FANS1/A、卫星通信（铱星）	Y	有 8.33KHz 频道间距能力的甚高频
K	微波着陆系统	Z	携带的其他设备或能力
L	仪表着陆系统		

注：1. 如果使用字母"S"，除非有关的空中交通服务当局规定了其他设备的组合，否则标准机载设备包括甚高频无线电话、自动定向仪、全向信标接收机、仪表着陆系统。

2. 如果使用字母"G"，有任何 GNSS 外部增强的类型，应在编组 18 中"NAV/"之后注明，其间用空格隔开。

3. 对于数据链服务、空中交通管制放行和情报、空中交通管制通信管理、空中交通管制麦克风检查，见航空无线电技术委员会、欧洲民航设备组织对航空电信网基线 1 的互用性要求标准（DO-280B/ED-110B）。

4. 如果使用字母"R"，应在编组 18 中"PBN/"之后填入能够满足基于性能的导航水平。有关对特定为航段、航路和（或）区域适用基于性能导航的指导材料载于《基于性能导航手册》（Doc9613）。

5. 如果在编组 10 数据项 A 中有 W 项，则编组 18 中不能有"STS/NONRVSM"，且如果在编组 18 中有"STS/NONRVSM"，则编组 10 数据项 A 中不能有 W 项。

6. 如果使用字母"Z"，应在编组 18 中注明所载的其他设备并视情况冠以"COM/"、"NAV/"和（或）"DAT/"。

数据项 B——监视设备与能力。用以下 1 个或最多 20 个字符来描述可用的机载监视设备与能力。

二次监视雷达 A 模式和 C 模式如表 7-9 所示。

表 7-9 二次监视雷达 A 模式和 C 模式

数据项	表示的内容
N	没有应答机
A	应答机 A 模式（4 位数——4 096 个编码）
C	应答机 A 模式（4 位数——4 096 个编码）和应答机 C 模式

二次监视雷达 S 模式如表 7-10 所示。

表 7-10 二次监视雷达 S 模式

数据项	表示的内容
S	应答机 S 模式，具有气压高度和航空器识别的能力
P	应答机 S 模式，具有气压高度，但没有航空器识别的能力
I	应答机 S 模式，具有航空器识别，但无气压高度发射信号的能力
X	应答机 S 模式，没有航空器识别和气压高度能力
E	应答机 S 模式，具有航空器识别、气压高度发射信号和超长电文（ADS-B）能力
H	应答机 S 模式，具有航空器识别、气压高度发射信号和增强的监视能力
L	应答机 S 模式，具有航空器识别、气压高度发射信号、超长电文（ADS-B）和增强的监视能力（见注 1）

注：1. 增强的监视能力是指飞行器能够下发来自模式分转发器的数据。

2. "A" "C" "E" "H" "I" "L" "P" "S" "X" 应只填其一。

广播式自动相关监视如表 7-11 所示。

表 7-11 广播式自动相关监视

数据项	表示的内容
B1	具有专用 1 090MHz 广播式自动相关监视 "发送" 能力的广播式自动相关监视
B2	具有专用 1 090MHz 广播式自动相关监视 "发送" 和 "接收" 能力的广播式自动相关监视
U1	使用 UAT 广播式自动相关监视 "发送" 能力
U2	使用 UAT 广播式自动相关监视 "发送" 和 "接收" 能力
V1	使用 VDL 模式 4 广播式自动相关监视 "发送" 能力
V2	使用 VDL 模式 4 广播式自动相关监视 "发送" 和 "接收" 能力

注：1. 编组 10B 中，"B1" "B2" 只能出现一个，不应同时出现。

2. 编组 10B 中，"U1" "U2" 只能出现一个，不应同时出现。

3. 编组 10B 中，"V1" "V2" 只能出现一个，不应同时出现。

契约式自动相关监视如表 7-12 所示。

表 7-12 契约式自动相关监视

数据项	表示的内容
D1	具有 FANS1/A 能力的契约式自动相关监视
G1	具有航空电信网能力的契约式自动相关监视

注：1. 以上未列出的字符属于保留字符。

2. 附加的监视应用应在编组 18 "SUR/" 后列出。

示例1：-ADE3RRV/EB1；

示例2：-DFGOV/HU2。

（7）编组13——起飞机场和时间。

其格式为：

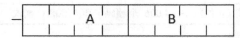

数据项A——起飞机场。根据ICAO Doc7910《地名代码》的规定，指定起飞机场的国际民用航空组织四字地名代码。

如果该机场无四字地名代码，则用"ZZZZ"表示。如果使用"ZZZZ"，应在编组18"DEP/"数据项中填入起飞机场名称和位置（或第一个航路点），或者无线电信标标记。

如果在空中申报飞行计划，则用"AFIL"表示。如果使用"AFIL"，应在编组18"DEP/"数据项中填入可提供补充飞行数据的空中交通服务单位。

在CPL电报、EST电报、CDN电报和ACP电报中，该编组内容到此结束。

如果不知道预计撤轮挡时间，在RQP电报、ARR电报中也应到此结束。

数据项B——时间。用4位数字表示如下时间（UTC）：

在起飞前所发的FPL电报、CHG电报、CNL电报、DLA电报和RQS电报以及ARR电报、RQP电报中填入起飞机场的预计撤轮挡时间；

在DEP电报、ALR电报和SPL电报中，应填入实际起飞时间；

如数据项A中的"AFIL"所示，从空中申报飞行计划的，应填写该计划适用的第一个航路点的实际或预计飞越时间。

示例1：-ZBAA0730；

示例2：-AFIL1625

（8）编组14——预计飞越边界数据。

其格式为：

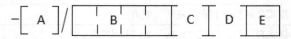

数据项A——边界点。应用2~5个字符表示重要点名称、地理坐标、简写地理坐标、地理名称、协议点或者距某一重要点、导航台的方位和距离数据的组合。

数据项B——飞越边界点的时间。应用4位数字表示预计飞越边界点的时间（UTC）。

数据项C——许可的高度层。

如果航空器处于平飞状态，飞越边界点表示许可高度层，此编组应到此结束。如果航空器在边界点处于上升或下降状态，表示正在朝许可高度层飞行，应继续填写数据项D、数据项E。

数据项D——补充飞越数据。它表示航空器飞越边界点时预计所在的高度或高度层，格式应与数据项C一致。

数据项E——飞越条件。用下列其中1个字母表示：

A表示航空器在数据项D中所述高度层或其上飞越边界点；

B表示航空器在数据项D中所述高度层或其下飞越边界点。

示例1：-EPPGAM/1821F160；

示例 2：-XYZ/1653F240F 180A；

示例 3：-5130N13020W/0817F290；

示例 4：-LMN/0835F 160F200B；

示例 5：-WXI218015/1245F130。

（9）编组 15——航路。

其格式为：

$$-\left[\boxed{A} \boxed{B} \right] （空格） \boxed{C}$$

数据项 A——巡航速度（最多 5 个字符）。飞行中第一个或整个巡航航段的真空速，按下列方式表示：

"K"后随 4 位数字，表示真空速，单位为千米每小时（km/h）。示例：K0830。

"N"后随 4 位数字，表示真空速，单位为海里每小时（n mile/h）。示例：N0485。

"M"后随 3 位数字，表示最近的 1%马赫单位的马赫数。示例：M082。当有关 ATS 单位有规定时使用。

数据项 B——巡航高度层 （最多 5 个字符）。

所飞航路的第一个或整个航段计划的巡航高度层，按下列方式表示：

"M"后随 4 位数，表示以 10m 为单位的海拔高度。示例：M0840。

* "S"后随 4 位数，表示以 10m 为单位的标准米制飞行高度层。示例：S1130。

"A"后随 3 位数，表示以 100 ft 为单位的海拔高度。示例：A045，A100。

"F"后随 3 位数，表示以 100ft 为单位的飞行高度层。示例：F085，F330。

"VFR"，表示不受管制的目视飞行规则飞行。

注意：*表示按有关 ATS 当局规定使用。

数据项 C——航路。以空格隔开的如下 7 个类别的数据项，不论次序如何，应能够准确地说明可行的航路情况，必要时应加上以下若干个"c"项，每项之前应有空格（见表 7-13）。

表 7-13 航路数据项

数据项	表示的内容
c1	标准离场航线代码，即从起飞机场到拟飞的已确定航路的第一个重要点的标准离场航路代码； 其后可随以"c3"或"c4"； 若无法确定将使用的标准离场航线，应不加"c1"
c2	空中交通服务航路代码； 其后可随以"c3" 或"c4"
c3	重要点，包括航路加入点、航路退出点、航路转换点、航路和标准进离场航线之间的连接点、空中交通管制单位规定的强制性位置报告点等
c4	重要点、巡航速度或马赫数、申请的巡航高度层； 距一个重要点的方位和距离：重要点的编码后随 3 位数字，表示相对该点的磁方位度数，再后随 3 位数字表示距离该点的海里数。在高纬度地区，如果有关当局确定参考磁方位度数不可行，可使用真方位度数。为使数位正确，需要时插入"0"。例如，距全向信标台"DUB"40 n mile、磁方位 180°的一点，以"DUB180040"表示

（续表）

数据项	表示的内容
c5	简字，表示如下： DCT：当下一个预飞点是在指定航路以外时，用 DCT 表示，除非这些点是用地理坐标或者方位及距离表示的； VFR：在飞过某点后改为目视飞行规则（仅可跟随"c3"或"c4"）； IFR：在飞过某点后改为仪表飞行规则（仅可跟随"c3"或"c4"）； T：表明航空器的申报航路被压缩，压缩部分应在其他数据中或以前发的领航计划中查找。使用时，T 应是航路编组的结尾
c6	巡航爬高（最多 28 个字符）； 在字母 C 后随斜线"/"，然后填入计划开始巡航爬高点，后随斜线"/"，然后按数据项 A 填写在巡航爬高期间应保持的速度，随以两个高度层（参见数据项 B），以确定在巡航爬高期间拟占用的高度夹层，或预计巡航爬升至其以上高度层，后随以"PLUS"，其间不留空格
c7	标准进场航线代码，即从规定航路退出点到起始进近定位点标准进场航线的代码； 若无法确定将使用的标准进场航线，应不加"c7"

在本编组中使用"DCT"时应注意：

① 设定有标准进离场航线的机场，在航线航路与标准进离场航线间连接点的前后不应填写"DCT"。当所飞机场没有标准进离场航线与航路相连时，在航线、航路加入点之前或退出点之后，可使用"DCT"；

② 当飞往下一点的飞行路线是在指定航路以外时，用"DCT"连接下一点；在没有连接点的两条航路之间转换时，一条航路的退出点和另一条航路的加入点之间可以使用"DCT"，除非连接飞行路线的点都是用地理坐标或方位及距离表示的；

③ 当空中交通服务部门要求时，应使用"DCT"。

在本编组中填写"标准进离场航线"时应注意：

空中交通服务航路包括航线、航路、标准离场航线和标准进场航线等。在通常情况下，航路与标准进离场航线是相连接的。在设有标准进离场航线的机场，空中交通管制部门会适时向飞行人员指定适当的标准进离场航线，或通报实施雷达引导等，这些在领航计划报中是无法确定的。在这种情况下，按照国际民用航空组织有关文件（ICAO Doc4444）中的说明，在航线航路和标准进离场航线间连接点的前后填写标准进离场航线是不恰当的，不能准确地表述航路情况，也会与空中交通管制部门的要求相违背。

示例 1：-K0882S1010 SGM A599 POU；

示例 2：-K082F310 BCN1G BCN UG1 52N015W 52N035W 49N050W DCT YQX；

示例 3：-K0869S1100 CD KR B485 WXI A461 LIG；

示例 4：-N04460F290 LEK2B LEK UA6 XMM/M078F300 UA6N PONUR10N CHW UA5；NTS DCT 4611N00412W DCT STG UA5 FTM FATIMIA；

示例 5：-M078S1010 URC B215 YBL A596 KM；

示例 6：-LN VFR；

示例 7：-LN/N0284A050 IFR。

（10）编组 16——目的地机场、预计总飞行时间和目的地备降机场。

其格式为：

数据项 A——目的地机场。ICAO Doc7910《地名代码》规定，应使用国际民用航空组织规定的四字地名代码。

如果该机场没有四字地名代码，则填入字母"ZZZZ"。若使用"ZZZZ"，在编组 18 数据项"DEST/"中直接填入目的地机场名称或位置。之后，不留空格填写预计飞行的总时间。

在除 FPL 电报、SPL 电报、ALR 电报外的其他电报中，本编组到此结束。

数据项 B——预计总飞行时间。空中申报飞行计划的航空器，预计总飞行时间是指从飞行计划适用的第一航路点开始计算的预计时间至飞行计划终止点的预计时间。

数据项 C——目的地备降机场。必要时空格后可再填入 1 个备降机场，最多可填 2 个备降机场。ICAO Doc7910《地名代码》规定，应使用国际民用航空组织规定的目的地备降机场四字地名代码。

如果该机场没有四字地名代码，则填入字母"ZZZZ"。若使用"ZZZZ"，在编组 18 数据项"DEST/"中填写目的地备降机场名称或位置，不用空格插入总的飞行时间。

示例 1：-ZSPD0200 ZSHC；

示例 2：-ZBAA0230 ZBTJ ZYTL

（11）编组 17——落地机场和时间。

其格式为：

数据项 A——落地机场。ICAO Doc7910《地名代码》规定，应使用国际民用航空组织规定的四字地名代码。

数据项 B——落地时间。用 4 位数字表示实际落地时间（UTC）。

数据项 C——落地机场。若在数据项 A 中使用"ZZZZ"，则此处填入落地机场英文全称、拼音全称或其他代码。

示例 1：-ZGGG1235；

示例 2：-ZZZZ0130 NANYUAN

（12）编组 18——其他情报。

其格式 1 为：

其格式 2 为：

本编组无任何信息时，在数据项 A 中填入数字"0"。

　　本编组有信息时，应按照下列所示的先后次序，随以斜线"/"填写有关情报。在各数据项中只能出现一次斜线"/"，且不应再出现其他标点符号，数据项间以空格隔开，若某个数据项无内容，则该项应省略，并且避免某个数据项的重复使用。某个数据项有多条信息时，应用同一个数据项标识符，并用空格分隔各条信息（见表 7-14）。

表 7-14　其他情报内容

数据项	表示的内容
STS/	只有下述内容可以填写在"STS/"后，如果有 2 种以上情况需要特别说明的，应以空格分开。其他原因则填写到"RMK/"后。 ALTRV：按照预留高度运行的飞行； ATFMX：有关空中交通服务当局批准豁免空中交通流量管理措施的飞行； FFR：灭火； FLTCK：校验导航设施的飞行检测； HAZMAT：运载有害材料的飞行； HEAD：国家领导性质的飞行； HOSP：医疗当局公布的医疗飞行； HUM：执行人道主义任务的飞行； MARSA：军方负责管理的军用航空器以最低安全高度间隔飞行，用以标明飞行时效时，要求编组 9 的飞机数量大于 1 架，用以标明从一个特定点开始时，在编组 18 数据项"RMK/"后紧跟航空器标示和进入作业区的时间； MEDEVAC：生命攸关的医疗紧急疏散； NONRVSM：不具备缩小垂直间隔能力的飞行准备在缩小垂直间隔空域运行； SAR：从事搜寻与援救任务的飞行； STATE：从事军队、海关或警察服务的飞行
PBN/	表示区域导航和/或所需导航性能的能力，只能填写指定的字符内容，最多 8 个词条，不超过 16 个字符，词条之间不用空格。区域导航规范为： A1　RNAV10（RNP 10）； B1　RNAV5 所有允许的传感器； B2　RNAV5 全球导航卫星系统； B3　RNAV5 测距仪； B4　RNAV5 甚高频全向信标/测距仪； B5　RNAV5 惯性导航或惯性参考系统； B6　RNAV5 罗兰； C1　RNAV2 所有允许的传感器； C2　RNAV2 全球导航卫星系统； C3　RNAV2 测距仪/测距仪； C4　RNAV2 测距仪/测距仪/IRU； D1　RNAV1 所有允许的传感器； D2　RNAV1 全球导航卫星系统； D3　RNAV1 测距仪/测距仪； D4　RNAV1 测距仪/测距仪/IRU；

（续表）

数据项	表示的内容
PBN/	所需导航性能规范为： L1　RNP4； O1　基本 RNP1 所有允许的传感器； O2　基本 RNP1 全球导航卫星系统； O3　基本 RNP1 测距仪/测距仪； O4　基本 RNP1 测距仪/测距仪/IRU； S1　RNP APCH； S2　具备 BAR-VNAV 的 RNP APCH； T1　有 RF 的 RNP AR APCH（需要特殊批准）； T2　无 RF 的 RNP AR APCH（需要特殊批准） 如果"PBN/"后出现 B1、B5、C1、C4、D1、D4、01 或 04，则编组 10 数据项 A 应填入 I。 如果"PBN/"后出现 B1 或 B4，则编组 10 应填写 0 和 D，或 S 和 D。 如果"PBN/"后出现 B1、B3、B4、C1、C2、C4、D1、D3、D4、01、03 或 04，则编组 10 应填写 D 如果"PBN/"后出现 B1、B2、C1、C2、D1、D2、01 或 02，则编组 10 数据项 A 有关的重编组应填写 G
NAV/	除 PBN/规定外，按有关 ATS 单位要求，填写与导航设备有关的重要数据。在此数据项下填入全球导航卫星增强系统，两个或多个增强方法之间使用空格。 示例：NAV/GBAS SBAS
COM/	按有关 ATS 单位要求，填写编组 10 数据项 A 中未注明的通信用途或能力
DAT	按有关 ATS 单位要求，填写编组 10 数据项 A 中未注明的数据用途或能力
SUR/	按有关 ATS 单位要求，填写编组 10 数据项 B 中未注明的监视用途或能力
DEP/	如果在编组 13 中填入"ZZZZ"，则应填入起飞机场的英文全称、拼音全称或其他代码。 如果在编组 13 中填入"AFIL"，则应填入可以提供飞行计划数据的 ATS 单位的四字地名代码。 对于相关的航行资料汇编未列出的机场，按以下方式填写位置： 以 4 位数字表示纬度的十位数和个位数分数，后随"N"（北）或"S"（南）； 表示经度的十位数和个位数分数，后随"E"（东）或"W"（西），为使数位正确，需要时插入"0"，示例：4620N07805W（11 位字符）。 距最近重要点的方位和距离表示如下：重要点的编码，后随 3 位数字表示相对该点的磁方位度数，再随以 3 位数字表示距离该点的海里数。在高纬度地区，如果有关当局确定参考磁方位度数不可行，可使用真方位度数。为使数位正确，需要时插入"0"。 如果航空器从非机场起飞，填入第一个航路点（名称或经纬度）或者无线电指点标
DEST/	如果在编组 16 数据项 A 中填入"ZZZZ"，则在此填入目的地机场的名称和位置。对于相关航行资料汇编未列出的机场，按上述"DEP/"的规定以经纬度填入机场位置或距最近重要点的方位和距离
DOF/	飞行计划执行日期［起飞日期（YYMMDD，YY 表示年，MM 表示月，DD 表示日）］
REG/	当与编组 7 的航空器识别标志不同时，填入航空器的国籍、共同标志和登记标志

119

（续表）

数据项	表示的内容
EET/	由地区航行协议或有 ATS 当局规定的重要点或飞行情报区边界代号起飞至该点或飞行情报区边界累计的预计实耗时间，由一个或多个字符串组成。每个字符串是：2～5 个字母、数字、字符或一个地理坐标；后随一个 4 位数的时间，从 0000 到 9959（0～99h，0～59min） 示例：EET/CAP0745 XYZ0830；EET/EINNO204
SEL	经装备的航空器的选择呼叫编码
TYP	如果在编组 9 中填入了 "ZZZZ"，则在本数据项填入航空器机型，必要时不留空格前缀航空器数目，其间用一个空格隔开。 示例：TYP/2F15 5F53B2
CODE/	按有 ATS 当局要求的航空器地址（以 6 位 16 进制字符的字母代码形式表示）。 注意：F00001 是国际民用航空组织管理的具体模块中所载的最小航空器地址
DLE/	航路延误或等待，填入计划发生延误的航路重要点，随后用时分（小时分）4 位数表示延误时间。航路重要点应与编组 15 数据项 C 中的一致，如果不一致，应进入错误信息处理过程。 示例：DLE/MOG0030
OPR	当与编组 7 的航空器识别标志不同时，填入航空器运行机构的 ICAO 代码或名称
ORGN/	如果无法立即识别飞行计划发报人，填入空中交通服务当局要求的发报人的 8 字母 AFTN 地址或其他相关联络细节。 在某些地区，飞行计划接收中心会自动插入 "ORGN/" 识别符，将发报人 AFTN 地址限定在 8 个字符内
PER/	按照有关 ATS 单位的规定，使用《空中航行服务程序航空器的运行》（PANS-OPS，DOC8168）中《飞行程序》规定的 1 位字母，填写航空器性能数据。 A 类：指示空速小于 169km/h（91n mile/h）； B 类：指示空速为 169 km/h（91n mile/h）至 224 km/h（121n mile/h）； C 类：指示空速为 224 km/h（121n mile/h）至 261 km/h（141n mile/h）； D 类：指示空速为 261 km（141 n mile/h）至 307 km/h（161n mile/h）； E 类：指示空速为 307 km/h（161 n mile/h）至 391 km/h（211 n mile/h）； H 类：关于直升机的特殊要求
ALTN/	如果在编组 16 数据项 C 中填入 "ZZZZ"，则在此填入目的地备降机场的名称。对于相关的航行资料汇编未列出的机场，按上述 "DEP/" 的规定以经纬度填入机场位置或距最近重要点的方位及距离
RALT/	按 ICAO Doc7910《地名代码》的规定填入航路备降机场的 ICAO 四字代码，如果未分配代码，填入航路备降机场名称。对于相关的航行资料汇编未列出的机场，按上述 "DEP/" 的规定以经纬度填入机场位置或距最近重要点的方位和距离
TALT/	按 ICAO Doc7910《地名代码》的规定填入起飞备降机场的 ICAO 四字代码，如果未分配代码，填入起飞备降机场名称。对于相关的航行资料汇编未列出的机场，按上述 "DEP/" 的规定以经纬度填入机场位置或距最近重要点的方位和距离
RIF/	至修改后的目的地机场的航路详情，后随该机场的国际民用航空组织四字代码。 示例：RIF/DTA HEC KLAX；RIF/ESP G94 CLA YPPH

（续表）

数据项	表示的内容
RMK/	有关 ATS 单位要求的或机长认为对提供 ATS 有必要的任何明语附注。有别于"STS/"中填写的内容。如果使用非标准的标识符，应在"RMK/"后填写，并且如果在非标准标识符和随后的文本之间有"/"时，应删除该符号。 下列内容应为统一的标注。 ACAS II 或 TCAS：RMK/ACAS II 或 RMK/TCAS； 极地飞行：RMK/POLAR； 不具备 RVSM 能力的航空器获批在 RVSM 空域运行：RMK/APVD NONRVSM； 返航：RMK/RETURN； 备降：RMK/ALTERNATE。 CPL 电报中数据项"RMK/"应体现返航、备降的目的地，原目的地机场，原因说明，例如，"RETURN""ALTERNATE ZHHH DEUZ ZSSS RWY"

注：若某个数据项无内容，则该数据项省略。

示例 1：-0 ；

示例 2：-REG/B8012 EET/ZGZU0020 VHHK0110 OPR/PLAF RMK/NO POSITION REPORT SINCE DEP PLUS 2 MINUTES。

（13）编组 19——补充情报。

其格式为：

$$-[\quad]（空格）[\quad]（空格）[\quad]…[\quad]$$

本编组包括一连串可获得的补充情报，数据项间由空格分开。按照下列所示的先后次序，随以斜线"/"填写有关情报。若某个数据项无内容，则该数据项省略。表 7-15 为补充情报内容。

表 7-15　补充情报内容

数据项	填入的内容
E/	后随 4 位数字，表示以小时及分计算的续航能力
P/	当有关空中交通服务单位要求填写本项时，用 1～3 位数字表示机上总人数
R/	后随以下一个或多个字母，其间无空格。 U：有特高频 243.0MHz 频率； V：有甚高频 121.5MHz 频率； E：有紧急示位信标
S/	后随以下一个或多个字母，其间无空格。 P：有极地救生设备； D：有沙漠救生设备； M：有海上救生设备； J：有丛林救生设备

（续表）

数据项	填入的内容
J/	后随以下一个或多个字母，其间无空格。 L：救生衣配备灯光； F：救生衣配备荧光素； U：救生衣配备无线电特高频电台，使用 243.0MHz 频率； V：救生衣配备无线电甚高频电台，使用 121.5MHz 频率
D/	后随以下一个或多个内容，其间用一个空格分开。 2 位数字表示救生艇的数目； 3 位数字表示所有救生艇可载总人数； C 表示救生艇有篷子； 用 1 个英文单词表救生艇的颜色（如 RED 表示红色）
A/	后随以下一个或多个明语内容，其间用一个空格分开。 航空器的颜色； 重要标志（包括航空器注册标志）
N/	后随以明语，以示所载任何其他救生设备以及其他有用附注
C/	后随以机长姓名

示例：-E0745 R/VE S/M J/L D/2 8 C YELLOW。

（14）编组 20——搜寻和援救告警情报。

其格式为：

−[　　]（空格）[　　]（空格）[　　]…[　　]

本编组具有下述 8 个数据项规定，数据项之间用空格分开。如果没有得到有关的情报应以
"NIL"（无）或 "NOT KNOWN"（未知）表示，不应随便省略。表 7-16 为搜寻和援救告警
情报内容。

表 7-16　搜寻和救援告警情报内容

数据项	填入的内容
1	运营人代码：航空器运营人的 2 字代码，如果未被分配，则填入运营人的英文全称
2	最后联系的单位：用 6 个字母表示，前 4 个为地名代码，后 2 个为最后双向联系的 ATS 单位的 2 字代码，如果无法得知该 2 字代码，则填入该单位的其他名称代码
3	最后双向联系的时间：用 4 位数字表示
4	最后联系的频率：填入最后联系的发射或接收频率的数字
5	最后报告的位置：按本节中规定的格式填写，后随飞越该位置点的时间
6	确定最后所知位置的方法：按需要用明语叙述
7	报告单位采取的行动：按需要用明语叙述
8	其他有关情报

示例：-CA ZBAAZR 1022 128.3 BTO1020 PILOT REPORT OVER NDB ATS UNITS DECLARED FIR ALERTED NIL。

（15）编组 21——无线电失效情报。

其格式为：

$$-\left[\quad\right]\text{（空格）}\left[\quad\right]\text{（空格）}\left[\quad\right]\cdots\left[\quad\right]$$

本编组包括 6 个数据项，按下述规定的次序编排，各数据项间用空格分开。无法得到的情报应以"NIL"（无）或"NOT KNOWN"（未知）表示，不应随意省略。表 7-17 为无线电失效情报内容。

表 7-17 无线电失效情报内容

数据项	填入的内容
1	最后双向联系的时间：用 4 位数字表示
2	最后联系的频率：表示航空器最后双向联系时的发射或接收频率
3	最后报告的位置：按本节中的规定填写
4	航空器最后位置报告的时间：用 4 位数字表示
5	航空器剩余通信能力：必要时用明语叙述
6	任何必要的附注：必要时用明语叙述

示例：-1235 121.3 CLA 1229 TRANSMITING ONLY 126.7 LAST POSITION CONFIRMED BY RADAR。

（16）编组 22——修订。

其格式为：

$$-\left[\text{A}\right]/\left[\text{B}\right]$$

数据项 A——编组代码。用 1~2 位数字表示需修改的编组类别号。

数据项 B——修改的数据。按数据项 A 中所示编组的规定填写修改的数据。

如有必要，本编组可以重复使用。

示例 1：-8/IN；

示例 2：-14/BTO/0145S1020；

示例 3：-8/IS-14/ENO/0148F2。

五、空中交通服务电报的格式及拍发

空中交通服务电报的格式及拍发如表 7-18 所示。以下关于电报构成编组图示中的"→"符号仅指示组成各种报文的编组构成次序，该"→"符号在实际报文填写中不出现。

表7-18 空中交通服务电报的格式及拍发

编号	电报类型	等级	格式	拍发单位	接收单位	拍发时间	示例
1	FPL	FF	（编组 3→编组 7→编组 8→编组 9→编组 10→编组 13→编组 15→编组 16→编组 18） 注意：在编辑电报时，编组 9、编组 13、编组 15、编组 16 以及编组 18 应另起一行	受理飞行计划单位或者被指定的单位	①沿航路、航线负责提供空中交通服务的管制单位；②目的地机场的报告室；③飞行计划所涉及的备降机场的管制单位；④上述单位所属的地区空管运行管理中心；⑤民航局空管局运行管理中心；⑥涉及航空器二次放行时，提供空中交通服务的相关管制单位；⑦其他被指定的管制单位	EOBT 2 小时前拍发，国内航空器执行国内飞行任务时，不得早于预计撤轮挡时间前 24 小时拍发；航空器执行其他任务时，不得早于预计撤轮挡时间前 120 小时拍发。有效时限：在最新预计撤轮挡时间之后 4 小时内未拍发 CHG 或者 DLA，则该 FPL 失效	(FPL-CSN341-IS -B752/M-SHDG/C -ZPPP0235 -K0882S1020 KMG A599 POU R473 SIERA/ N0420F190 SIER2A -VHHH0200 ZGOW -EET/ZGZU0029 VHHK0131 REG/B2838 SEL/EMGQ RMK/ACASII EQUIPPED） 说明：CSN341 航班颁航计划报、仪表飞行正班、机型为 B757-200、中型机、机上载有标准的通信导航进近助航设备且工作正常、甚高频无线电话、测距仪、全球卫星定位系统、C 模式应答机。起飞机场为昆明长水国际机场，预计撤轮挡时间为 02：35，第一段航路的巡航速度为 882Km/h，请求的第一个飞行高度层为 10 200m，经 KMG 加入 A599 航路，经平洲加入 R473 航路，过 SIERA 后保持速度 420km，飞行高度层为 19 000ft，目的地为香港国际机场，预计飞行总时间为 2 小时，备降机场为汕头小*外机场。预计到达广州飞行情报区边界需用 29min，到香港飞行情报区边界需用 91min，航空器注册号为 B2838，选择呼号代码为 EMGQ，机上载有 ACAS II 防撞设备

（续表）

编号	电报类型	等级	格式	拍发单位	接收单位	拍发时间	示例
2	CHG	FF	（编组3→编组7→编组13→编组16→编组18→编组22）	同FPL的发报单位	同FPL的收报单位，以及受变更影响的相关单位	在最新EOBT 30min前，并在FPL有效时限内发出	（CHG-CSC8815-ZUUU-ZBSJ-15/K0800S1020 JTG G212 TYN 215 VYK-16/ZBAA0200 ZBTJ）说明：CSC8815 成都至石家庄航班的领航计划更正报，更正编组15 为巡航速度800km/h，飞行高度层10 200m，飞行航路从JTG经G212到TYN经B215到VYK，编组16 目的地机场为北京首都国际机场，备降机场天津滨海国际机场
3	CNL	FF	（编组3→编组7→编组13→编组16→编组18）	同FPL的发报单位	同FPL的收报单位	当确知该FPL需要取消后及时发出	（CNL-CCA1301-ZBAA-ZGGG）说明：取消已发出的CCA1301 领航计划报
4	DEP	FF	（编组3→编组7→编组13→编组16→编组18）	航空器起飞机场的管制单位	①同FPL的收报单位；②起飞报告室相关管制单位	航空器起飞后立即发出	（DEP-OMA4001/A2201-ZZZZ0151-ZZZZ-DEP/NAYUAN DEST/TAIPINGSI）说明：OMA4001 起飞报，应答机编码为A2201，01：51 从北京南苑机场起飞，目的地机场为成都太平寺机场
5	ARR	GG	（编组3→编组7→编组13→编组16→编组17）编组16在备降或返航时使用	落地机场的管制单位	①起飞和备降机场的报告室；②沿航路、航线及备降机场涉及的地区空管局运行管理中心；③民航局空管局运行管理中心；④返航，备降时，加发原目的地机场的报告室及其所属地区空管局运行管理中心；⑤其他被指定的管制单位	不迟于航空器落地后5min内发出	（ARR-CCA1002-ZBAA-ZZZZ0718TAIPIN GSI）说明：CCA1002 航班落地报，起飞机场北京首都机场，于07：18 在成都太平寺机场降落

（续表）

编号	电报类型	等级	格式	拍发单位	接收单位	拍发时间	示例
6	DLA	FF	（编组3→编组7→编组13→编组16→编组18）	同FPL的发报单位	同FPL的收报单位	当确知航空器将要或者已EOBT推迟30min以上时立即发出	（DLA-CCA4101-ZUUU1630-ZBAA）说明：CCA4101航班延误到16：30从成都双流国际机场起飞，目的地是北京首都国际机场
7	CPL	FF	（编组3→编组7→编组9→编组10→编组13→编组14→编组16→编组15→编组16→编组18）注意：在编辑电报时，编组9、编组13、编组15、编组16、编组18应另起一行；编组18应填入完整信息	航空器申请变更飞行计划时提供空中交通服务的管制单位或者指定单位	①沿原航路、航线尚未飞经负责提供空中交通服务的管制单位；②原起飞机场、目的地机场的报告单位；③沿改航后航路、航线负责提供空中交通服务的管制单位；④改航后目的地机场及备降机场；⑤上班单位的报告单位；⑥民航局空管局运行管理中心；⑦其他属从所属的地区空管局运行管理中心教指定的管制单位	当已确认该航路等数据器飞行将发生变化时将立即发出	（CPL-MPH995/A3031-IS -B742/H-SDHI/S -VTBD0309-GS0612S0810 -K0900S0810 GS R343 VMB -ZSPD0400 -RMK/ALTN ZSPD DUE ZSNJ RUNWAY MAINTENICE）说明：MPH995航班飞行现行飞行变更报，应答机编码A3031，仪表飞行，正班，机型B747-200重型机，机上载有标准的通信、导航、进近助航设备日工作正常，测距仪、高频无线电台、惯性导航设备和S模式应答机。原航线由曼谷至南京禄口国际机场，因南京浦东国际机场跑道维护备降上海浦东国际机场，在曼谷的实际起飞时间是03：09，预计经过GS的时间是06：12，高度为8 100m，航路从GS经R343到VMB，巡航速度为900km/h，巡航高度层为8 100m，预计飞行时间为4h

（续表）

编号	电报类型	等级	格式	拍发单位	接收单位	拍发时间	示例
8	EST	FF	（编组3→编组7→编组13→编组14→编组16）	①国际和地区同飞行，进入后的首个和飞出前的最后一个提供ATS的管制单位；②将把航空器移交给下一个管制区的管制单位	①航空器进，出我国情报区时，收报单位为发报单位所属地区空管局运行管理中心和民航局空管运行管理中心；②将为航空器提供空中交通服务的管制单位	①航空器进，出我国情报区时，首个或者最后一个提供空中交通服务的管制单位应当于航空器预计飞越管制区移交点进入我国或者离开我国国情报区域前10min发出；②我国各管制区间移交时，根据各管制区间的协议或者不晚于航空器预计飞越管制区移交点前10min发出	（EST-CCA1301/A6001-ZBAA-WXI/1520S1080-ZGGG）说明：CCA1301 航班的应答机编码为A6001，从北京首都国际机场起飞，预计飞越WXI的时间为15:20，高度10 800m，目的地为广州白云国际机场
9	CDN	FF	（编组3→编组7→编组13→编组16→编组22）	同CPL，EST或CDN的接收单位	同CPL，EST或者CDN的发报单位	当管制接收单位在收到CPL，EST或者CDN后，对其中有关数据有疑义，希望与发报方进行管制协调时立即发出	（CDN-CCA1301/A3031-ZBAA-ZGGG-14/WXI/1700S0960）说明：CCA1301航班应答机编码为A3031，北京首都机场至广州白云机场，要求于17:00飞越WXI，高度为9 600m

（续表）

编号	电报类型	等级	格式	拍发单位	接收单位	拍发时间	示例
10	ACP	FF	（编组3→编组7→编组13→编组16）	认同最后一次CDN的收报单位	最后一次CDN的发报单位	根据收到的CDN，在同意调移交方协调内容后立即发出	（ACP-CCA1301/A3031-ZBAA-ZGGG）说明：同意接收上次关于CCA1301，应答机编码为A3031的航班的有关协调内容
11	LAM	FF	（编组3）	收发双方签有通信协议的管制单位	收发双方签有通信协议的管制单位	系统根据航空通信协议自动发出	（LAMP/M178M/P100）说明：联系双方都装备了飞行数据处理系统，单位M收到了单位P所发的178号电报，并由飞行数据处理系统对报文进行了处理，此电报为M发给P的100号电报
12	RQP	FF	（编组3→编组7→编组13→编组16→编组18）	请求得到飞行计划的管制单位	可以提供飞行计划的有关单位	需要得到航空器飞行计划时立即发出	（RQP-CCA1501-ZBAA-ZSSS）说明：请求得到CCA1501，北京首都国际机场至上海虹桥国际机场的有关飞行数据（FPL或CPL）
13	RQS	FF	（编组3→编组7→编组13→编组16→编组18）	请求得到航空器领航计划报中补充信息的管制单位	可以提供航空器领航计划报补充信息的有关单位	根据需要立即拍发	（RQS-CES5841/A2206-ZPPP-ZUUU）说明：请求得到CES5841，A2206，昆明长水国际机场至成都双流国际机场的领航计划补充信息

（续表）

编号	电报类型	等级	格式	拍发单位	接收单位	拍发时间	示例
14	SPL	FF	（编组 3→编组 7→编组 13→编组 16→编组 18→编组 19）	可以提供航空器领航计划报补充信息的相关单位	提出申请的空中交通服务单位	收到 RQS 后立即拍发	（SPL-CSN3484 -ZUUU0800 -ZGGG0145 ZGSZ -REG/B2826 RMK/CHARTER -E/0640 P/9 R/V J/L A/BLUE C/LIZHONG） 说明：CSN3484 航班起飞机场为成都双流国际机场，预计撤轮挡时间为 08：00，目的地为广州白云国际机场，预计经过总时间为 1h45min，备降机场为深圳宝安国际机场。航空器注册号为 B2826。包机，续航能力为 6h40min，机上有 9 人。机上携带紧急示位标装置，频率为 121.5MHz，备有灯光救生衣，颜色为蓝色，机长姓名为李忠

空中交通管理基础

（续表）

编号	电报类型	等级	格式	拍发单位	接收单位	拍发时间	示例
15	ALR	SS	（编组3→编组5→编组7→编组8→编组9→编组10→编组13→编组15→编组16→编组18→编组19→编组20） 注意：在编辑电报时，编组7、编组9、编组13、编组15、编组16、编组18、编组19、编组20应另起一行	航空器出现紧急情况时，提供空中交通服务的管制单位，或者指定的单位	根据有关协议确定的相关单位	在判明紧急情况时立即发出	（ALR-INCERFA/ZBAAZRZX/OVERDUE -B8012-IM-YUN5/L-S -ZBTJ0300-N0180S0090 B9 J1 TAJ-ZBAA0500 -EET/TAJ0005 VYK0015 REG/B8012 OPR/ PLAY RMK/NO POSITION REPORT SINCE DEP PLUS 2 MINUTES -E/0400 P/5 R/UV C/ ZHANGSHAN -PLAY ZBTJZT 0259 134.2 ISSUED DEP CLR TIANJIN TOWER ALER- TEDNEL） 说明：告警！B8012飞机起飞2min后中断联系，现宣布该航空器处在"不明阶段"。航空器识别标志为B8012，非正班、军用、仪表飞行，机型是运-5轻型飞机，机上装备有标准的航路通信、导航、进近设备。该航空器计划于03：00从北京首都国际机场起飞，预计飞行50min后到达天津滨海国际机场，速度为180km，高度为900m，航路为B9、J1、TAJ。起飞后预达TAJ用时5min、VYK需15min。该航空器是中国空军运输机，注册号为B8012，从天津滨海机场起飞后2min未进行通信联系，从天津滨海机场起飞后4h，机上有5人，装备有轻便无线电通信设备，能在121.5MHz和243MHz频率上工作，机长是张山，天津滨海国际机场塔台于02：59在134.2MHz频率向其发布起飞许可后，再无联系，天津滨海国际机场塔台因此发布此告警，其他情报不知

（续表）

编号	电报类型	等级	格式	拍发单位	接收单位	拍发时间	示例
16	RCF	SS	（编组3→编组7→编组21） 注意：在编辑电报时，编组21应另起一行	与无线电失效航空器进行最后一次双向联系的管制单位或者指定单位	能为无线电失效航空器提供帮助的或者与航空器有关的相关单位	在判明无线电失效时立即发出	（RCF-JAL781/A1243-0120 128.3 TAJ 0115 TRANSMITTING ONLY 134MHz LAST POSITION CONFIRMED BY RAD-AR）说明：JAL781航班于01：20在128.3MHz频率最后一次进行双向联系。最后一次位置报告是在TAJ导航台，时间是01：15，机上仅有频率为134.2MHz的发射机工作，无线电失效时的位置是通过雷达识别的

第四节　固定格式航务管理电报

为了适应我国民航业的高速发展、逐步与国际民航航务管理现代化接轨，我国各航空公司迫切需要实现航务管理现代化，特别是信息数据传递要改变原有的方式，为尽快解决航务管理电报的自动化处理，保证航务管理电报的有效传递，航空公司对经常拍发的部分固定格式航务管理电报（使用 SITA 格式的电报，又称"SITA 电报"）做了下面规定。

一、固定格式航务管理电报的分类

（1）动态电报。根据《中国民航国际通信手册》规定，动态电报又分为：起飞报、降落报、延误报、取消报。

（2）飞行预报。

（3）飞行放行电报。

二、固定格式航务管理电报的组成

固定格式航务管理电报由报头、缓急标志、收电地址和发电地址、签发时间、电文、发电人签名等主要内容组成。其电报格式与 AFTN 电报格式一样。

1. 报头

（1）电报开始符号为：ZCZC。

（2）电路识别代号。由三个字母组成，它紧跟在 ZCZC 之后，第一个字母表示发方，第二个字母表示收方，第三个字母表示电路编号。

（3）流水号。紧跟在电路识别代号之后，由三位数字组成，电报流水号从 001 开始到 999 顺序编发和循环，并于每日零时起从 001 开始。

（4）值班人员代号。为便于始发人存查，可在拍发时间前加一个由三位数字组成的发报人代号。

（5）拍发时间。由四位数组成。

例如，ZCZCBPA008 301 0429，表示报头为 ZCZC，B 电台使用 A 电路发往 P 电台的电报，流水号为 008，值班员为 301，发报时间为 04：29。

2. 缓急标志

（1）QS 表示第一等级，遇险报。

（2）QU 表示第四等级，急报。

（3）Q*表示第五等级，快报，其中*可以是除 S、U、D 以外的其他任何字母。

（4）QD 表示第六等级，平报。

注意：在 SITA 电报中，第二、第三等级（特急报、加急报）不使用。

3. 收电地址和发电地址

SITA 电报的收电地址和发电地址各由 7 个字母组成，前 3 个字母为三字地名代码，第 4、5 个字母为部门代码，最后 2 个字母为公司二字代码，如 BJSUOCA。

SITA 电报的收电地址每行最多发 8 家，最多为 4 行，即每份最多可发 32 家地址。

4. 签发时间

签发时间由日、时、分 6 位数组成。

5. 电文

电文允许使用 26 个英文字母、0～9 十个数字、斜线、小数点等。电文总长度不得超过 2 000 个字符（含间隔）。

6. 发电人签名

授权的发电人签字，但电台不发出。

三、固定格式航务管理电报的结构及数据

1. 结构

固定格式航务管理电报报文的开始，应使用电报类别的标志，如"MVT"表示动态电报，它构成航务管理电报动态报文的开始，其他类别的电报应使用规定的代码作为电报的标志，如"PLN"表示飞行预报，它构成航务管理电报飞行预报报文的开始。

固定格式航务管理电报中所包含的信息数据由多行构成，每一行又包含若干项目，每个项目间应使用一空格符号分隔，航务管理电报的类别标志为电报报文的第一行。

固定格式航务管理电报报文除第一行外，其他各行应包含多项信息数据，当每一项中包含两组字符时，应使用"/"分隔。

固定格式航务管理电报的每一行，都应有固定的信息数据，每一行编发完成前，不得插入与此无关的项目。

固定格式航务管理电报如需补充说明其他内容，应在补充信息代码"SI"之后编写，凡"SI"代码之后所编写的内容均为补充信息资料，补充信息资料可分为若干行编写。

2. 数据规定

（1）日期：使用 2 位数字与英文月份的三字代码连写表示。例如，8 月 2 日应编为"02AUG"。

（2）时间：使用协调世界时（UTC），4 位数，24 小时制，前 2 位为时，后 2 位为分。

（3）航空器注册号：在中国民航局注册的航空器，在其注册号前应加注我国航空器无线电识别标志大写字母"B"，并在注册号中取消其中的短线"-"，如 B-2448 号飞机应编为 B2448，若没有航空器注册号的飞机，可使用"ZZZZ"表示，其具体说明可编写在补充信息资料中，外国注册的航空器按有关国家规定的注册号填写。

四、固定格式航务管理电报的说明

1. 动态电报

（1）起飞报。

第一行：（电报类别标志）动态报标志。

第二行：（航班信息）航班号/日期、航空器注册号、起飞机场。

第三行：（动态信息）起飞代码，撤轮挡时间/离地时间。

第四行：（动态信息）预计降落代码、预计降落时间、降落机场。

第五行：（补充信息）补充信息代码、补充信息资料。

示例：MVT

      CA1501/01AUG B2443   PEK

      AD   0050/0102

      EA   0232   SHA

      SI：。

① 起飞报中各项必须按此规定分行编写，每一项的位置不得任意更改；字符应严格按以上规定数目填写，不得任意增减。

② 航班号一项的填写不得超过 7 个字符，其前 2 位为航空公司二字代码。

③ 起飞机场的预达机场，若无三字地名代码，均编写为"ZZZ"，然后在补充信息中说明，说明时可使用《空军 42 号规定》，也可用汉语拼音表示，其表达方式如下：

AD/，后接起飞机场地名代号或拼音名称；

AA/，后接降落机场地名代号或拼音名称。

④ 补充信息资料是用于补充说明前面各项中未能明确的内容的，其数字代码和字母代码可参照使用《中国民航国际航空通信手册》中所提供的代码，若还不能充分说明，也可使用英文明语说明。

（2）降落报。

第一行：（电报类别标志）动态报标志。

第二行：（航班信息）航班号/日期、航空器注册号、降落机场。

第三行：（动态信息）降落代码、降落时间/轮挡时间。

第四行：（补充信息）补充信息代码、补充信息资料。

示例：MVT

      CA1502/01AUG B2443   PEK

      AA   0510/0515

      SI：。

① 降落报的注意事项和说明，除返航、备降落地信息外，均与起飞报相同。

② 补充信息资料。

有关返航备降的信息资料，均在补充信息资料中编写，当飞机返航、备降落地时，除编发返航、备降落地时间外，应尽量将返航、备降原因在补充信息资料中编写清楚，其编写方式如下：

SI：RTN/，后接返航原因；

ALT/，后接备降原因。

其他补充信息资料的编写方式均与起飞报相同。

（3）延误报。

第一行：（电报类别标志）动态报标志。

第二行：（航班信息）航班号/日期、航空器注册号、起飞机场。

第三行：（动态信息）起飞代码、撤轮挡时间/离地时间；

（预计起飞代码、预计起飞时间）；

（长期延误代码、下次通告时间）。

第四行：（延误信息）延误代码、延误代码原因/延误时间；

（延误代码、延误原因）；

（延误代码、延误原因）。

第五行：（补充信息）补充信息代码、补充信息资料。

示例：

起飞延误报：

MVT

CA1501/04AUG B2446 PEK

AD 0110/0115

DL GL/20

SI：。

延误报：

MVT

CA1301/05AUG B2464 PEK

ED0910

DL WX

SI：。

长期延误报：

MVT

CA1301/10AUG B2443 PEK

NI1200

DL TD（TROPICAL DEPRESSION）

SI：。

以上是延误报的三种固定格式，在使用中可根据以下三种情况选择一种使用。其具体说明如下：

① 延误时间在 30min 以内的航班，应拍发起飞延误报，起飞延误报可以和起飞报合并拍发，但必须在起飞延误报的第三行和第四行之间，增加一行预达信息。

② 当延误时间超过 30min 以上，有明确的延误原因和清楚的预计起飞时间时，应编发延误报。

③ 当无法明确航班延误后的预计起飞时间时，应拍发长期延误报。编发此报时，应在下次信息通告代码"NI"后编发下一次通告时间。

其他信息资料的编发和说明均与起飞、降落报相同。

（4）取消报。

第一行：（电报类别标志）动态报标志。

第二行：（取消信息）取消代码、航班号/日期、航空器注册号。

第三行：（补充信息）补充信息代码、补充信息资料。

示例：

MVT

CNL　CA1521/11AUG　B2555

SI: DUE TO NO PAX。

取消报为取消航班任务的电报，它表示航班因特殊原因无法执行，原因可在补充信息中说明。

其他说明与前面的电报相同。

2．飞行预报

（1）正班飞行预报。

第一行：（电报类别标志）飞行预报标志。

第二行：（航班预报信息）日期、航班号、航空器注册号、机号、机长天气标准、机组人数（预计起飞时间）。

第三行（补充信息）补充信息代码、补充信息资料。

示例：

PLN

28AUG　CA1501/2　B2458　ILS　1/1（16）0100

SI:　。

① 以上是正班飞行预报的固定格式。

② 该电报在预报信息一行中，一般只需拍发日期、航班号、机号、天气标准、机组人数等五项。如果有需要，也可将航班在第一起飞站的航班预计起飞时间一项编写在机组人数之后。

③ 编写电报时，会出现多个航班预报信息同时编写在一份电报中的情况，因此，在出现编排两个以上航班预报时，应在每个航班信息前加编一项排列序号（使用阿拉伯数字）。

（2）非正班飞行预报。

第一行：（电报类别标志）计划报标志。

第二行：（航班预报信息）日期、任务性质、航班号、航空器注册号、天气标准、机组人数、第一起飞站/预计起飞时间、第二起飞站/预计起飞时间……

第三行：（补充信息）补充信息代码、补充信息资料。

示例：

PLN

28AUG C/B　CA1591　　B2532　ILS　1/1（90）

PEK/0010　CZX/0215

SI: AWY/PEK　CZX　SHA。

① 以上是非正班飞行预报的固定格式。

② 该电报在预报信息一行中必须编写非正班飞行任务性质一项，国内非正班飞行应使用民航局规定的任务性质简写。

③ 航空公司航班号的编写不得超过 7 个字符，且只能编写单程航班的航班号。不得同时编写回程航班号。

④ 若同一航班号有多个起飞站时，在预报信息一行，最多只能编写三个起飞站和预计起飞时间。若起飞站超过三个，或有三个以上的，应换行编写。（若有多个非正班需同时编写在一份电报中时，应将有三个以上起飞站的航班飞行预报排除在外，单独编写拍发）。

⑤ 其他信息内容的编写方式与正班飞行预报相同。

3. 飞行放行电报

第一行：（电报类别标志）飞行放行电报标志。

第二行：日期、预计飞行时间、航班号、航空器型别、航空器注册号。

第三行：飞行航线（正班可不填）、起飞机场、目的地机场、备降机场、起飞油量。

示例：

CLR

05AUG　0130　CA1501　B747　B2448

PEK　SHA　HGH　20T。

第五节　无线电陆空通话

飞机在空中的通话既要确保及时接通，又要保证通话双方都能准确理解对方所要表达的意思。飞机的飞行速度很快，飞行员与管制员之间彼此听不懂对方说的话或者听错了都会酿成飞行事故。

国际民用航空组织把英语规定为世界民航的工作语言。各国的国际航线都必须使用英语通话。英语中的许多词汇是一词多义的，为了防止误会，国际民用航空组织专门对在空管中使用的英语词汇及常用语句的含义做了具体规定，以避免引起混乱，尤其是对数字、字母、近声词等易混淆的发声都单独做了规定。例如，把大部分字母和数字的读法从单音节改为多音节，例如，字母 I 的发音改为 India，J 的发音改为 Juliet，R 的发音改为 Romeo 等。

近年来，为了防止由于语言问题而引发飞行事故，国际民用航空组织提出了语言能力要求，要求各缔约国需确保飞行国际航班的机组成员、管制人员达到国际民用航空组织语言级别表的第四级或以上标准。

一、一般通话程序

1. 通话结构

首次联系时应采用通话结构：对方呼号+己方呼号+通话内容。

首次通话以后的各次通话，空中交通管制员可采用通话结构：对方呼号+通话内容；飞行员可采用通话结构：对方呼号+己方呼号+通话内容。

空中交通管制员在肯定航空器驾驶员复诵的内容时，可仅呼对方呼号，当空中交通管制员认为有必要时，可做出具体肯定。

2. 通话技巧

（1）先想后说，发话以前先想好说话内容；

（2）先听后说，应避免干扰他人通话；

（3）通话速率保持适中，在发送需记录或重要信息时降低速率；

（4）通话时发音应清楚、明白，保持通话音量平稳，使用正常语调；

（5）在通话中的数字前应稍做停顿，重读数字以较慢的语速发出，以便于理解；

（6）避免使用"啊""哦"等犹豫不决的词；

（7）熟练掌握送话器的使用技巧，为保证通话内容的完整性，应在开始通话前就按下发送开关，待发话完毕后再将其松开。

二、数字和字母的读法

1. 数字的读法

数字的读法涉及云高、风速风向、高度等多个因素。单个数字的标准读法如表 7-19 所示。

表 7-19　单个数字的标准读法

阿拉伯数字	中文读法	英文读法
0	洞	ZE-RO
1	幺	WUN
2	两	TOO
3	三	TREE
4	四	FOW-ER
5	五	FIFE
6	六	SIX
7	拐	SEV-EN
8	八	AIT
9	九	NIN-ER
10	幺洞	WUNZE-RO
.	点	DAY-SEE-MAL，POINT
100	百	HUN-DRED
1000	千	TOU-SAND

米制高度及高度层的标准读法如表 7-20 所示

表 7-20　米制高度及高度层的标准读法

高度及高度层	无线电通话读法	高度及高度层	无线电通话读法
600	六百	7 200	拐两、七千二
900	九百	7 500	拐五、七千五
1 200	幺两、一千二、幺两洞洞	7 800	拐八、七千八
1 500	幺五、一千五、幺五洞洞	8 100	八幺、八千一
1 800	幺八、一千八、幺八洞洞	8 400	八千四

（续表）

高度及高度层	无线电通话读法	高度及高度层	无线电通话读法
2 100	两幺、两千一、两幺洞洞	8 900	八千九
2 400	两四、两千四、两四洞洞	9 200	九两、九千二
2 700	两拐、两拐洞洞	9 500	九千五
3 000	三千	9 800	九千八
3 300	三千三	10 100	幺洞幺
3 600	三千六	10 400	幺洞四
3 900	三千九	10 700	幺洞拐
4 200	四两、四千二	11 000	幺幺洞
4 500	四千五	11 300	幺幺三
4 800	四千八	11 600	幺幺六
5 100	五幺、五千一	11 900	幺幺九
5 400	五千四	12 200	幺两两
5 700	五拐、五千七	12 500	幺两五
6 000	六千	13 100	幺三幺
6 300	六千三	13 700	幺三拐
6 600	六千六	14 300	幺四三
6 900	六千九	14 900	幺四九

2. 字母读法

国际民用航空组织规定的字母发音在无线电通话中会频繁地使用。陆空通话中的字母的标准读法如表 7-21 所示。

表 7-21　字母的标准发音

字母	词组	发音
A	Alpha	AL FAH
B	Bravo	BRAHVOH
C	Charlie	CHAR LEE or SHAR LEE
D	Delta	DELL TAH
E	Echo	ECK OH
F	Foxtrot	FOKS TROT
G	Golf	GOLF
H	Hotel	HOH TELL
I	India	IN DEE AH
J	Juliett	JEW LEE ETT

（续表）

字母	词组	发音
K	Kilo	<u>KEY</u> LOH
L	Lima	<u>LEE</u> MAH
M	Mike	MIKE
N	November	NO <u>VEM</u> BER
O	Oscar	<u>OSS</u> CAH
P	Papa	PAH <u>PAH</u>
Q	Quebec	KEH <u>BECK</u>
R	Romeo	<u>ROW</u> ME OH
S	Sierra	SEE <u>AIR</u> RAH
T	Tango	<u>TANG</u> GO
U	Uniform	<u>YOU</u> NEE FORM or <u>OO</u> NEE FORM
V	Victor	<u>VIK</u> TAH
W	Whiskey	<u>WISS</u> KEY
X	X-ray	<u>ECKS</u> RAY
Y	Yankee	<u>YANG</u> KEY
Z	Zulu	<u>ZOO</u> LOO

注：下划线的部分应重读。

3. 特殊字母的读法

在不影响准确接收和理解电文的情况下，为提高通信速度，可直接按国际音标拼读而无须使用上述规定的字母拼读法拼读字母或字母组，如 NDB、ILS、QNH 等。

机场识别代码（Airport Identifiers）的读法为按英文字母逐一读出，如表 7-22 所示。

表 7-22　机场识别代码的读法

机场识别代码	英语读法	汉语读法
RJTT	ROMEO JULIET TANGO TANGO	东京羽田国际机场
ZBAA	ZULU BRAVO ALFAH ALFAH	北京首都国际机场

甚高频全向信标台（VOR）和无方向性无线信标台（NDB）的读法为：在中文中，VOR 台和 NDB 台按照航图中的地名读出；英文读法按照台识别代码字母发音读出。当 VOR 和 NDB 导航台名称相同、不建在一起且距离较远时，应在台名后加 VOR 或 NDB（例如，怀柔 VOR 和怀柔 NDB）。VOR 的读法参见表 7-23。

表 7-23　VOR 的读法

VOR	英语读法	汉语读法
SIA	SEE AIR RAH IN DEE AH AL FAH VOR	西安 VOR
VYK	VICTAH YANKEE KILO VOR	大王庄 VOR
VM	VIKTAH MIKE VOR	石各庄 VOR
SX	SEE AIR RAH ECKS RAY VOR	南浔 VOR

航路点的读法（见表 7-24）为：如果航路点是 5 个英文字母，则中英文的读法相同，按照一个单词的英语发音读出，如航路点是 P 和数字组成的，则汉语按照 P+数字读出，英语按照字母和数字的发音读出。

表 7-24　航路点的读法

航路点	汉语读法	英语读法
BUBDA	按音标读出	按音标读出
ANDIN	按音标读出	按音标读出
P23	P 两三	PAPA TOO TREE

航路的读法（见表 7-25）为：航路由航路代码和编码组成，分别按照数字和字母的发音读出，航路代码前有 U、K、S 时，U 读 UPPER，K 读 KOPTER，S 读 SUPERSONIC，其分别表示英文单词 upper、helicopter、supersonic。标准进离场航线按导航台名称+有效代号+航路代号+进场或离场读出；英语按照字母和数字的发音，后加 arrival、departure 读出。

表 7-25　航路的读法

航路、进离场航线	汉语读法	英语读法
G595	G595/GOLF 五九五	GOLF FIFE NINER FIFE
J325	J325/JEW LEE ETT 三两五	JEW LEE ETT TREE TOO FIFE
VYK-01A	大王庄洞幺号进场	VIK TAH YANG KEY KEY LOH ZERO WUN ARRIVAL
NHW-2D	南汇两号离场	NO VEM BER HOH TELL WISS KEY TOO DEPARTURE

4. 呼号

（1）管制单位的呼号。

管制单位的呼号由管制单位所在地的名字和后缀组成，后缀表明提供何种服务或单位类型。表 7-26 为管制单位无线电呼号。

表 7-26　管制单位无线电呼号

管制单位或服务	后缀汉语简呼	后缀英语简呼
区域管制中心（Area Control Centre）	区域	CONTROL
进近管制（Approach Control）	进近	APPROACH
进场雷达管制（Approach Control Radar Arrival）	进场	ARRIVAL
离场雷达管制（Approach Control Radar Departure）	离场	DEPARTURE

（续表）

管制单位或服务	后缀汉语简呼	后缀英语简呼
机场管制 （Aerodrome Control）	塔台	TOWER
地面活动管制 （Surface Movement Control）	地面	GROUND
放行许可发布 （Clearance Delivery）	放行	DELIVERY
飞行情报服务 （Flight Information Service）	情报	INFORMATION
机坪管制/管理服务 （Apron Control/Management Service）	机坪	APRON
公司签派 （Company Dispatch）	签派	DISPATCH

（2）航空器的呼号。

航空器的呼号由经营者无线电呼号加航班号组成。每个航空公司都有自己对应的无线电呼号，各航空公司的中英文呼号见附录Ⅰ。

5. 无线电检查程序

（1）无线电检查程序应当采用下列形式：

① 对方电台的呼号；

② 本方电台的呼号；

③ "RADIO CHECK"（无线电检查）；

④ 使用频率。

（2）无线电检查回答时应按照下列形式：

① 对方电台的呼号；

② 本方电台的呼号；

③ 发射信号的质量。

（3）发射信号的质量按照下列标准划分（见表 7-27）。

表 7-27　通话信号质量划分标准

通话质量	中文描述	英文描述
不清楚	不清楚或 1 个	one
可断续听到	可断续听到或 2 个	two
能听清但很困难	能听清但很困难或 3 个	three
清楚	清楚或 4 个	four
非常清楚	非常清楚或 5 个	five

6．陆空通话举例

（1）起飞许可。

飞行员：Beijing Tower, CCA1213, ready for take-off.（北京塔台，国航幺两幺三，准备好起飞。）

管制员：CCA1213, BeiJing Tower, line up and wait.（国航幺两幺三，北京塔台，进跑道等待。）

管制员：CCA1213, cleared for take-off. Wind 220，14 knots，runway 23.（国航幺两幺三，可以起飞。地面风两两洞，幺四节，跑道两三。）

（2）进近许可。

飞行员：Tianjin approach, CSN1306, frequence 124.4.（天津进近，南方幺三洞六，频率幺两四点四。）

管制员：CSN1306, Tianjin approach, readability 5.（南方幺三幺洞六，天津进近，信号5个）

飞行员：CSN1306, over VYK30, 2 100m, descending to 1 200m, estimating PI40.（南方幺三洞六，飞越大王庄三洞分，高度两幺，正下降至幺两，预计PI40分。）

管制员：CSN1306, number 3 to land, expect approach at 56，runway 16，visibility 600m，ceiling 7 octas，1 500m, QNH1006, report level 900m, PI outbound.（南方幺三洞六，你第三个落地，预计进近时间五六分，跑道幺六，能见度六百米，一千五百米云量八分之七，QNH 幺洞洞六，到达九百米并飞越PI导航台时报告。）

第六节 管制员–飞行员数据链通信

一、 管制员–飞行员数据链通信的概念

数据链通信系统的全称为管制员–飞行员数据链通信（Controller Pilot Data Link Communications，CPDLC）系统。自20世纪70年代以来，随着经济、文化全球化进程的不断加快，民用航空业已经成为20世纪以来发展最迅速、对人类社会影响最大的科学技术产业之一。民用航空业的飞速发展不仅对空中交通管制的实时性与高效性提出了越来越高的要求，也使现行的无线电话音管制通信方式显现出使用频率拥挤、抗环境干扰能力差等种种弊端，因此，管制员–飞行员数据链通信（CPDLC）应运而生。CPDLC 使用地空双向数据链为管制员和飞行员提供数据通信，它可以提供包括标准的放行、期望放行、申请和报告等在内的全部管制指令。更重要的是，CPDLC 有效地克服了很多话音通信中存在的问题和缺陷。研究和掌握 CPDLC 技术，对我国进一步建设新航行系统以及航空电信网都有着非凡的意义。

二、管制员–飞行员数据链通信的原理

随着国际卫星通信技术的发展，CPDLC 作为管制员与飞行员之间的一种通过使用数据链方式进行空中交通管制对话的通信手段，已被各国航空公司和航行管制系统广泛使用。CPDLC 是管制员和飞行员之间利用数据替代话音的空中交通管制通信手段。CPDLC 的应用为空中交通服务设施提供了数据链通信服务，包括标注格式的放行、期望放行、申请、报告和有关空中交通管制信息，也可以是自由电文。CPDLC 可以弥补话音通信的信息拥挤、误解、听错、信号失真、信号破坏等问题，以文本形式为飞行员显示当前的管制信息。

我们通常将机载的 CPDLC 系统简称为 "ATCComm"，它泛指飞机上安装的用于与地面之间进行地空双向数据链通信所需的包括软件系统在内的所有组件和单元。每当飞机接收到一份 CPDLC 数据信息，ATCComm 首先将数据块解码，并对报文的紧急程度、飞行员告警需求以及飞行员回应需求做出判断。其次，ATCComm 依据上述判断开始处理飞行员告警、报文显示和回复等，它同样具有将飞行员报文进行编码并发送给地面管制单位的能力。与机载的 ATCComm 相对应，地面工作站或管制塔台就是 CPDLC 系统的地面对等实体，它必须具有编译、发送、接收和解析 CPDLC 报文的能力。与无自动相关监视等其他航空电信网应用不同，考虑到空中交通管制高安全性的要求，一架飞机在同一时间只能和一个地面管制单位进行 CPDLC 通信。ATCComm 与地面塔台等 CPDLC 应用实体通过航空电信网或飞机通信寻址与报告系统等地空数据网络系统来实现建立、管理和终止 CPDLC 连接的能力。CPDLC 是新航行系统中一项重要的基于 ATN 网络的终端应用。

三、管制员–飞行员数据链通信的设计

CPDLC 提供空中交通管制地空数据通信服务，包括飞行高度指示、飞行高速指示、偏离航路告警、航路改变、通信频率指示、飞行员各种请求和自由格式电文报告等。地面管制员工作站中的 CPDLC 通信包括 CPDLC 会话管理和报文交换处理等。会话管理包括管制中心与所辖区飞机之间 CPDLC 会话的连接建立，确保向飞行员发送的 CPDLC 报文的编辑、生成、收发控制和传输确认正确，确保管制员能正确接收飞行员发送的 CPDLC 报文并且能够正确地向飞行员发送应答。CPDLC 信息包括飞行员请求指令、管制员管制指令、飞行员应答信息和管制员应答信息等。管制员工作站 CPDLC 通信模板主要完成 CPDLC 信息的编辑、发送、接收和处理。

CPDLC 由飞行员发起，首先，飞行员发送机载登录报文，地面管制工作站收到机载登录报文后，获取飞机的基本信息，地面管制工作站向飞行员发送登录应答。其次，管制员主动建立 CPDLC 连接，等待飞行员应答信息，收到飞行员应答信息表明成功建立 CPDLC 通信交互链路，飞行员和管制员开始进行管制交互通信。管制交互通信包括飞行员的下行请求指令和管制员的上行管制指令，以及对上行指令和下行指令的应答。在飞机即将离开管制区域时，地面管制中心通过飞行员管制移交，联系下一个管制中心，当飞行员与下一个管制中心确认建立连接后，管制员发送断开 CPDLC 连接指令，飞行员确认断开连接后，完成对该飞机的管制。

四、管制员–飞行员数据链通信的地空双向数据链协议规范

CPDLC 作为一种空地双向数据链通信协议，最早由国际航空无线电技术委员会在 1993 年提出并规范。CPDLC 协议正式对数据链的建立、报文的传输以及处理做出了统一和规范。

1. 连接的管理

（1）连接的建立。

CPDLC 连接的建立通常由地面管制单位发起，由于安全需求的限制，某一飞行器同一时刻

只能与一个地面管制单位建立 CPDLC 连接，因此 ATCComm 系统会依据自身当前已建立的 CPDLC 连接数，对地面单位发来的"CONNECTION REQUEST"报文做出不同的回应。

（2）连接的终止。

通常情况下，CPDLC 连接的终止是由当前地面管制单位连续下降进近（Continuous Descent Approach，CDA）发起的，CDA 在发送"END SERVICE"报文之前，应该处理完全部挂起的上行报文，CDA 发送带有"END SERVICE"报文元素的报文，ATCComm 在接收到该报文之后，根据通信情况采取相应的行动来断开连接。当特殊情况发生时，机载 CPDLC 系统也可以主动终止与地面系统之间的连接，ATCComm 向所有的连接发送"DISCONNECT REQUEST"报，报文内容表明该连接是被强制终止的。

2. 管制员-飞行员数据链通信的报文规范

CPDLC 采用 ISO/IEC 8825-2 规定的非对齐分组编译规则来对 ISO ASN.1 的报文结构和内容进行编译。这种非对齐面向位的编译方式组成的报文具有非常高的效率。CPDLC 通过规定报文属性来区分如何对多种报文元素进行操作，每一种报文元素都有优先级、告警、回复等属性。每一种报文元素的属性决定其对应的上行、下行应答报文的内容格式。CPDLC 报文包含报头和报体两部分，报头包含报文标识号（Message Identification Number，MIN）、报文参考号（Message Reference Number，MRN）以及时间步进三部分。报头之后紧跟报文主体，报文主体由一个或多个报文元素组成。

3. 管制员-飞行员数据链通信的管制移交

与现代话音通信管制相同，CPDLC 管制同样具有管制移交功能的需求。与话音管制移交方式不同的是，由于在 CPDLC 数据链通信系统中，空地之间的连接是由地面管制单位发起的，而且同一时间只能有一个地面管制单位同飞机之间建立正常的 CPDLC 连接，这就决定了 CPDLC 的管制移交是一个非常复杂的过程。

五、管制员-飞行员数据链通信的应用

（1）CPDLC 是在 VHF 语音通信范围外，ATC 与装备 FANS-I/A 的飞机的主要通信方式。语音通信则作为备用的通信方式。管制员通过 CPDLC，仍然会负责搜索和援救以及通信报警。

（2）尽量使用标准固定格式信息表，少使用自由文本格式。自由文本格式仅仅在固定格式表不能表达时使用，或作为固定格式的补充。

（3）为保证正确的同步信息，若管制员与飞行员的对话是通过语音开始的，必须以语音结束；无论在哪里，若管制员与飞行员的对话是通过 CPDLC 开始的，必须以 CPDLC 结束。

（4）为避免含义模糊，CPDLC 下联信息一次不应申请多于一个许可。

（5）如果下联信息包括许多申请，并且管制员不能应允所有申请，上联信息"UNABLE"（不可以）将回应整个信息。管制员将会分别发出信息回应这些申请。

（6）如果在个别信息中有任何含糊成分，必须通过语音澄清。

（7）由于包含在 CPDLC 对话中固有的完整性检查和先前相应信息代码查询，通过 CPDLC 发出的许可仅在相应的 CPDLC 回应，不像通过语音传递的许可那样需要反复。

（8）下联回应"WILCO"表示飞行员接受所有上联信息内容，包括任何许可或指令。

（9）给对方发出"STANDBY"信息，说明申请正在被评估并且短时耽搁，预计少于 10 分钟将会有回应发出，原有的请求仍然没有解决。

（10）给对方发出"REQUEST DEFERRED"信息，说明申请正在被评估，并且有长时间耽搁，预计多于 10 分钟会有回应发出，原有的请求仍然没有解决。

复习思考题

1. 国际通信网络的两种电路及其适用范围是什么？

2. 翻译以下电报：

（FPL-CSN3389-IS

-B73B/M-SDE1E2E3FGHIRW/L

-ZHCC0825

-K0812S0810 KAMDA W129 OBLIK/K0824S0840 A461 LIG R473 BEMAG V5 ATAGA

-ZGGG0140 ZGHA ZSAM

-PBN/A1B1C1D1L1O1S2 NAV/ABAS DOF/190625 REG/B2697 EET/ZGZU0046SEL/ASLP CODE/7BB0BF OPR/CSN PER/C RMK/ACASII）

3. 无线电陆空通话数字和字母的发音是怎样的？

第八章

飞行情报服务和告警服务

章前提要

　　飞行情报服务是指提供规定区域内航行安全、正常和效率所必需的航行资料和数据的服务，告警服务是指向有关组织发出需要搜寻援救航空器和协助该组织而提供的服务。飞行情报服务和告警服务是空中交通服务的重要方面，是航空器有序流动、安全运行的保障。通过对本章的学习，学生应掌握航站自动情报服务的一般规定；了解告警服务的内容及职责；掌握搜寻援救的信号规定；了解紧急情况的等级划分范围及措施；理解气象情报服务的发布要求。

第一节　飞行情报服务

　　飞行情报服务的任务是向飞行中的航空器提供有助于安全和有效地实施飞行的建议和情报。飞行情报服务不改变航空器驾驶员的责任。飞行情报服务由民航局指定的管制单位提供，并按照规定程序予以公布。

　　管制单位应当向接受其空中交通管制的航空器提供飞行情报服务。管制单位可以向了解情况的但未接受其空中交通管制的航空器提供飞行情报服务。管制单位同时提供飞行情报服务和进行空中交通管制时，空中交通管制应优先于飞行情报服务。

　　为目视飞行规则的飞行提供飞行情报服务时，还应当包括航路上可能导致其不能继续按目视飞行规则飞行的交通情况和气象条件。

　　飞行情报服务应当提供下列各项情报：

　　（1）重要气象情报和航空气象情报；

　　（2）关于火山爆发前活动、火山爆发和火山灰云的情报；

　　（3）关于向大气释放放射性物质和有毒化学品的情报；

　　（4）关于无线电导航设备可用性变化的情报；

　　（5）关于机场及有关设施变动的情报，包括机场活动区受雪、冰或者深度积水影响等情况的情报；

（6）关于无人自由气球的情报；

（7）起飞、到达和备降机场的天气预报和天气实况；

（8）与在进近管制区、机场塔台管制区中运行的航空器可能发生的相撞危险；

（9）对水域上空的飞行，并经驾驶员要求，尽可能提供任何有用的情报，例如，该区内水面船只的无线电呼号、位置、真航迹、速度等；

（10）其他任何可能影响安全的情报。

为航空器提供飞行情报服务的责任通常在其飞越共同飞行情报区或者管制区边界时移交。在航空器进入下一飞行情报区或者管制区并与有关管制单位建立双向通信联络之前，当前管制单位应当尽可能继续为其提供飞行情报服务。

一、气象情报服务

气象情报服务是航行情报服务的重要组成部分。其中，气象情报服务主要有日常航空天气报告、特选天气报告、重要天气情报、机场危险天气警告等几种。气象情报一般通过航站自动情报通播（Automatic Terminal Information System，ATIS）和对空天气广播（Meteorological Information for Aircraft in Flight，一般简称"VOLMET"）等方式播出，有些时效性不强的机场情报则通过航行通告（Notice to Airmen，一般简称"NOTAM"）的形式发布。

1. 气象情报的发布要求

（1）日常航空天气报告。

日常航空天气报告是一种固定格式的常规航空天气报告，报告内容主要是机场视程范围内的天气实况。管制员在适当时机主动向所有起落的航空器发布（在没有 ATIS 或 VOLMET 的情况下），或根据机长的要求发布。日常航空天气报告的格式应按顺序含以下内容：报头、机场名称、时间、风向风速、能见度、跑道视程、重要天气现象、云量、云高、云状、温度、露点、修正海平面气压、其他情报。

（2）特选天气报。

特选天气报是一个特选的固定格式气象报告，其内容是有关机场视程范围内的天气的变化情况，特选天气报的发布对象是所有距起飞机场、目的机场和备降机场 1h 航程内的航空器。特选天气报的格式与日常航空天气报告的格式相同。

反映天气变坏的特选天气报应在观测到后立即发布，而反映天气变好的特选天气报应在变化内容稳定 10min 后发布。当一种天气要素转坏而伴有另一种要素转好时，必须发布一份单独的特选报告，这份报告必须作为一份转坏的报告来对待。

（3）航站天气预报。

航站天气预报的有效时限为 9～24h，发布对象是所有距起飞机场和备降机场 1h 航程内的航空器。航站天气预报应按顺序包含以下内容：报头、机场、有效时间、地面风向、风速、能见度、天气现象、云量、云状、云高、结冰状况、颠簸、天气要素变化情况。

（4）重要天气情报。

重要天气情报是用明语编发的，该报反映在航路上出现或预计出现的影响航空器安全运行的天气现象、这些天气现象包括雷雨、强飑线、冰雹、严重颠簸、严重结冰、大范围沙暴和尘暴。在遇到上述各种情况或由某种途径收到上述情报时，如果这种重要天气可能会影响航空器及其前方 2 000km 航程内的飞行，管制员应尽快向航空器通报。重要天气情报的格式应按顺序包含以下内容：机场、报头、情报编号、有效时间、天气现象、范围、地点、移动方向、发展趋势、其他。

（5）机场危险天气警告。

机场危险天气警告是对机场上要出现的或预计出现的危险天气现象的警告。管制员接到警告后立即向所有在该机场起降及在距离机场 1h 航程以内的航空器发出警告。

发布机场危险天气警告应遵循以下标准：

① 地面风的平均风速大于 13m/s；

② 阵风风速超过 20m/s；

③ 水平能见度低于 800m；

④ 有龙卷风、飑线、雷雨及冰雹；

⑤ 4 个以上的低云云高低于 170m。

机场危险天气警告的格式与重要天气情报的格式基本类似。

2. 播发气象情报注意事项

管制员在向航空器或其他管制单位通报气象情报时，应通报气象部门提供的情报（气象部门利用气象仪器观察到的情报，如果由管制单位设置的多通道指示器能够直接读出，则为气象部门提供的情报），但通报由塔台设置的风向仪所观测的风速风向值、机场塔台观察到的一般气象情报（指"吹雪从北逼近""南方云高正在降低"等不包含数值的气象情报）、航空器报告的气象情报和利用雷达观察到的气象情报时除外。

当管制员认为气象部门报来的气象情报内容与机场管制单位观察到的气象实况有差异时，应将此通知气象部门，但管制员判断急需向航空器提出建议时，可以将机场管制单位观察到的气象实况通知航空器。机场管制塔台通知其自己观测到的气象情报时，应加上下列用语："塔台观察/TOWER OBSERVATION"。

当管制员接到航空器报告颠簸、结冰、雷雨活动等恶劣气象情报时，应将此内容通报给该空域内飞行的其他航空器和气象部门，但如果在 ATIS 中已包括该项情报，而航空器也已收到 ATIS 时，可以省略，不再通知。管制员向飞行中的航空器通报从航空器上报来的气象情报时，应加上下列用语："驾驶员报告/PILOT REPORTS"。管制员向气象部门通报从航空器上报来的气象情报时，应一并通报航空器机型、位置、观察时间及飞行高度。当管制员接到危险天气报告后，如果在本区内的航空器将受到该天气影响时，应在除紧急频率外的所有频率上通播一次重要气象情报，其内容包括气象情报编号及简明的情报内容。

3. 跑道视程值的通知

在没有跑道视程（Runway Visual Range，RVR）多通道显示器的管制单位，应在规定的时间按 RVR 值的有关规定通知航空器 RVR 值。然而，如果在 ATIS 情报中已包括该 RVR 值而航空器也报告收到 ATIS 时，则可以省略。

通知时间为：

（1）航空器离场时，在给航空器发布地面滑行许可时通知；

（2）航空器进场时，此时RVR值仅发给准许按照仪表进近程序做进近的航空器，而且该仪表进近程序的最低天气标准使用RVR值。

① 最初建立通信联系时或其后尽早的时间。

② 发布或转发进近许可时或者雷达进近开始后尽早的时间。

（3）在发布或转发着陆许可时（盘旋进近着陆时除外），但如果已通知的数值没有发生变化时，可以省略。

（4）RVR值与已通知的数值有变化时，应在尽可能实施的范围内通知机组。

接地段RVR值在1 600m以下时，通知进场航空器接地段RVR值； 中间段和滑离段RVR值不到800m时，通知离场航空器；对进场航空器，不到800m并且小于接地段RVR值时才通知。

4. 各管制单位对航空器气象服务的提供及应用

向管制中的航空器发布气象情报，提供必要的气象服务，是空中交通服务部门的职责之一，因此，各空中交通服务单位都应及时、准确地向驾驶员提供必要的气象情报服务。当所辖区域内的天气情况较为复杂乃至存在危及飞行安全的灾害性天气时，各空中交通服务部门就根据当时的情况，拟定合理的指挥方案，向驾驶员提供正确、可行的建议，做到该复飞的复飞、该备降的备降、该返航的返航、该绕飞等待的绕飞等待，确保不发生因天气原因而导致的飞行事故及事故征候。

（1）空中交通服务报告室。

起飞机场的空中交通服务报告室应在航空器预计起飞前1h听取气象预报员讲解天气，取得本场天气预报和天气实况。当本场天气低于机长或航空器起飞最低天气标准，或者航线上和本场上空存在该航空器无法绕越的危险天气时，应禁止放行航空器。

起飞机场的空中交通服务报告室作为代理签派，接到着陆机场天气实况低于机长最低天气标准，而天气预报在航空器预计到达时高于机长最低天气标准，或着陆机场天气实况高于机长最低天气标准，而天气预报在航空器到达时低于机长最低天气标准，只要有天气稳定可靠的备降机场并携带足够的备用燃油，可放行航空器。

着陆机场、备降机场的空中交通服务报告室，应掌握本场天气预报、实况及演变情况。

如果发现本场天气有变坏的趋势，并有可能低于机长的最低天气标准时，应及时向有关的机长及起飞机场提供有可能发生变化的情况，使有关航空器机长及空中交通服务部门有充分的准备。

当空中交通服务报告室接到气象预报员通知，称本场上空有危及飞行安全的危险性或灾害性天气存在时，管制员应及时了解天气活动对本场飞行的影响程度及时间，根据当时的飞行动态，判断对本场飞行可能造成的影响，了解有关备降机场的天气和其他保障能力，报告值班领导，做好航空器返航和备降的各项保障准备工作，并及时将此情况通报给有关协议单位。

（2）进近、塔台及地面管制单位。

地面管制的值班管制员应在航空器预计起飞或者着陆前1h，了解天气情况。在无ATIS的机场，飞行员会在起飞前询问当时的机场数据或起飞条件。起飞条件通常包括：起飞跑道、风向风速、场压/修正海压、温度、露点、能见度或RVR等。

如果飞行员在起飞前没有询问起飞条件，地面管制员应在驾驶员请求起飞和滑行时，将上述起飞条件——通知飞行员。

塔台管制室值班管制员应在航空器预计起飞或着陆前 1h，了解天气情况。管制员在发布起飞或着陆许可的同时，向航空器飞行员通知地面风向及风速。

管制员在向航空器飞行员通报地面风向、风速时，如果塔台所装设的是指示几个地点的风向、风速值的多通道指示器，原则上通知靠近升空区（接地区）的风向、风速值。

进近管制室应在航空器预计起飞和预计进入进近管制空域前 1h，了解天气情况，取得最近的天气实况。进近管制室或机场管制塔台与进场航空器建立最初的无线电通信后，应迅速通知航空器包括有关气象情报在内的关于进近的许可情报或指示。在该关于进近的许可情报或指示中应包含下列气象情报：风向、风速值；如气象报告的云高低于目视进近最低下降高度中的最高值时，或气象报告的能见度小于目视进近最低气象条件的飞行能见度中的最高值时，通知云高及能见度；高度表拨正值。

当本场天气低于最低着陆标准时，各管制单位应及早通知在所辖区域内飞行的航空器，使机长能及时做出返航、备降或继续进近的决定，管制员根据机长的决定，应指示其进行等待或发给其飞往备降机场或返航的管制许可，并调整进近的顺序，制订相应的管制方案，向机长提供有关的飞行情报服务。在正常情况下，当降落机场天气标准低于着陆最低标准时，机长应及时做出返航或备降的决定，严禁机长在此情况下超天气标准着陆，但在航空器油量不足、严重机械故障或天气原因无法飞往任何机场的情况下，机长可以做出在低于着陆气象条件的机场着陆的决定。在这种情况下，管制员应采取必要的措施，全力予以机长协助，并做好应急处置的各项准备工作，全力提供保证航空器安全着陆的条件。

（3）区域管制室。

区域管制室应在航空器预计起飞前（在本管制区内）和预计进入管制区域边界前 1h30min 听取天气讲解，研究航线、备降机场及降落机场的天气实况和预报。

当航空器在本区域内某一机场降落时，在适当时或飞行员请求时，向航空器提供该降落机场的天气实况，使飞行员及早对降落机场的天气情况有所了解，并做出相应的着陆方案。当区域管制员接到航空器飞行员报告不能沿预定航线继续飞行或在机场着陆时，应向飞行员提供包括备降机场、飞往备降机场的航路的天气情况在内的飞行情报服务，以及飞行员要求并且能提供的资料。之后，管制员根据飞行员的决定给予相应的管制许可，并将此飞行动态以备降报（返航报）或有线电话的形式通知沿途各管制室、备降机场的有关空中交通服务部门及其他有关的管制室。

二、航站自动情报服务

在有必要降低空中交通服务甚高频陆空通信波道通信负荷的机场，应提供航站自动情报服务通播。这样可以使管制员更有效地利用有限的通信波道实施对所辖空域内所有航空器的管制，不至于因通播冗长的常规性气象要素报告而使管制陷于被动。航站自动情报服务的建立，对于空中流量大、交通比较繁忙的机场显得尤为重要。

1. 一般规定

（1）频率。

在一般情况下，航站自动情报服务通播应在一个单独的甚高频频率上进行，如果无法达到此项要求，可以在一个最恰当的航站导航设备（最好是一个甚高频全向信标台）的频率上进行播发。航站自动情报服务通播不得在仪表着路系统话波上进行。

（2）要求。

① 通播的情报应仅限于一个机场；

② 通播应有持续性和重复性；

③ 通播情报应随重大变化的出现而立即更新；

④ 空中交通服务部门负责准备和发布航站自动情报服务电文；

⑤ 在电文不是由负责向航空器提供进场、着陆和起飞服务的空中交通服务部门准备的情况下，现行通播所包括的情报应立即通知该服务部门；

⑥ 航站自动情报应按拼读字母的形式予以识别，连续性航站自动情报服务电文的代码应按字母表的顺序依次排列；

⑦ 航空器应在与提供进近和机场管制的单位建立起始联络时，确认已收到的通播；

⑧ 在回答上述⑦的电文时，空中交通服务单位应向航空器提供现行的高度表拨正值，进场航空器则可根据有关空中交通服务当局规定的时间提供。

（3）注意事项。

① 在因天气要素急剧变化而使得航站自动情报无法将天气报告包括在内时，航站自动情报服务电文应表明有关天气情报，将在第一次与空中交通服务单位联络时，由该单位提供。

② 如果有关航空器已确认收到有效的航站自动情报服务通播中包含的情报，那么除高度表拨正值以外，其他各项不必被包括在向航空器直接发送的通话内容之中。

③ 如果航空器确认收到的航站自动情报服务通播已经过时，那么应当立即把情报中需要更新的项目发送给航空器。

（4）通播时间。

① 航站自动情报服务通播应在机场开放期间每 30min 播发 1 次；

② 播发时间应定在正点以后 10min 和 30min 进行，每次播发根据内容长短，持续 30~60s，其后的通播在下个 1h 开始新的循环前，进行重复和持续播发。

2. 航站自动情报服务通播的内容与格式

（1）进离场航空器通播。

进离场航空器的航站自动情报服务通播，既包括进场又包括离场的航站自动情报服务通播电文，应包括下列各项情报，并且按所列顺序播发：

① 机场名称，为该机场的全称。例如，"北京首都国际机场"（Beijng Capital International Airport）。

② 代码，按英文字母表顺序进行更替，并在其前加上"情报通播"（ATIS information）。如"情报通播 A"（ATIS information A）。

③ 观测时间（如有必要），共有 4 位数字，前 2 位为时，后 2 位为分，代表协调世界时。例如，"0130"（zero one three zero hours）。

④ 预期进近类别，根据正在采用的进近方式，提供进近方式及使用跑道。不同的进近方式取决于不同的进近设备，进近方式有 ILS 进近、VOR/DME 进近、NDB 进近、目视进近等。例如，"预期 36 号跑道 ILS 进近"（expect ILS approach runway-in-use three six）。

⑤ 使用跑道。

⑥ 重要的跑道道面情况（必要时），以及刹车效应，根据实际情况发布。例如，"跑道道面是湿的，刹车效应中等"（runway wet，braking action is medium）。

⑦ 延迟等待（如有可能）。

⑧ 过渡高度层（如有可能），如果机场细则中规定了该机场的过渡高度及过渡高层，在ATIS中提供该机场的过渡高度层。例如，"过渡高度层 3 600 m"（transition level 3 600 meters）。

⑨ 其他必要的运行情报，例如，"36 号跑道入口附近正在施工，P 号滑行道关闭"（work in progress near beginning of R/W 36，taxiway P closed）。

⑩ 地面风向、风速，包括重要变化。

⑪ 能见度，跑道视程（可能时）。

⑫ 天气实况，提供机场区域范围内现在的天气现象。例如，"大雨"（heavy rain）、"轻雾"（mist）等。

⑬ 低于 1 500m 或扇区最低高度中的最大值的云，两者中择其较大者；积雨云；如果天气情况不明，提供垂直能见度，用云量和云高来描述云，云量用"少云"（broken）、"多云"（scattered）、"阴天"（overcast）来表示，其后跟云高。例如，"少云 300 m，多云 900 m，阴天（满天云）1 200 m"（broken 300 meters，scattered 900 meters，overcast 1 200 meters）。

⑭ 大气温度。

⑮ 露点。

⑯ 高度表拨正值。

⑰ 有关进近、起飞和爬升出航区域内的重要天气情报；主要通报在该区域内存在的，可能影响或危及飞行安全的危险性天气，如结冰、颠簸、冰雹、雷雨、沙暴、尘暴等天气。

⑱ 趋势型着陆预报（提供时）。

⑲ 航站自动情报服务的特殊指令，主要是提醒航空器飞行员在与管制员进行首次联络时，通知已收到 ATIS 通播。例如，"在首次与管制员联系时，通知你已收到 A 通播"（on initial contact，advise you have information alpha）。

（2）进场航空器通播。

进场航空器的航站自动情报服务通播与进离场航空器的航站自动情报服务通播类似，但电文仅包含进场情报。

（3）离场航空器通播。

离场航空器的航站自动情报服务通播与进离场航空器的航站自动情报服务通播类似，但电文仅包含离场情报。

第二节　告警服务

告警服务由民航局指定的管制单位提供，并按照规定程序予以公布。管制单位应当向下列航空器提供告警服务：

（1）已接受其空中交通管制的航空器；

（2）如果可行，已申报飞行计划或者其了解情况的其他航空器；

（3）对非管制飞行的航空器也应尽力提供这种服务，以便遇到紧急情况的航空器能够得到及时搜寻和援救。

（4）已知或者相信受到非法干扰的航空器。

关于搜寻援救工作，国际民航公约附件 12 制定了国际标准和建议措施，规定飞行遇到严重威胁航空器和航空器上人员生命安全的情况时，机长应当立即发出规定的遇险信号（报用"SOS"，话用"MAYDAY"），同时打开识别器的遇险信号开关。装有应答机的航空器，应将其位置设定为"A7700"。情况许可时，还应当用搜寻援救频率 121.5MHz 或 243MHz 报告航空器位置、遇险性质和所需要的援救。海上飞行时，可以用 500kHz 或 2 181kHz。

中华人民共和国领域内以及中华人民共和国缔结或参加的国际条约规定由中华人民共和国承担搜寻援救工作的公海区域内，为中华人民共和国民用航空搜寻援救区，该区域内划分若干地区民用航空搜寻援救区，具体地区划分范围由民航局公布。使用航空器执行搜寻援救任务，以民用航空力量为主，民用航空搜寻援救力量不足的，由军队派出航空器给予支援。

搜寻援救民用航空器按照下列规定分工：

（1）中国民航局负责统一指导全国范围的搜寻援救民用航空器的工作；

（2）省、自治区、直辖市人民政府负责本行政区域内陆地搜寻援救民用航空器的工作，民用航空地区管理局予以协助；

（3）国家海上搜寻援救组织负责海上搜寻援救民用航空器的工作，有关部门予以配合。

中国民航局搜寻援救协调中心和地区管理局搜寻援救协调中心承担陆上搜寻援救民用航空器的协调工作。

为了对遇到紧急情况的民用航空器能够及时提供告警服务，各级空中交通管制单位必做好预先准备工作：

（1）备有和熟悉本地区搜寻援救民用航空器的方案；

（2）了解和熟悉担任搜寻援救的单位、可以提供的服务和方法；

（3）对于出现不同紧急情况的告警预案和必要的资料准备；

（4）地区管理局空中交通管制部门的调度室还应当与本地区有关省、自治区或者直辖市的海上搜寻援救组织建立直接的通信联络。

搜寻援救民用航空器的通信联络，应当符合下列规定：

（1）民用航空空中交通管制单位和担任搜寻援救任务的航空器，应当配备 121.5MHz 航空紧急频率的通信设备，并逐步配备 243MHz 航空紧急频率的通信设备；

（2）担任海上搜寻援救任务的航空器，应当配备 2 182kHz 海上遇险频率的通信设备；

（3）担任搜寻援救任务的部分航空器，应当配备能够向遇险民用航空器所发出的航空器紧急示位信标归航设备，以及在 156.8MHz（调频）上同搜寻援救船舶联络的通信设备。

第三节　搜寻与援救

根据航空器紧急程度、遇险性质，可将紧急情况分为情况不明、告警、遇险三个阶段。当收到报告或者信号时，管制员应当迅速判明航空器紧急程度、遇险性质，立即按照情况不明、告警、遇险三个阶段的程序提供服务。

一、情况不明阶段

1. 情况不明阶段的范围

（1）30min 未能与航空器建立或者保持正常的通信联络。

（2）航空器在预计到达时间以后 30min 内仍未到达。

（3）符合以上条件，但管制单位能够确认航空器及其机上人员安全的除外。

2. 管制员应采取的措施

（1）立即报告值班领导并与有关管制单位联系。

（2）按照航空器失去通信联络的程序继续进行工作。

（3）采取相应的搜寻措施，设法同该航空器沟通联络。

二、告警阶段

1. 告警阶段的范围

（1）在不明阶段之后，对航空器进行通信搜寻服务 30min 后仍无消息。

（2）已经取得着陆许可的航空器，在预计着陆时间后 5min 尚未着陆，也未再取得通信联络。

（3）收到的情报表明，航空器的运行能力已受到损害，但尚未达到可迫降的程度。

（4）航空器发出紧急信号。

2. 管制员应采取的措施

（1）通知援救协调单位做好准备，并报告值班领导。

（2）开放通信、导航、监视设备进行通信搜寻服务。

（3）通知有关管制单位，开放通信、导航、监视设备进行搜寻。

（4）调配空中有关航空器避让，通知紧急状态的航空器改用紧急波段，或者通知其他航空器，暂时减少通话或者改用备用频率。

（5）当处于紧急状态的航空器尚无迫降危险时，根据航空器的情况，及时提供有利于飞行安全的指示，协助航空器驾驶员处理险情。

（6）保留通话录音和记录，直至不再需要时为止。

三、遇险阶段

1. 遇险阶段的范围

（1）在告警阶段之后，进一步试图和该航空器联络而未成功，或者通过广泛的查询 1h 后仍无消息，表明该航空器已有遇险的可能性。

（2）认为机上燃油已经用完，或者油量不足以使该航空器飞抵安全地点。

（3）收到的情报表明，航空器的运行能力已受到损害，可能需要迫降。

（4）航空器发出遇险信号。

2. 管制员应采取的措施

（1）立即报告值班领导，通知有关报告室及其他管制单位，并按照《中华人民共和国搜寻援救民用航空器规定》通知有关援救协调单位。

（2）将遇险航空器的推测位置、活动范围或航空器迫降地点通知援救协调单位。

（3）如果航空器在场外迫降，在航空器接地前，应当与航空器通信联络，在接地后，如有可能应当查清迫降情况和所在地点。

（4）根据情况，可指示在遇险地点附近飞行的航空器进行空中观察，或者根据主管领导的指示在搜救中心的统一部署和领导下，派遣航空器前往遇险地点观察和援救。

（5）保留通话录音和记录，直至不再需要时为止。

四、遇险及紧急电文

1. 定义

（1）遇险：飞机遭受到严重或急迫的危险，立即需要帮助的状况。

DISTRESS：A CONDITION OF BEING THREATENED BY SERIOUS AND/OR IMMINENT DANGER AND OF REQUIRING IMMINENT ASSISTANCE.

（2）紧急：看到或涉及飞机安全或别的车辆安全或在飞机上（车上）人员安全的状况，不需要立即帮助。

URGENCY：A CONDITION CONCERNING THE SAFETY OF AN AIRCRAFT OR OTHER VEHICLE，OR OF SOME PERSON ON BOARD OR WITHIN SIGHT，BUT WHICH DOES NOT REQUIRE IMMEDIATE ASSISTANCE.

2. 通话

（1）遇险或紧急通信的第 1 次通信时，以 MAYDAY 开始表示遇险信号，以 PANPAN 开始表示紧急信号，遇险或紧急信号讲 3 次。

（2）遇险或紧急呼叫通常在所使用的频率上完成。遇险呼叫通信应在这个频率上保持连续，除非认为转换到另外的频率上能提供更好的帮助。尽管 121.5MHz 是指定的国际航空紧急频率，但是并不是所有航空电台都只在这个频率保持连续守听，如果认为需要或想要转换频率，那么频率转换不能妨碍别的通信频率。

（3）在遇险或紧急通信业务中，在其后的任何通信开始时，允许使用遇险和紧急信号（MAYDAY/PANPAN）。

（4）给遇险或紧急状况的航空器的通话，发送单位应当将电报的次数、长度和内容限制到情况所需要的最低限度。

（5）遇险或紧急通信时，空中交通管制员应使用镇定、清楚、明确、自信的语气，并且每次只问一条信息，语速应比正常速度慢，避免不必要的重复。

（6）空中交通管制员有权强令该区域内的所有移动服务电台或干扰遇险通信的任何电台保持静默。必须根据情况将这些指令发给所有电台，或发给某一电台。无论哪一种情况，必须使用：

STOP TRANSMITTING+无线电遇险信号（MAYDAY）。

示例：CCA103 STOP TRANSMITTING，MAYDAY.

ALL STATIONS, STOP TRANSMITTING, MAYDAY.

（7）遇险信号比所有通信具有优先权，紧急信号比遇险信号以外所有通信具有优先权。了解这些情况的电台不得在有关频率上发送，除非出现以下情况：遇险已经解除或已经终止；所有遇险通信已被转移到其他频率；得到空中交通管制员的许可；它本身需要援助。

（8）当空中交通管制员得知遇险结束，应在遇险业务所使用的各个频率上，通知各电台以下内容：发电电台、现在时间、遇险状态解除（DISTRESS TRAFFIC ENDED）。

示例：ALL STATIONS, BEIJING TOWER 0935 HOURS. CCA103 DISTRESS TRAFFIC ENDED, OUT.

（9）根据 1949 年《日内瓦公约》和附加协议的受保护运输，为表明航空器是用于救护运输的，应发送无线电紧急信号 PANPAN 三次，后面随以救护运输信号（MAY-DEE-CAL），电报需包括以下各项内容：

① 呼号或表明救护运输的其他认可的标志办法；

② 救护运输的位置；

③ 救护运输的数量及类型；

④ 预飞航路；

⑤ 预计航路时间及起飞降落时间；

⑥ 其他信息，如飞行高度、所守听的无线电频率、所使用的语言以及二次雷达的模式和编码。

（10）遇险和紧急情况的电报需在当时所用的频率上发送，尽可能地按顺序包括下列各项内容：

① 收电电台的名称；

② 航空器识别标志；

③ 紧急情况的性质；

④ 航空器驾驶员的意图；

⑤ 现在的位置、高度、航向；

⑥ 其他有用的情报。

五、搜寻援救的信号

1. 航空器与船舶之间使用的信号

（1）航空器依次做下列动作，表示希望引导一艘船舶去援救遇险的航空器或者船舶：

① 环绕船舶飞行至少一周；

② 在低空紧靠船舶前方横穿其航向，并且摇摆机翼，或者按照最大、最小推拉油门手柄，螺旋桨飞机还可以推拉螺旋桨变距杆，以便进一步引起该船舶的注意；

③ 向引导该船舶驶往的航向飞行。

重复上述动作，表达的意义相同。

（2）航空器做下列动作，表示取消已经发出的引导船舶执行援救任务的信号：在低空紧靠船舶尾部横穿其尾流，并且摇摆机翼，或者按照最大、最小推拉油门手柄，螺旋桨飞机还可以推拉螺旋桨变距杆，以便进一步引起该船舶注意。

（3）船舶可以用下列方法，确认收到航空器发生的信号：

① 悬挂信号旗（红白竖条）并升至顶（表示明白）；

② 用信号灯发出一系列摩尔斯电码"T"的闪光；

③ 改变航向跟随该航空器。

（4）船舶可以用下列方法，表示不能执行收到的航空器发出的信号：

① 悬挂国际信号旗"N"（交错的蓝白方格）；

② 用信号灯发出一系列摩尔斯电码"N"的闪光。

2. 遇险待救人员、搜寻援救工作组与航空器之间使用的信号

（1）遇险待救人员使用的地对空信号（见表8-1）。

表 8-1　遇险待救人员使用的地对空信号

序号	意义	信号
1	需要援助	√
2	需要医药援助	×
3	不是	NN
4	是	Y
5	向此方向前进	→

（2）搜寻援救工作组使用的地对空信号（见表8-2）。

表 8-2　搜寻援救工作组使用的地对空信号

序号	意义	信号
1	工作已经完成	∟∟∟
2	我们已经找到全部人员	∟∟
3	我们只找到几个人员	+ +
4	我们不能继续工作，正在返回	××
5	已经分成2组，各组按箭头方向前进	⇗
6	收到消息说航空器在此方向	→→
7	无所发现，将继续搜寻	NN

上述两表中信号的长度应当在 2.5 m 以上，同时应当使其与背景有一定颜色的反差，尽可能醒目。信号可以使用任何材料制作，如布条、降落伞材料、木片、石块等，也可以用染料涂抹或者在适宜的地方（如雪地）加以践踏等，还可以在信号附近使用火光、烟幕、反光体等，以便引起航空器机组的注意。

（3）航空器使用的空对地信号。

① 航空器可以用下列方法表示明白地面信号。

昼间：摇摆机翼。

夜间：开关着陆灯 2 次，如果无着陆灯设备，则开关航行灯 2 次。

② 航空器没有上述①中的动作和信号，则表示未观察到或者不明白地面信号。

复习思考题

1. 什么是 ATIS？其内容包括哪些？
2. 搜寻与援救使用的频率是多少？
3. 搜寻与援救民用航空器的工作由谁来组织？
4. 什么是情况不明阶段？
5. 什么是告警阶段？
6. 什么是遇险阶段？

第九章

机场管制

章前提要

本章主要介绍机场管制的概念和范围、地面管制、起飞与着陆管制、机场起落航线飞行的管制等方面的内容。学生应了解机场管制的范围、管制方式、程序及职责；熟悉航空器滑行和牵引规定、地面管制移交；熟悉塔台管制及机场起落航线的程序及相关规定。

第一节　机场管制概述

一、机场管制的范围

1. 定义

机场管制是指对在机场机动区内运行的航空器以及在机场附近飞行且接受进近和区域管制以外的航空器进行的空中交通管制。

2. 范围

机场管制的范围一般是指机场管制地带，包括起落航线和最后进近定位点之后的航段以及第一个等待高度层（含）以下至地球表面的空间和机场机动区。在此类空域内飞行的航空器，可以按照仪表飞行规则飞行，并接受空中交通管制；对符合目视气象条件的，经航空器驾驶员申请，并经塔台管制室批准，也可以按照目视飞行规则飞行，并接受空中交通管制。

二、跑道的选择和使用

机场跑道、滑行道只供航空器起飞、降落和滑行使用。如有特殊情况需作他用或有车辆、人员通过，应当经塔台管制单位批准。塔台管制员选择使用跑道时，在考虑航空器性能和地面风向、风速的同时，还应当考虑跑道的长度、宽度、坡度、布局以及机场进离场程序、起落航线、净空条件、助航设备等。

1. 风对跑道选择的影响

（1）航空器通常应当逆风起飞和着陆，但是当跑道长度、坡度和净空条件允许，航空器也可以在顺风分量风速不大于 2.5m/s 时起飞和着陆；在着陆跑道接地带或者在起飞跑道离地端安装有风速仪，其着陆或者起飞顺风分量风速可以大于 2.5m/s，但不得大于 3.5m/s；管制员不得安排航空器在污染跑道或者湿跑道顺风起飞和着陆。

（2）当使用干跑道和洁净跑道时，侧风分量风速（包括阵风）不得大于 10m/s；使用湿跑道或者污染跑道时，侧风分量风速（包括阵风）不得大于 7.5m/s。如果航空器驾驶员根据飞行手册或航空公司运行手册请求，或者管制员询问能否在风速大于以上规定数值起飞和着陆，在空中交通情况允许的情况下，是否起飞或着陆，由航空器驾驶员根据机型性能自行决定，塔台管制员负责提供当时的风向、风速和要求的协助。

（3）当转换使用跑道方向过程中短时使用跑道顺风分量超过（1）中所规定的 2.5m/s 或者 3.5m/s 但不大于 5m/s 时，管制员应当通知航空器驾驶员。航空器驾驶员根据机型性能或者航空公司运行手册决定是否使用管制员安排的顺风跑道起飞或者着陆。塔台管制单位与进近管制单位，要针对转换使用跑道方向过程中短时使用跑道顺风分量超过 2.5m/s 或者 3.5m/s 但不大于 5m/s 的情况，分析航空器性能对顺风起降条件的适应性，研究顺风条件对管制运行的影响，征求机场和航空公司意见，制定本机场使用跑道转换工作程序，并发布相关航空情报系列资料。

2. 机场起飞、着陆地带的布局和设备规定

机场起飞、着陆地带的布局和设备应当符合下列规定：

（1）起飞线应当根据风向、风速进行布置。

（2）土跑道或者因跑道积雪从空中不易识别时，应当划出明显的标志或者用红旗标识。

（3）在起飞线指挥飞行时，起飞线塔台、停车场、人员休息地点，应当根据机场面积、跑道和滑行道的位置等情况确定，距跑道中心线不小于 150m，并不得侵犯障碍物限制面。

（4）直升机的起飞、着陆地带，应当根据具体情况划定，起飞、着陆地点面积的直径应当根据机型确定，其长宽均不得小于旋翼直径的两倍，各起飞、着陆地点的边界之间左右间隔应当大于旋翼直径的两倍，前后距离应当大于机身长度的四倍。

（5）直升机在野外着陆、起飞时，通常应当预先选定和布置野外起降场地，其场地应当选择净空条件好、地势平坦坚实且坡度较小的地带。

3. 全跑道的使用规定

（1）航空器起飞应当使用全跑道。

（2）如果机场、机型和气象条件另有明确规定或者航空器驾驶员申请，塔台管制员可以允许航空器不使用全跑道起飞。塔台管制员可以提出航空器使用部分跑道起飞建议，航空器驾驶员有权决定是否采用，并对该决定负责。如果航空器驾驶员认为管制员指定的使用跑道不适用于相关的飞行，可请求使用另一条跑道，如果情况允许，管制员应发出相应许可。

三、机场机动区内的目视管制信号

当机场机动区内有航空器运行时，塔台管制单位应当按照规定升起标志旗或者开放标志

灯。目视管制信号应当按照规定的含义被用于规定的用途，不得与其他信号混淆。航空器驾驶员、管制员观察到或者收到目视信号后，应当按信号表明的意义采取行动。

1. 航空器运行时的灯光管理规定

（1）夜间应当开放机场保障飞行所需要的灯光。

（2）无论昼间还是夜间，都应当开放进近坡度指示灯光。

（3）昼间机场能见度小于2km或航空器驾驶员有要求时，应当开放跑道和滑行道及起飞和着陆方向上保障飞行所需要的灯光。

如果机场助航灯光不是连续提供使用的，应当按照下列规定管理灯光：

（1）航空器预计起飞或着陆前1小时，做好开放灯光的准备。

（2）航空器预计起飞或着陆前20分钟开放灯光，或者按照塔台管制单位要求的时间开放灯光。

（3）航空器起飞后15分钟、着陆后10分钟关闭灯光，或者按照塔台管制单位的通知关闭灯光。

（4）在发生紧急情况需要开放灯光时，立即开放。

（5）发现灯光异常不能按规定要求开放灯光时，立即报告塔台管制单位。

2. 夜间或仪表飞行条件下的障碍灯开放规定

（1）管理障碍灯的单位，应当负责维护障碍灯，保证正常开放。如发生故障，应当立即报告塔台管制员，并采取措施。

（2）机场灯光管理单位，应当定期检查机场区域内障碍灯的工作情况。

（3）塔台管制单位发现障碍灯故障或者收到航空器驾驶员报告障碍灯异常时，应当及时通知机场灯光管理单位。

3. 航空器的灯光显示规定

当夜间、昼间能见度小于2km时或者必要时，在机场活动区内活动的一切航空器应当显示以下灯光：

（1）引起对该航空器注意的防撞灯。

（2）用以显示该航空器相对航径的航行灯。

（3）显示航空器结构外端的灯光。

（4）显示航空器发动机已经开车的灯光。

四、空中交通管制许可

管制员根据已知的空中交通情况，发布空中交通管制许可，允许航空器开始或者继续运行。航空器驾驶员不得以执行空中交通管制许可为由，违反相关规定。如果管制许可无法执行，航空器驾驶员应当及时向管制员提出。滑行许可、放行许可、起飞许可、着陆许可、航路的管制许可等均属于空中交通管制许可。

1. 空中交通管制许可的内容

空中交通管制针对放行、起飞、着陆等不同的管制许可有不同的具体内容，但一般情况下应明确以下内容：

（1）飞行计划中填写的航空器识别标志。

（2）空中交通管制许可的界限。

（3）飞行的航路或者航线。

（4）全部航路或者部分航段的飞行高度层。

（5）其他相关的指令或者信息，包括应答机编码、进离场飞行的规定、通信要求和许可的失效时间。

2. 航空器驾驶员向管制员复述的内容

对通过话音传输的空中交通管制许可，航空器驾驶员应当向管制员复述下列重要内容：

（1）航路许可。

（2）进跑道、着陆、起飞、跑道外等待、穿越跑道以及在跑道上滑行或反向滑行的许可。

（3）正在使用的跑道、高度表拨正值、二次雷达应答机编码、高度层指令、航向与速度指令以及管制员发布或者机场自动终端情报服务播放的过渡高度层。

（4）对其他管制许可或者指令，航空器驾驶员应当复述或者明确表示理解并将遵照执行。

当管制员和航空器驾驶员使用管制员-飞行员数据链通信方式通信时，双方应当以数据链通信方式回复。通过数据链通信电文发布的管制许可和指令，航空器驾驶员应当以数据链通信电文方式回复，除非另有要求，否则不使用话音方式复述或者确认。

第二节　地面管制

一、地面管制的范围

地面管制是机场管制的一个组成部分，由地面管制席位或机场管制席位进行该部分的管制。地面管制的范围主要包括机场机动区除跑道区域外的区域。地面管制主要负责对航空器的推出、开车和滑行进行管制，同时，负责对在机场机动区内部分区域运行的人员与车辆进行管制。地面管制职能是防止在有关机动区内运行的航空器与航空器之间、航空器与车辆之间以及航空器与该区内的障碍物发生相撞。

二、地面管制与机坪管制

在一般情况下，机场地面管制的职能隶属于空管局塔台管制单位。针对年起降架次超过40 000架次或者实施仪表着陆系统Ⅱ类运行的机场，应当在其管制塔台增设地面管制席。未设地面管制席的塔台管制单位，地面管制的工作由机场管制席兼任。

然而，随着我国航空运输业的快速发展，机场运输量和保障架次大幅上升，大型机场地面交通流量大、密度高已呈常态化。为了满足当前及未来机场运输量的增长，中国民航局2013年下发了《关于推进航空器机坪运行管理移交机场管理机构工作的通知》，启动了机坪管制移交工作。2018年4月，为了有效统筹机坪运行保障、提高航空器机坪运行效率，按照民航局关于航空器机坪运行管理移交机场管理机构实施机坪管制工作的统一部署，结合未来发展需要，民航局发布了《航空器机坪管制移交工作总体方案》。根据该方案的目标设定，符合以下条件之一的民用运输机场，应由机场管理机构实施独立的机坪管制：一是多跑道并有多个航站楼和机坪的；二是日均运输飞行起降超过 200 架次或年旅客吞吐量为 1 000 万人次以上的；三是机坪存在遮蔽，塔台管制员不能目视观察部分机坪上航空器运行，对运行安全有不良影响的。目前，我国杭州、福州、南京、厦门、海口、郑州、深圳等机场实施或者部分实施了独立的机坪管制，以替代空管局塔台管制单位地面管制的全部或部分职能。

因此，机场管制又可分为机坪管制和塔台管制两个部分，其各自的管制范围又有区分，具体范围划分由各机场塔台管制单位和机坪管制单位协调确定，可在机场使用细则中查阅。

三、地面管制的工作程序

地面管制席管制员对进、离场航空器实施管制时，应当按照下列程序工作：

（1）在航空器预计起飞或者着陆前 30 分钟，了解天气情况，校对时钟，检查风向风速及气压显示。

（2）在航空器预计起飞或者着陆前 20 分钟，开机守听，准备飞行进程单。

（3）了解进、离场航空器的停机位置。

（4）向进近或者区域管制单位索取离场程序和放行许可。

（5）通知航空器驾驶员放行许可、起飞条件和离场程序。

（6）航空器驾驶员请求开车、滑行时，根据飞行申请和管制范围内航空器活动情况和放行许可等，决定开车顺序，指示滑行路线。

（7）离场航空器滑行时，密切注意航空器位置和滑行方向，直到到达等待点或者移交点。

（8）离场航空器滑行至等待点或者认为无影响时，通知航空器驾驶员转换频率联络机场管制席。

（9）通知进场着陆的航空器滑行路线，航空器到达停机位置或者由地面引导后，与航空器脱离联络。

四、放行许可

放行许可通常包括下列内容：

1. 航空器无线电呼号

航空器无线电呼号由下列形式之一组成：运营人代码后加上航班号；航空器国籍标志后加上登记标志；航空器机型后加上航空器登记标志；运营人代码后加上航空器登记标志。

2. 放行许可的界限（定位点或目的地）

放行界限必须以指定的有关重要点或机场或管制空域的边界名称来说明。当与航空器行将受其管制的单位已进行了事先协调，或有充分的理由保证在其承担管制之前尚有充裕时间进行协调时，放行许可的界限必须为目的地机场；若没有，则为某一适当的中途点，同时须加速协调，以便尽快签发至目的地机场的放行许可。如果航空器已被放行至相邻管制空域内的一个中途点，有关 ATC 单位将负责尽快发布经修订的至目的地机场的放行许可。如果目的地机场在管制空域外，负责航空器最后飞经管制空域的 ATC 单位必须负责发布可飞至该管制空域界限的放行许可。

3. 批准的离场程序

发布放行许可时，应指明被批准的航空器的离场程序。如果有关空中交通服务当局规定了标准的离场或进场航路并已在《航行资料汇编》或《机场使用细则》中予以公布，则可直接使用其明语代号向航空器发布放行许可。

4. 飞行航路（航线）

当认为有需要时，在每次放行许可中均必须详细说明飞行航路。如果某一航路或其中一段与飞行计划中所填报的是一致的，并且有充分的航路说明可使航空器肯定沿该航路飞行时，术语"许可沿飞行计划的航路飞行"（Cleared via Flight Planned Route）可以被用来说明任一航路或其中的一段，这样做的目的是使通话简捷；此时，应在放行许可中，指明该航空器加入飞行计划航线的方法和位置报告点，如"经由英德 I 号离场至飞行计划航路"（Via VB I Departure Flight Planned Route）。当给航空器发布经修订后的放行许可时，不得使用"许可沿飞行计划的航路飞行"这一术语。

5. 飞行高度（高度层）

发布放行许可，给航空器指定的飞行高度或飞行高度层，通常是该航空器在飞行计划中申请的巡航飞行高度或巡航飞行高度层，必要时，可说明跨越指定重要报告点的高度层、开始爬升或下降的地点或时间、爬升率或下降率、有关起飞或进近高度层的具体指示。

6. 应答机编码以及其他必要的内容

连带放行许可的主要内容，向航空器机长通知应答机编码以及一些其他必要的内容。其他必要的情报包括起飞后的机动飞行情况、放行的截止时间（如果超过该时间飞行尚未开始，原放行许可自动取消）等。此外，如果离场航空器起飞后需要立即和机场管制以外的空中交通服务单位联系，也可在此通知航空器。

五、航空器滑行与牵引的规定

1. 航空器滑行与牵引应遵守规定

（1）航空器应当按照管制员指定路线滑行或者牵引。管制员在安排滑行路线时，通常不准航空器对头滑行；航空器对头相遇，应当各自靠右侧滑行，并保持必要的安全间隔；航空器交叉相遇，航空器驾驶员自座舱的左侧看到另一架航空器时应当停止滑行，主动避让。

（2）航空器滑行速度应当按照相应航空器的飞行手册或者驾驶员驾驶守则执行，在障碍物附近滑行，速度不得超过 15km/h，保证随时能使航空器停住；翼尖距离障碍物小于安全净距时，应当有专人引导或者停止滑行。

（3）两架以上航空器跟进滑行，后航空器不得超越前航空器，后航空器与前航空器的距离不得小于 50m。

（4）具有倒滑能力的航空器进行倒滑时，应当有地面人员引导。

（5）需要通过着陆地带时，航空器驾驶员在滑进着陆地带前，应当经过塔台管制员许可并判明无起飞、降落的航空器。

（6）夜间滑行或者牵引时，应当打开航行灯和滑行灯，或者间断地使用着陆灯，用慢速滑行。

（7）直升机可以在地面效应作用下，用 1m 至 10m 的高度慢速飞行代替滑行，并注意对附近航空器、设施和人员的影响。

（8）滑行和空中滑行时，航空器驾驶员应当注意观察，发现障碍物应当及时报告管制员，并采取有效措施。

2. 滑行许可

管制员发布滑行许可前应当确定航空器的停放位置。滑行许可应当包含给航空器驾驶员的简明指令和相关的情报以帮助其沿正确的滑行路线滑行并避免与其他航空器或物体相撞，避免入侵正在被使用的跑道。

航空器滑行应当经过塔台地面管制席或者机场管制席许可。管制员发布的航空器滑行许可应当包括下列内容：

（1）滑行及空中滑行路线；

（2）（必要时）起飞顺序；

（3）等待点、等待位置；

（4）使用跑道；

（5）进近管制单位和区域管制单位对离场航空器的有关要求；

（6）其他事项。

管制单位可根据运行的实际需要制定航空器标准滑行路线，并通过航空情报系列资料发布。未公布标准滑行路线的机场，管制员应当使用滑行道和跑道的代码或号码指示滑行路线。当航空器需要滑行穿越跑道时，滑行许可应当包含明确的穿越许可，或者在穿越该条跑道之前等待的指令。当可预计航空器延误将超过 30 分钟时，塔台管制单位应当尽可能通知航空器驾驶员。

第三节　起飞与着陆管制

一、管制范围

1. 起飞管制范围

起飞管制是机场管制的一个组成部分，由机场管制席进行管制。起飞管制阶段的范围从跑道外等待点开始到航空器升空后移交进近管制为止。

2. 着陆管制范围

着陆管制范围包括从进近管制单位将进近的航空器交给机场管制席开始，直到航空器着陆脱离跑道，将其移交给地面管制或航空器复飞后，移交给进近管制为止。

起飞与着陆管制主要负责航空器进跑道、起飞、着陆、移交实施管制与脱离跑道，同时，负责对跑道区域运行的人员与车辆进行管制，防止起飞航空器之间、起飞航空器与着陆航空器之间、起飞航空器与车辆及人员之间，以及航空器与跑道区域内的障碍物之间发生相撞。

二、管制工作程序

1. 一般程序

机场管制席管制员对进、离场航空器实施管制时，应当按照下列程序工作：

（1）航空器预计起飞或者着陆前 30 分钟完成以下准备工作：了解天气情况、了解通信导航设备可用状况、校对时钟、检查风向风速及气压显示。

（2）航空器预计起飞前和预计进入机场塔台管制区前 20 分钟，通知开放本场通信导航设备，了解跑道适用情况。

（3）放行航空器时，应当根据飞行计划和任务性质以及各型航空器的性能，合理放行航空器。放行的管制间隔应当符合规定。

（4）按照规定条件安排航空器进入跑道和起飞，并将起飞时间通知空中交通服务报告室或者直接拍发起飞报；航空器从起飞滑跑至上升到 100m（夜间为 150m）的过程中，一般不与航空器驾驶员通话。

（5）安排航空器按照离场程序飞行，按照规定向进近管制单位或者区域管制单位进行管制移交。

（6）与已经接受管制的进场航空器建立联络后，通知航空器驾驶员进场程序、着陆条件、发生显著变化的本场天气。

（7）着陆航空器滑跑冲程结束，通知航空器驾驶员脱离跑道程序；有地面管制席的，通知航空器驾驶员转换频率联系地面管制；将着陆时间通知空中交通服务报告室或者直接拍发落地报。

2. 仪表进近程序着陆的工作程序

航空器进入着陆的方法，应当按照航行资料汇编公布的程序进行。机场管制席管制员在航空器着陆时，应当按照下列程序工作：

（1）最低等待高度层空出后，立即通知进近管制员。

（2）与航空器建立联络后，通知航空器驾驶员占用进近起始位置的时间和着陆条件。

（3）两架航空器按照同一种仪表进近程序进入着陆时，在严格掌握规定数据的前提下，应当控制航空器之间的高度差不小于 300m，同时给着陆航空器留出复飞的高度层。

（4）航空器自最低等待高度层下降时，再次校对高度表拨正值。

（5）根据航空器驾驶员报告掌握航空器位置，当航空器进入最后进近阶段，发布着陆许可。必要时，通知航空器驾驶员最低下降高度（或决断高）或者复飞程序。

三、起飞与着陆顺序安排的有关规定

1. 起飞

执行不同任务的航空器或者不同机型的航空器同时飞行时，应当根据具体情况，安排优先起飞的顺序。在通常情况下，允许执行紧急或者重要任务的航空器、定期航班或者速度快的航空器优先起飞。安排航空器放行顺序应当考虑下列因素：

（1）具有优先权的航空器；

（2）航空器的机型及其性能；

（3）飞行航路；

（4）航空器之间的最小间隔；

（5）尾流间隔标准；

（6）有利于加速流量或者空中交通流量管理的有关要求。

当多架离场航空器延误时，通常管制员应当按照延误航空器的原计划起飞时间次序放行。为了减少延误航空器的平均延误时间，管制员可以对航空器的起飞次序进行调整。当可预计航空器延误将超过 30 分钟时，塔台管制单位应当尽可能通知航空器驾驶员。

为了便于航空器起飞离场，塔台管制员应当根据情况向离场航空器发布包括如下内容的情报和指示：

（1）使用的跑道；

（2）风向、风速、能见度，必要时通报云高；

（3）高度表拨正值；

（4）地面滑行路线；

（5）机场有自动观测系统的，应当按规定通知本机场的跑道视程；

（6）收到低空风切变警告的，应当通知低空风切变的情况；

（7）其他必要的情报。

离场航空器报告已经从机场自动终端情报服务通播收到上述有关情报的也可以不包括在内，但是管制单位仍然需要向航空器提供高度表拨正值。

2. 着陆

（1）航空器着陆顺序应当按照先到达先着陆的原则予以安排。

（2）当多架执行不同任务的航空器或者不同机型的航空器同时进场时，应当根据具体情况，安排优先着陆顺序。在通常情况下，应当允许遇到紧急情况、执行重要任务飞行的航空器优先着陆。

（3）正在着陆或者处于最后进近阶段的航空器比起飞离场的航空器具有优先权。

3. 优先着陆

当航空器发生特殊情况危及飞行安全时，塔台管制员应当安排该航空器优先着陆，并且：

（1）了解航空器的特殊情况和驾驶员的意图；

（2）迅速空出优先着陆航空器需要的高度和空间；

（3）通知航空器驾驶员优先着陆条件和优先着陆程序。

航空器在紧急情况下，不能按照优先着陆程序下降时，迅速调配该航空器所在高度以下的航空器避让，尽快准许该航空器着陆。

4.无法立即着陆

因空中交通繁忙、跑道临时关闭以及有紧急着陆的其他航空器，不能许可航空器立即着陆的，管制员应当通知航空器并采取下列措施。

（1）调整航空器之间的间隔。

（2）扩大或缩小起落航线。

（3）对于按目视飞行规则飞行的航空器，应当指示其在通常使用的目视位置报告点或目视确认的地点上空盘旋等待；但是，指示两架航空器在同一地点等待的，应当向该两架航空器提供交通情报。

（4）对于按仪表飞行规则飞行的航空器，应当指示其在等待空域内飞行等待。然而，每架航空器等待飞行时间和由等待飞行空域至起始进近点的时间，通常不得超过 30 分钟。在等待空域内飞行的航空器，应当严格保持规定的高度层，按照规定的等待航线飞行。因故急需着陆的，航空器驾驶员应当立即报告塔台（进近）管制员，经过允许后，按照有关程序下降和着陆。

（5）指挥航空器进行等待时，应当在该航空器到达管制许可界限点或进近定位点 5 分钟之前，向该航空器发出包括以下内容的指示：

① 等待定位点；

② 等待航线与等待点的方位关系；

③ 飞往等待定位点的航路或航线以及所使用的导航设施的径向线、航向、方位；

④ 等待航线使用测距设备表示的出航距离或者以分钟为单位的出航飞行时间；

⑤ 等待航线的转弯方向。

以上等待程序内容已公布的，可以省略。

（6）预计航空器的等待飞行时间和由等待飞行空域至起始进近点的时间在 30 分钟以上的，管制员应当了解航空器的续航能力并迅速通知该航空器预计进近时间或者预计更新管制许可的时间。等待时间未确定的，也应当通知该航空器。进场的预计更新管制许可的时间应当在该航空器的等待定位点发出。预计还要进行等待的，应当通知该航空器尽可能准确的预计等待时间。

（7）航空器进行等待后向其发出更新的管制许可，应当包括下列事项：

① 新的管制许可界限点或进近许可；

② 在新的管制界限点之前的全部飞行航线；

③ 高度；

④ 其他必要的事项。

四、管制许可

1. 起飞许可

塔台管制员应当根据跑道使用情况、进离场及起落航线航空器活动情况和进近或者区域管制单位的要求，在保证安全的条件下允许航空器进入跑道并发出起飞许可。起飞许可通常包括以下内容：

（1）航空器呼号。

（2）使用跑道号。

（3）地面风向、风速。

（4）必要时包括①起飞后的转弯方向、离港程序、飞行高度；②能见度或者跑道视程、云高、高度表拨正值。

（5）其他事项。

在符合航空器之间尾流间隔标准的条件下，当前行的离场航空器已经飞越使用跑道末端或已开始转弯之后，或者前行着陆的航空器已经脱离使用跑道之后，航空器方可开始起飞滑跑。

遇有下列情况，禁止发出起飞许可：

（1）跑道上有其他航空器或者障碍物；

（2）先起飞的航空器高度在 100m（夜间为 150m）以下且没有开始第一转弯；

（3）复飞航空器高度在 100m（夜间为 150m）以下且没有开始第一转弯。

航空器驾驶员得到起飞许可后，应当立即起飞；在 1 分钟内不能起飞的，航空器驾驶员应当再次请求起飞许可。由于空中交通管制原因或者其他情况，不能保证航空器安全起飞的，塔台管制员应当立即取消原已发出的起飞许可，并通知该航空器取消起飞许可的理由。

在确知航空器驾驶员已做好起飞准备后，可以在航空器进入跑道之前发给其立即起飞的许可。航空器应立即进跑道，并起飞。航空器起飞后，管制员通常将起飞时间通知空中交通服务报告室及有关管制单位和其他部门。航空器起飞时间是指航空器开始起飞滑跑时机轮移动的瞬间。

2. 着陆许可

（1）着陆许可发出的条件。

当塔台管制员确信进近着陆的航空器飞越跑道入口时符合下列条件，可向该航空器发布着陆许可，但该着陆许可不得在前方着陆航空器飞越跑道入口之前发出：

① 符合航空器之间尾流间隔标准；

② 着陆航空器飞越跑道入口前，前行离场航空器已经飞越使用跑道末端或者已开始转弯；

③ 着陆航空器飞越跑道入口前，前行着陆航空器已经脱离使用跑道。

发出着陆许可后，上述条件有变化的，塔台管制员应当立即通知航空器复飞，同时简要说明复飞原因；复飞航空器高度在昼间为 100m，夜间为 150m 以下，或者未开始第一转弯，跑道上的其他航空器不得起飞；复飞和重新进入着陆的程序，按照公布的程序执行。着陆或者复飞由航空器驾驶员最后决定，并且对其决定负责。

（2）着陆后应通知航空器驾驶员的内容。

航空器着陆后，塔台管制员应当通知航空器驾驶员：

① 脱离跑道的方法；

② 滑行指示；

③ 有地面管制席的，转换到地面管制频率，并由地面管制席提供地面滑行服务。

航空器被移交给塔台管制单位后未向塔台报告或报告一次后即失去无线电联络，或者在任何情况下在预计着陆时间之后 5 分钟尚未着陆的，塔台管制员应当向进近管制单位或者区域管制单位报告。

五、间隔标准

1. 未考虑尾流影响的起飞间隔标准

（1）目视飞行航空器之间的起飞间隔标准。

在前面先起飞航空器已飞越跑道末端或在跑道上空改变航向已无相撞危险，或者根据目视或前方着陆航空器报告，确认着陆航空器已脱离跑道后，后方航空器可以开始起飞滑跑。

（2）仪表飞行航空器之间的起飞间隔标准。

① 同速航空器之间。

同航迹、同高度飞行的，在严格控制速度的条件下，前一架航空器起飞后 10min，可允许后一架航空器起飞。

同航迹、不同高度飞行的，前一架航空器起飞后 5min，可允许后一架航空器起飞。

在不同航迹上飞行、航迹差大于 45° 并在起飞后立即实行侧向间隔的，前一架航空器起飞后 2min，可允许后一架航空器起飞，但如若在同一走廊飞出则不得小于 5min。

② 不同速航空器之间。

航迹相同、前面起飞的航空器速度比后面起飞航空器的速度快 80km/h 以上时，速度较快的航空器起飞后 2min，可允许后一架速度较慢的航空器起飞。

在不同航迹上飞行、航迹差大于 45° 并在起飞后立即实行侧向间隔的，速度较快的航空器起飞后 1min，可允许后一架速度较慢的航空器起飞。

在不同航迹上飞行、航迹差大于 45° 并在起飞后立即实行侧向间隔的，速度较慢的航空器起飞后 2min，可允许后一架速度较快的航空器起飞。

航迹相同、速度较快的航空器后起飞，则：

a. 如果在较高的高度层上飞行，保证其穿越前方航空器的高度层时有 5min 以上的间隔。

b. 同高度飞行，应当保证两航空器到达着陆机场上空或者转入另一条航线或者改变高度以前，后航空器与前航空器之间应当有不少于 10min 的纵向间隔。

2. 考虑尾流影响下的起飞间隔标准

当前后起飞离场的航空器为重型航空器和中型航空器、重型航空器和轻型航空器、中型航空器和轻型航空器，在使用下述跑道时，前后航空器之间的尾流间隔标准为：

（1）同一跑道时，为 2min；

（2）平行跑道且跑道中心线之间的距离小于 760m 时，为 2min；

（3）交叉跑道且后航空器将在前航空器的同一高度上，或者低于前航空器且高度差小于 300m 的高度上穿越前航空器的航迹，则为 2min；

（4）平行跑道且跑道中心线之间的距离大于 760m，但是后航空器将在前航空器的同一高度上，或者低于前航空器且高度差小于 300m 的高度上穿越前航空器的航迹，则为 2min；

（5）后航空器使用同一跑道的一部分起飞时，为 3min；

（6）后航空器在跑道中心线之间距离小于 760m 的平行跑道的中部起飞时，为 3min。

3. 着陆航空器之间的间隔标准

着陆航空器之间的尾流间隔标准为：

（1）当前后进近着陆的航空器为重型航空器和中型航空器时，其尾流间隔为 2min；

（2）当前后进近着陆的航空器为中型航空器和轻型航空器、重型航空器和轻型航空器时，其尾流间隔为 3min；

（3）上述尾流间隔亦适用于起落航线上的航空器。

第四节 机场起落航线飞行的管制

机场起落航线是指为航空器在机场滑行、起飞或着陆规定的流程线，由五个边组成。这种规定的流程线实际上是当机场附近为目视气象条件时，为在机场附近进行目视飞行的航空器规定的飞行路线，其目的是保证机场附近目视飞行的秩序和安全。

一、机场起落航线构成

典型的起落航线包括4个转弯点和5条边的方块航线。它们分别为第一边（逆风边）、第二边（侧风边）、第三边（顺风边）、第四边（基线边）和第五边（最后进近边），如图 9-1 所示。飞行中按规定的高度、速度、航向及有关程序操纵航空器起飞和着陆。以起飞方向为准，向左转弯称"左航线"、向右转弯称"右航线"。

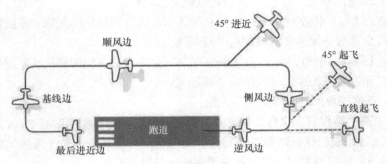

图 9-1　起落航线示意图

实际上，整个五边的飞行包含所有飞行的基本操控。

逆风（Upwind）飞行：起飞，爬升，收起落架，保持跑道延伸中心线。

侧风（Crosswind，与给定方向成直角吹的风，如与飞行航线成直角的风）飞行：爬升转弯，确认与跑道成大约 90°。

顺风（Downwind）飞行：收油门，设定正确的相关设置，维持正确的高度，向基地做返回呼叫和着陆前检查，并判断与跑道的间距是否正确。

基线边（Base）飞行：专向跑道，与跑道对正，并做最后检查，视状况再放起落架，维持正确的速度和下降率。

最后进近边（Final）飞行：做最后调整，以正确速率下降，进场，着陆，刹车。

二、机场起落航线的限制和规定

机场管制地带通常包括起落航线和最后进近定位点之后的航段以及第一个等待高度层（含）以下至地球表面的空间和机场机动区。在此类空域内飞行的航空器，可以按照仪表飞行规则飞行，并接受空中交通管制；对符合目视气象条件的，经航空器驾驶员申请，并经塔台管制室批准，也可以按照目视飞行规则飞行，并接受空中交通管制。

1. 机场起落航线上飞行航空器之间的间隔

（1）在起落航线上飞行时，昼间航空器之间的纵向间隔为：A 类航空器不得小于 1.5 km，B 类航空器不得小于 3 km，C 类、D 类航空器不得小于 4 km，并应当注意航空器尾流的影响。同型航空器之间不得超越。只有经过允许，在第三转弯以前，快速航空器方可以从外侧超越慢速航空器。昼间各航空器之间的横向间隔为：A 类航空器不得小于 200 m，B 类、C 类、D 类航空器不得小于 500 m，除需被迫着陆的航空器外，不得从内侧超越前面航空器。航空器分类根据民航局规定按照航空器审定的最大着陆重量在着陆形态下失速速度的1.3倍确定。

（2）夜间飞行时，航空器在起落航线或者加入脱离起落航线时，航空器驾驶员能够目视机场和地面灯光，管制员可允许其做夜间起落航线飞行。在夜间起落航线飞行中，不得超越前面航空器，各航空器之间的纵向间隔不得小于4 km，并由管制员负责其纵向间隔配备，航空器与地面障碍物之间的垂直间隔则由航空器驾驶员负责。

2. 起落航线飞行规定

（1）昼间起落航线飞行。

① 起落航线飞行的高度通常为300～500 m，低空小航线不得低于120 m。起飞后，开始第一转弯和结束第四转弯的高度不得低于100 m，低空小航线不得低于50 m。

② 起落航线飞行通常为左航线。如果受条件限制，亦可规定其为右航线。

③ 在起落航线飞行时，不得超越同型航空器。

④ 航空器加入起落航线，应当经塔台管制员的许可，并按照规定的高度顺沿航线加入。昼间，在起落航线上同时飞行的航空器数量，应当根据各机场的地形、地面设备等条件确定。通常，从塔台或者起飞线塔台能看见起落航线上全部航空器的，不得超过4架；看不见起落航线某些航段上的航空器的，不得超过3架；C类、D类航空器或者低空小航线飞行的航空器，不得超过2架。

（2）夜间起落航线飞行。

航空器在起落航线或者在加入、脱离起落航线的范围内，航空器驾驶员能够目视机场和地面灯光的，可以允许航空器做夜间起落航线飞行，并遵守下列规定：

① 起落航线飞行的高度通常为300～500 m。起飞后，开始第一转弯和结束第四转弯的高度不得低于150 m。

② 在起落航线飞行中，不得超越前面的航空器。

③ 航空器加入起落航线，应当按照仪表飞行规则进场，利用机场灯光和导航设备确切掌握位置，经过塔台管制员许可，可按照规定高度顺沿航线加入。

④ 在起落航线上同时飞行的航空器数量不得超过2架。

复习思考题

1. 航空器在地面滑行和牵引的规定有哪些？

2. 地面管制的工作程序有哪些？

3. 空中交通航路放行许可包括哪些主要内容？

4. 向离场航空器发布的起飞条件通常包括哪些情报？

5. 起飞航空器之间的间隔标准是什么？

6. 机场管制塔台管制员在选择使用跑道时，应考虑哪些因素？

7. 机场起落航线的有关规定有哪些？

第十章

程序管制

章前提要

本章主要介绍程序管制概述、进近管制和区域管制的范围与程序、协调和移交等方面内容。通过对本章的学习，学生应掌握程序管制的基本概念，理解程序管制与雷达管制的区别与联系，理解进近管制和区域管制的范围、程序及相关规定。

第一节　程序管制概述

空中交通管制员按照既定的管制程序以及管制间隔，根据航空器驾驶员所报告的运行状态，在航空器之间配备安全间隔，对航空器所提供的一种管制，被称为程序管制。

该种管制方法基于传统的陆基导航方式，飞行员在飞越每一个地面导航设备时，向地面管制员进行位置报告，并产生下一个导航台的预计时间。管制员根据飞行员的报告，利用飞行进程单记录飞行动态和掌握航空器的运行位置，并以此来判断运行中的航空器是否存在飞行冲突。

一、程序管制的特点

1. 对设备的依赖程度较低，对管制员的要求较高

程序管制对设备的要求较低，不需要相应监视设备的支持，其主要的设备环境是陆空通话设备。管制员在实施管制时，通过飞行员的位置报告分析、了解航空器间的位置关系推断空中交通状况及变化趋势，同时向航空器发布放行许可。实施管制由于没有雷达等监视设备作为辅助，管制员只能依靠飞行员的报告和进程单来掌握空中航空器的位置，并以此来判断飞行冲突。因此，该种管制方式对管制员的要求大大提高。程序管制要求管制员具有很强的空间思维能力、空间想象能力，较强的短时记忆能力和冲突预见能力。

2. 安全间隔余度较大

程序管制必须依靠驾驶航空器的飞行员的位置报告来确定两航空器之间的位置关系。而飞行员的报告又依赖于航空器飞越导航台上空的时间。管制员通过两航空器先后过导航台的时间差来保证航空器的安全。目前陆基导航系统所使用的地面导航台站都以甚高频全向信标台和无方向性信标台为主。两者均存在顶空盲区，由于导航台容差，导致飞行员报告航空器过导航台的时机误差对飞行间隔的大小具有非常大的影响。因此，在程序管制条件下安全间隔的余度往往较大，以确保飞行安全。

3. 双方均要遵循规定的程序

在程序管制条件下，对视距以外的整个管制地带的航空器位置及动态，管制员只能依据机组的报告和领航计算获得。间隔是管制员通过对机组位置报告进行计算获得的，数字主观判读与实际的偏差往往非常大。因此，航空器飞越报告点的常规报告以及飞行调配中的实时位置询答是程序管制陆空通信的主要内容。空地双方须严格按照已知的航迹和飞行程序运行。

4. 管制效率较低

空中交通管制的实施是建立在掌握航空器现时位置及运行意图基础上的，在程序管制条件下，管制员对航空器方位信息的获得来自被动接收的机组位置报告，因此间隔是管制员通过对机组位置报告进行计算获得的抽象数字。在该条件下，管制员指挥单架航空器的通话次数明显增多，这就造成了陆空通话的"瓶颈效应"，管制员在单位时间内能够指挥的航空器数量明显下降。

二、应用情况

在航空器起飞前，飞行员必须将飞行计划呈交报告室，经批准后方可实施。飞行计划内容包括飞行航路（航线）、使用的导航台、预计飞越各点的时间、携带的油量和备降机场等。空中交通管制员根据批准的飞行计划内容填写飞行进程单。当空中交通管制员收到航空器飞行员报告的位置和有关资料后，立即按飞行进程单的内容校正，当发现航空器之间小于规定垂直和纵向、侧向间隔时，立即采取措施进行调配。这种方法速度慢、精确度差，为保证安全对空中飞行限制很多，如同机型、同航路、同高度需间隔10分钟，因而在划定的空间内所能容纳的航空器较少。这种方法是我国民航管制工作在以往很长一段时间内使用的主要方法。

程序管制是随着空域尤其是传统的空中交通服务航路、标准仪表离场及标准仪表进场的建立和完善发展起来的一套管理方法。目前，程序管制主要在雷达管制区雷达失效时使用。随着民用航空事业的迅速发展、飞行量的不断增长，中国民航加强了雷达、通信、导航设施的建设，并协同有关部门逐步改革管制体制，在主要航路、区域已实行先进的雷达管制。

第二节　进近管制

一、进近管制的范围

我国一般规定，管制空域分为 A、B、C、D 四类，其中 C 类空域为进近管制空域，通常是指在一个或几个机场附近的航路汇合处划设的便于进场和离场航空器飞行的管制空域。进近管制空域构成中低空管制空域与塔台管制空域之间的过渡，其垂直范围通常在 6000m（含）以下、最低飞行高度层以上；水平范围通常为半径 50km 或延伸至走廊口以内的除机场塔台管制范围以外的空间。鉴于实际管制需要，某些进近管制室与相邻塔台、区域管制单位协议以一些特殊的方式进行移交，如高度移交等，因此进近管制具体范围应该以各机场使用细则或协议规定为准。

二、进近管制的程序

1. 进、离场航空器进近管制的程序

（1）航空器预计进入进近管制空域前 30 分钟，管制员需完成以下准备工作：了解天气情况、取得最近的天气实况、了解通信导航监视设备可用状况、校对飞行申请和计划、准备飞行进程单、安排进离场次序。

（2）进场航空器预计进入进近管制空域前 20 分钟，管制员开始守听，通知开放导航设备，向塔台管制单位取得航空器着陆程序和使用跑道。

（3）本管制区内离场航空器预计起飞前 10 分钟，管制员开机守听，将离场程序通知塔台管制单位。

（4）收到进、离场航空器进入进近管制空域的位置报告后，管制员指示其按照程序飞行，通知空中有关飞行活动。

（5）管制员通知进、离场航空器分别转换频率与塔台管制单位或者区域管制单位联络，按照规定进行管制移交。

（6）当塔台管制员通知最低等待高度层空出后，进近管制员安排进场等待的该层以上的航空器逐层下降，航空器脱离第二等待高度层或者双方协议明确的高度层时，通知航空器驾驶员转换至塔台管制单位频率联络。

（7）管制员接到航空器驾驶员报告已与区域管制单位或者塔台管制单位建立联络，并且飞离进近管制空域时，准许航空器脱离联络。

2. 飞越航空器进近管制的程序

（1）管制员按照规定通知开放通信、导航设备。

（2）管制员按照进入、离开进近管制空域的有关程序管制其飞行，并告知同意其飞越的高度。

（3）管制员将空域内有关空中交通情报通知飞越的航空器。

（4）管制员按照规定进行管制移交，并将航空器飞越移交点的时间和高度通知区域管制单位。

三、进近许可

1. 进近许可发布规定

（1）塔台管制单位或者进近管制单位发布进近许可时，可根据空中交通情况指定公布的仪表进近程序或者让航空器自选公布的仪表进近程序。

（2）对于不在公布的航路上飞行的航空器的进近许可，应当在该航空器到达公布的航路上或者按照仪表进近程序开始进近的定位点之后发布。然而，指示航空器在到达仪表进近程序的定位点之前应当保持高度的，则可在到达该定位点之前发布进近许可。

（3）对于进行仪表进近的航空器，为配备管制间隔有必要要求其遵守指定高度的，应当在发布进近许可时指定必要的高度。

（4）为了确切掌握进场航空器的位置，管制单位可以要求进近中的航空器报告其位置和高度。

（5）公布的仪表进近程序中有盘旋进近的，不得向航空器发出脱离该区域的指示。

（6）地面能见度和云高符合目视飞行规则或者目视进近条件的，管制单位可以根据空中交通的情况，准许航空器进行目视飞行或者目视进近，并配备标准间隔。

2. 通知事项

进近管制单位或者塔台管制单位与进场航空器建立无线电通信联系后，应当对航空器位置进行核实并向该航空器迅速发出有关下列情报的通知：

（1）进场程序；

（2）进近方式；

（3）使用跑道；

（4）风向、风速值；

（5）气象报告的云高低于目视进近最低下降高度，或者气象报告的能见度小于目视进近最低气象条件的，其云高或者能见度值；

（6）高度表拨正值。

进场航空器报告已经从机场终端自动情报服务通播中收到上述有关情报的也可不包括在内，但是管制单位仍然需要向航空器提供高度表拨正值。

四、直接进近

在机场地形、设备和气象条件及空中交通允许的情况下，塔台管制单位或者进近管制单位可以根据职责允许航空器不做起落航线飞行，直接进近。

云下目视飞行进场的航空器，进场航向与着陆航向相同或者相差不大于 45°，地形条件许可，航空器驾驶员熟悉机场情况，并且不影响其他航空器进入的，可以安排该航空器直接进近。

仪表飞行规则飞行的航空器，进场航向与着陆航向相同或者相差不大于 30°，地形条件许可，地面导航设备能够保证航空器准确地加入长五边的，可以安排该航空器进行直接进近。

第三节　区域管制

一、区域管制的范围

中国民航的空域按照高度划分为 A、B、C、D 四类，A 类、B 类空域是区域管制的范围。航空器从起飞后开始，经离场程序爬升到申请的巡航高度，到进入进场下降状态前，整个过程被称为航路飞行阶段或巡航阶段。对在该阶段飞行的航空器所进行的管制被称为航路管制或区域管制，对航空器进行这种管制的单位被称为区域管制室。

二、区域管制的程序

区域管制员应当按照下列程序工作。

（1）审理各空中交通服务报告室申报的飞行申请和计划，并将批准的飞行申请通知有关的管制单位和当地飞行管制部门。

（2）航空器预计在本区内起飞前或者预计进入本管制区边界前 30 分钟时，校对军用和民用航空器的飞行申请，阅读航行通告，拟订管制方案，听取天气讲解，研究航路、备降机场的天气实况和预报。

（3）收到航空器起飞的通报后，按照飞行计划电报和各位置报告点的预计时间，填写飞行进程单，配备管制间隔，调配飞行冲突。

（4）航空器在本管制区内的机场起飞的，应当在预计起飞前 10 分钟开始守听；航空器在本管制区内着陆或者飞越的，应当在航空器预计进入本管制区边界前 30 分钟开始守听。

（5）已经接受管制移交的航空器，超过预计进入管制空域边界时间尚未建立联络的，应当立即询问有关管制单位，同时采取措施建立联络。

（6）充分利用通信、导航设备以及航空器的位置报告，准确掌握航空器位置，监督其保持规定的航路和间隔飞行，超过预计飞越位置报告点 3 分钟尚未收到报告的，应当立即查问情况。

（7）按规定与区域、进近或者塔台管制单位进行管制协调，取得进入条件后通知航空器。航空器进入下个管制空域之前，通知航空器转换至下个管制单位的频率联络。

（8）航空器变更预计起飞时间的，管制员应当按照更改后的预计起飞时间开始工作。接到航空器驾驶员报告不能沿预定航线飞行的，或者着陆机场关闭的，区域管制员应当按照下列程序工作：

① 提供航线、备降机场的天气情况以及航空器驾驶员要求并能够提供的资料；

② 按照航空器驾驶员返航或者备降的决定，立即通知有关管制单位以及当地飞行管制部门，并发出有关电报；

③ 充分利用各种导航设备，掌握航空器位置；

④ 航空器要求改变飞行高度层或者改航时，应当查明空中情况，在取得有关管制单位同意后，方可允许航空器改变飞行高度层或者改航；收到航空器驾驶员已被迫改变飞行高度层或者改航的报告后，立即将改变的情况通知有关的空中航空器以及有关的管制单位。

三、管制许可

区域管制单位等管制单位发给进场航空器飞至进近定位点的管制许可，应当包括下列内容：

（1）进近定位点的名称；

（2）到进近定位点的飞行航路；

（3）高度；

（4）其他必要的事项。

区域管制单位向进近管制单位或者塔台管制单位移交进场航空器的通信联络及管制业务的，应当在完成管制协调的基础上，在该航空器到达管制移交点之前进行，以便进近管制单位或者塔台管制单位有充分时间对该航空器发出更新的管制许可。

第四节　协调与移交

一、管制单位和飞行管制部门之间的协调

管制单位应当与可能影响民用航空器飞行的飞行管制部门建立通信联系并保持密切的协调，根据需要可指定协调机构并签署协议。当得到飞行管制部门将安排对于民用航空器有影响的活动的通知时，管制单位应当主动与有关飞行管制部门进行协调，并对民航飞行活动做出安排，以避免对民用航空器造成危险，尽可能将对民用航空器正常运行的干扰减至最低程度。管制单位应制定适用于本单位的协调工作办法和程序。

管制单位和有关飞行管制部门之间在协调时应当注意下列事项。

（1）了解飞行活动的地点、范围、时间、性质，避免关闭或者重新划设原已建立的空中交通管制航路，避免影响航空器使用最经济的飞行高度层或者航线运行。

（2）有关管制单位与组织飞行活动的飞行管制部门应当建立直接通信，以供协调和民用航空器发生紧急事件时使用。

管制单位应当按照当地协议的程序，例行地或经要求向有关飞行管制部门提供民用航空器的飞行计划及动态情报。

管制单位应当根据有关规定，按照任务需要或者管制部门的要求，向飞行管制部门派遣联络员，或者接受派驻的军航管制员。

二、管制单位与运营人或机场管理机构之间的协调

航空器运营人或者机场管理机构与管制单位订有协议的，管制单位应当根据协议的约定，向该运营人、机场管理机构或其指定代表提供有关情报。

提供飞行签派服务的运营人与管制单位订有协议的，管制单位应当根据协议的约定，将所收到的有关运行的情报转给该运营人或者其指定代表。

三、空中交通管制的协调

离场航空器的管制协调和移交应当遵守下列规定。

（1）塔台管制单位应当及时将离场航空器的起飞时间通知进近管制单位或者区域管制单位。

（2）进近管制单位和区域管制单位对离场航空器实施流量控制或者有其他调配的，应当尽早通知塔台管制单位安排离场航空器在地面或空中等待。

（3）航空器飞离塔台管制单位责任区时，塔台管制单位应当与进近管制单位或者区域管制单位按协议进行移交。

进近管制单位与塔台管制单位应当遵守有关区域管制单位发布的协调指示。塔台管制单位还应当遵守有关进近管制单位发布的协调指示。

区域管制单位应当随着飞行的进程将所需的飞行计划和管制情报，向相邻的区域管制单位传递，上述情报应当及时发出，以便相邻的区域管制单位有足够的时间收到情报并进行分析和互相协调。

管制单位之间应当进行协调，保证空中交通管制放行许可涵盖航空器的全部航路或者指定航路的部分航段。

（1）在航空器起飞前，各相关管制单位之间对放行许可已经协调，或者能事先协调，管制单位应当向航空器发布放行至第一个预定着陆机场的许可。

（2）在航空器起飞前，各相关管制单位不能取得协调，管制单位只能将航空器放行至能保证取得协调的点，并应在航空器飞抵此点前或者在飞抵此点时，视情况向其发布下一个放行许可或者等待指示。

航空器的起飞地点距离相邻的管制区边界不远，且移交单位在起飞后再向接受单位发出管制情报，可能使接受单位没有足够的时间进行分析和协调的，移交单位应当在放行航空器之前将管制情报和请予接受的要求发给接受单位，并遵守下列规定。

（1）如果飞行中的航空器在相邻的区域管制边界前要求放行许可，在管制情报发给相邻区域管制单位并与其进行协调之前，应当使该航空器在移交单位的管制空域内等待。

（2）如果航空器在管制区边界附近要求改变其现行飞行计划，或者移交单位建议更改在边界附近的航空器的现行飞行计划，在接受单位未接受前，移交单位应当暂缓发出修改的放行许可。

在进行管制移交前，移交方和接受方应当进行协调，而且要按协调的条件进行移交。双方有移交协议，则可按协议进行移交。

区域管制单位进行管制移交时，移交单位应当通知接受单位航空器即将移交，管制移交点可以是管制区边界、协议中明确的移交点、双方同意的某一位置或者时间。

接受单位应当自航空器飞越双方确认的管制移交点起承担该航空器的管制责任。已与尚未飞行到管制移交点的航空器建立通信联络的接受单位，在未事先征得移交单位的同意前，不得改变移交单位已给航空器的管制指令。

区域管制单位如果采用非雷达间隔标准，航空器的陆空通信联络应当在该航空器飞越管制区边界前 5 分钟或者按有关管制单位之间的协议，由移交单位转至接受单位。

在管制移交时采用雷达间隔标准，航空器的陆空通信联络应当在接受单位同意承担管制责任后，立即由移交单位转至接受单位。

除非有关区域管制单位之间另有协议，接受单位应当通知移交单位，已与移交的航空器建立无线电通信联络并已承担对该航空器的管制。

进近管制单位对区域管制单位放行至本区域的航空器，可以发给管制许可而不必与区域管制单位联系；但在复飞时，如果复飞航空器进入区域管制范围，应当立即通知区域管制单位。此后的措施，应当由区域管制单位和进近管制单位协调后实施。

在下列情况下，航空器的起飞时间应当由区域管制单位限定。

（1）在放行许可未发布到进近管制单位前，区域管制单位应当与塔台管制单位进行协调。

（2）对于沿同一航线飞行的航空器，需要配备航路上的飞行间隔。

如果区域管制单位未限定起飞时间，当需要与放行至区域管制单位的飞行进行协调时，进近管制单位应当确定起飞时间。

如果航空器起飞延误可能与未放行至进近管制单位的飞行发生冲突，区域管制单位应当规定放行许可的失效时间。必要时，进近管制单位可在区域管制单位放行许可之外再限定失效时间，但该失效时间在任何情况下都不得晚于区域管制单位规定的时间。

航空器在进近或者着陆过程中需要等待时，区域管制单位或者进近管制单位应当将到达航空器放行至等待点，该等待许可应当包括关于等待的指示和预期进近的时间。

进近管制单位应当对到达的航空器提供持续管制，直至将该航空器被移交给塔台管制单位并且该航空器已与塔台管制单位建立联络。除非另有协议，在仪表气象条件下，进近管制单位每次只能将一架到达的航空器移交给塔台管制单位。

进近管制单位可以授权塔台管制单位根据进场航空器的情况，自行决定放行航空器起飞。

同一管制单位内的各管制席位之间，应当相互交换有关下列航空器的飞行计划和管制情报：

（1）管制责任由一个管制席位移交给另一个管制席位的航空器；

（2）在靠近扇区之间边界飞行的可能影响相邻扇区管制工作的航空器；

（3）管制责任由使用程序方法的管制员委托至使用监视系统的管制员的所有航空器，以及其他受影响的航空器。

四、提供飞行情报服务和告警服务的协调

对于按仪表飞行规则飞行的航空器，提供飞行情报服务的相邻管制单位应当进行协调，以保证向在规定区域内或者沿规定航路飞行的航空器提供持续的飞行情报和告警服务。管制单位之间的协调应当按照有关的协议进行。

管制单位之间协调时，应当提供下列有关飞行情报：

（1）现行飞行计划的有关项目；

（2）与有关航空器做最后通信联络的时间。

上述情报应当在航空器进入相邻的飞行情报区或者管制区之前发给负责提供该区飞行情报服务的管制单位。

五、管制单位交换进场航空器的管制情报的规定

1. 区域管制单位应通知进近管制单位的情报

区域管制单位应当将进场航空器的下列情报，在该航空器预计飞越管制移交点前 10 分钟或者按照管制协议，通知相关进近管制单位：

（1）航空器呼号；

（2）航空器机型；

（3）进近管制移交点及预计飞越时间、预定高度；

（4）管制业务移交；

（5）其他相关情报。

2. 进近管制单位应通知区域管制单位的情报

进近管制单位应当将有关进场航空器的下列情报通知相关区域管制单位：

（1）在等待定位点上空正在使用的高度；

（2）进场航空器之间平均间隔的时间；

（3）要求航空器到达管制移交点的时间；

（4）接受对该航空器管制的决定；

（5）机场撤销仪表进近程序的，其撤销时间；

（6）要求区域管制单位变更航空器预计到达进近管制点的时间，并且时间变更在 10 分钟以上的，其变更时间；

（7）与区域管制有关的航空器复飞的情报；

（8）通信中断航空器的有关情报。

3. 进近管制单位应通知塔台管制单位的情报

进近管制单位应当在不迟于航空器飞越管制移交点前 3 分钟或者按照管制协议，将进场航空器的下列情报通知相关塔台管制单位：

（1）航空器呼号；

（2）航空器机型；

（3）预计到达进近定位点或者机场上空的时间、预定高度或实际高度；

（4）必要时，通知仪表进近的种类。

4. 塔台管制单位应通知进近管制单位的情报

塔台管制单位应当将进场航空器的下列情报通知相关进近管制单位：

（1）该航空器已着陆；

（2）着陆时间；

（3）撤销仪表飞行程序的，其撤销时间；

（4）复飞或通信中断航空器的有关情报；

（5）使用跑道。

5. 情报变更需通知对方情况

各管制单位已发出的情报如有下列变更，应当迅速通知对方单位：

（1）区域管制与进近管制之间发出的预计到达时间相差超过 3 分钟；

（2）进近管制单位之间相差超过 3 分钟；

（3）进近管制与塔台管制之间发出的预计到达时间相差超过 2 分钟。

复习思考题

1. 什么是程序管制？

2. 程序管制有什么特点？

3. 简述进近管制的程序。

4. 简述区域管制的程序。

5. 进近管制和区域管制的范围是什么？

第十一章
空中交通监视服务

章前提要

　　空中交通监视服务是空中交通管制部门完成其管制工作的重要手段，传统的空中交通监视服务是通过一次监视雷达和二次监视雷达进行的，但目前以自动相关监视为代表的更为先进的监视技术，在民航空中交通监视服务中得到了越来越多的重视。通过对本章的学习，学生应掌握监视手段的分类和区别；了解 PSR、SSR 以及 ADS-B 的工作原理和基本应用；掌握空中交通监视服务在空中交通管制过程中的基本作用以及其基本工作程序。

第一节　空中交通监视服务概述

　　监视技术是国际民用航空组织新航行系统的重要组成部分，是星基定位与导航、航空器机载设备与地面设备等多种先进技术与设备的结合，为管制员和飞行员提供所需的航空运行态势感知信息，是现代空中交通管理的基础。合理利用各种监视技术，提供更加丰富、安全、高效的空中交通监视手段，能有效提高空中交通安全水平、空域容量与运行效率。

　　空中交通监视服务为空管运行单位及其他相关单位和部门提供目标（包括空中航空器及机场场面动目标）的实时动态信息。空管运行单位等利用监视信息判断、跟踪空中航空器和机场场面动目标位置，获取监视目标识别信息，掌握航空器飞行轨迹和意图、航空器间隔及监视机场场面运行态势，并支持空–空安全预警、飞行高度监视等相关应用，整体提高空中交通安全保障能力，提升空中交通运行效率，提高航空器飞行安全水平以及运行效率。

一、监视技术的分类

　　目前应用于空中交通管理的监视技术主要有一次监视雷达（Primary Surveillance Radar，PSR）、场面监视雷达（Surface Movement Radar，SMR）、二次监视雷达（Secondary Surveillance

Radar，SSR）、自动相关监视（Automatic Dependent Surveillance，ADS）、多点定位（Multilateration，MLAT）。按照监视技术的工作原理，国际民用航空组织将监视技术分为独立非协同式监视、独立协同式监视和非独立协同式监视。

独立非协同式监视，指无须监视目标协作，直接通过地面设备独立辐射电磁波测量并获取监视目标定位信息的监视技术，目前主要包括一次监视雷达和场面监视雷达。其中，一次监视雷达按作用距离分为远程一次监视雷达和近程一次监视雷达。

独立协同式监视，指由地面设备向监视目标发出询问，并接收监视目标的应答信息，通过计算获取监视目标定位信息的监视技术，目前主要包括二次监视雷达和多点定位。其中，二次监视雷达按询问模式分为 A/C 模式二次监视雷达和 S 模式二次监视雷达；多点定位按应用范围分为场面多点定位系统和广域多点定位系统。

非独立协同式监视，指监视目标依靠定位系统获取自身位置信息，并通过数据链向地面设备主动发送定位信息的监视技术，目前主要包括契约式自动相关监视（Automatic Dependent Surveillance Contract，ADS-C）和广播式自动相关监视（Automatic Dependent Surveillance Broadcast，ADS-B）。

除国际民用航空组织定义的应用于空中交通管理的监视技术外，近年来还涌现出了其他监视技术，包括基于卫星的广播式自动相关监视（星基 ADS-B）、卫星定位+北斗短报文（GNSS+RDSS）、卫星定位+移动通信网络（GNSS+4G/5G）和遥控无人驾驶航空器通信链路位置信息自动广播监视。

二、监视技术的比较

根据国际民用航空组织制定的《监视技术比较指导材料》，上述监视技术的应用可概括为：

一次监视雷达可应用于航路、航线、终端（进近）管制区和机场场面监视。

二次监视雷达可应用于航路、航线和终端（进近）管制区监视，电扫描二次监视雷达可应用于平行跑道监视。

广播式自动相关监视可应用于航路、航线、终端（进近）管制区和机场场面监视。

契约式自动相关监视可应用于洋区和偏远地区航路、航线监视。

场面监视雷达和多点定位系统可应用于机场场面监视，广域多点定位系统可应用于航路、航线和终端（进近）管制区监视。

各种监视技术特点比较如表 11-1 所示。

表 11-1　监视技术特点比较

监视技术分类	优点	缺点
一次监视雷达	为独立非协同式监视，对机载设备没有任何要求，可对不具备机载应答机功能的航空器实现监视，各地面站可独立运行	仅有目标距离和方位信息，无航空器识别能力，覆盖范围小，建设和运行维护成本高，地面站建设受地形限制
场面监视雷达	定位精度较高，数据刷新快	覆盖能力比较小，假目标多，因通视遮蔽影响可能存在盲区，造价昂贵

（续表）

监视技术分类	优点	缺点
二次监视雷达	独立协同式监视，覆盖范围广，可提供比一次监视雷达更多的监视目标信息，各地面站可独立运行	建设和运行维护成本高，更新率低，地面站建设受地形限制
广播式自动相关监视	可提供更多的监视目标信息，定位精度高，更新快，可实现"空−地"协同监视和"空−空"监视。建设维护成本低，地面站建设简便灵活，各地面站可独立运行	由于其依赖全球导航卫星系统对目标进行定位，所以广播式自动相关监视系统本身不具备对目标位置的验证功能。如果航空器给出的位置信息有误，地面站设备（系统）无法辨别。在全球导航卫星系统失效情况下，广播式自动相关监视系统不能正常工作
基于卫星的广播式自动相关监视	通过全球部署的低轨通信卫星搭载ADS-B载荷，避免地面站设施建设与维护，能够实现全球各空域无缝覆盖	除ADS-B技术本身的缺点外，星基ADS-B在卫星通信信号抗干扰、更新率及传输延迟方面距离空中交通管理管制要求仍有较大距离
契约式自动相关监视	可以为不具备建设雷达、广播式自动相关监视、多点定位系统地面站的区域提供监视，地面基础设施建设成本低	不具备提供类雷达间隔服务的能力，数据更新率低，报文传输可靠性低，机载电子设备成本高，运行成本高
多点定位	独立协同式监视，定位精度高，更新快，不需要额外的机载设备，建设、运行维护成本低	对航空器定位需多个站点协同工作和实时解算，定位精度依赖于地面站的位置精度、站点布局、时间同步和测时精度

第二节　雷达监视服务

雷达的英文是 Radar，是指用无线电方法对目标进行探测。雷达的基本任务有两个，一是发现目标的存在，二是测量目标的参数。空中交通管理中的监视雷达主要分为一次监视雷达（PSR）和二次监视雷达（SSR）。一次监视雷达是反射式雷达；二次监视雷达也称空管雷达信标系统，最初是在空战中为了使雷达分辨出敌我双方的飞机而发展的敌我识别系统，用于空中交通管制后，就成了二次监视雷达。二次监视雷达实际上不是单一的雷达，而是包括雷达信标及数据处理在内的一套系统。

一、一次监视雷达

一次监视雷达主要由天线、发射机、接收机、天线、收发转换开关、显示器、定时器、电源等若干分系统组成，如图 11-1 所示。

一次监视雷达是根据接收到的目标的回波来发现目标和测定目标位置的，如图 11-2 所示。

雷达测距是基于无线电波在空间以等速直线传播这一物理现象进行的。雷达在工作时，发射机经天线向空间发射一串重复周期一定的高频脉冲。如果在电磁波传播的途径上有目标存在，那么雷达就可以接收到由目标反射的回波。

目标角位置是指方位角或仰角，在雷达技术中测量这两个角的位置基本上都是利用天线的方向性来实现的。雷达天线把发射的电磁波集中在一个狭窄的空间内，根据收到回波信号的幅度强弱来决定被测量目标的方向，这种方法通常被称为幅度法测角。幅度法测角可以分为最大信号法、最小信号法和等信号法三种。

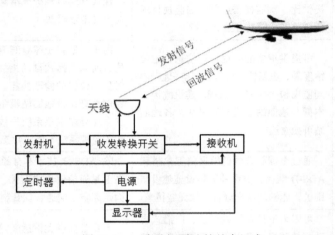

图 11-1　一次监视雷达的基本组成

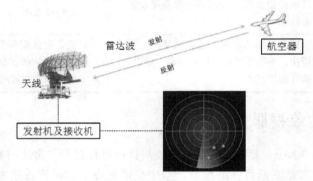

显示在阴极射线管上的接收信号

图 11-2　一次监视雷达的工作原理

有两种典型的一次监视雷达。

（1）精密进近雷达（Precision Approach Radar，PAR），又称着陆雷达。它的特点是控测范围小，定位精度高，天线扫掠快，能同时测出目标的方位、仰角和距离。

精密进近雷达的工作是在引导航空器进近的过程中，利用航向天线和下滑天线轮流向空中辐射一个很窄的波束，这两个波束对准跑道着陆方向快速进行扫掠探测。根据着陆航空器的航迹，判断和测定着陆航空器偏离正常进近轨迹的情况，并通过甚高频电台向下滑着陆航空器通报距着陆点的距离、航向和高度偏差情况，或下达修正命令，指挥引导航空器安全着陆。

精密进近雷达主要装备在进场着陆量比较小、气象条件比较恶劣的机场。精密进近雷达的主要优点是适应性强，机上不需要增加任何设备，任何航空器都可以使用。缺点是需要地面引导，驾驶员被动，引导效率低，大雨时信号衰减大，作用距离近。

（2）场面监视雷达。场面监视雷达也是一次监视雷达，通过雷达天线发射电磁波，其中一部分能量被目标所吸收，并且在各个方向上产生二次散射，雷达天线收集散射回来的能量并送至接收机对回波信号进行处理，从而发现目标的存在，并提取目标的距离、方位等信息。场面监视雷达与传统一次监视雷达的不同之处在于它的作用距离比较短，一般仅限于机场附近近地范围。

二、二次监视雷达

二次监视雷达系统由两部分组成，即地面询问雷达和机载应答机。地面询问雷达主要由二次监视雷达天线、发射机、接收机、信号处理设备和雷达显示终端组成。地面询问雷达通常和一次监视雷达安装在一起，天线也由两个部分组成，一个是为一次监视雷达 X 波段用的，另一个是为二次监视雷达 L 波段用的。天线的两个部分安装在一起同步旋转并向同一方向发射。之所以要把一次监视雷达加入二次监视雷达同步工作，是考虑到有些航空器没有装应答机，或者虽然装有应答机，但当应答机发生故障时，这些航空器仍然可以受到航管雷达的监视。二次监视雷达的基本组成图如图 11-3 所示。

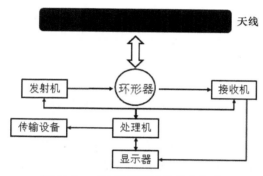

图 11-3　二次监视雷达的基本组成

二次监视雷达通过地面询问机和接收机载应答机反馈的信息来发现和识别目标，如图 11-4 所示。与一次监视雷达类似，二次监视雷达需要获得的目标参数有航空器方位角、距离、高度、速度等信息。

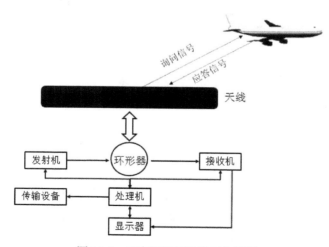

图 11-4　二次监视雷达的工作原理

187

二次监视雷达可以获得的信息主要有航空器的距离与方位信息、航空器代码、航空器的气压高度、一些紧急告警信息（如航空器发生紧急故障、无线电通信失效或航空器被劫持）等。二次监视雷达除能够提供比一次监视雷达更为丰富的信息内容外，还具有其他明显的特点，如发射功率小、干扰杂波少、不存在回波闪烁现象以及提供的信息丰富等。

结合二次监视雷达的特点可以看出二次监视雷达的优点在于独立协同式监视、应用航空器应答机发射的应答信号、不需要额外的机载设备、覆盖范围广、可提供比空管一次监视雷达更多的监视目标信息、各地面站可独立运行。

二次监视雷达的缺点在于建设和运行维护成本高、更新率低、地面站建设受地形限制。

二次监视雷达的工作模式主要是 A/C 模式和 S 模式：

（1）A/C 模式二次监视雷达。

近代民航的航管雷达，一般只用 A 模式和 C 模式轮流询问，这样，在管制员的显示器上就能同时在目标旁显示出航空器的代号和高度，该二次监视雷达被称为 A/C 模式二次监视雷达。

（2）S 模式二次监视雷达。

由于空中交通流量日益增加，航路拥挤，终端区航空器密度过大，以致现用的航管雷达所存在的同步窜扰、非同步窜扰和假目标出现的问题更加严重。另外，A/C 模式 SSR 编码数量有限，可交换信息少（仅有识别、高度信息）。针对现用二次监视雷达存在的种种问题，美国、英国等国家从 20 世纪 70 年代以来，研制发展了离散选址信标系统（Discrete Address Beacon System，DABS）和选择寻址二次监视雷达系统。下面我们以美国的离散选址信标系统（简称"S 模式"）为例进行介绍。

S 模式的基本思想是赋予每架航空器一个指定的地址码，由地面系统的计算机控制进行"一对一"的点名问答，即它的地面询问是一种只针对选定地址编码的航空器专门呼叫的询问。它与现用的 A/C 模式二次监视雷达系统的根本区别是，装有 S 模式应答机的航空器都有自己单独的地址码。然而，为了不使现存系统完全被淘汰，机载 S 模式应答机被设计成与现用系统兼容并用，即 ATC 应答机也能回答 A/S 模式和 C/S 模式全呼叫的询问，而 S 模式应答机也能做 A 模式和 C 模式的应答。

S 模式二次监视雷达系统由地面 S 模式航管雷达询问机和机载 ATC/S 模式应答机组成。整个系统采用"问–答"方式，询问频率为 1030 MHz，回答频率为 1090 MHz，与 A/C 模式二次监视雷达系统一样。

三、雷达监视系统的主要性能参数和要求

1. 主要性能参数

雷达监视系统主要性能参数包括监视系统探测范围和分辨能力。

空管一次监视雷达（PSR）主要有航路监视雷达、机场监视雷达、精密进近雷达、场面监视雷达等。

航路监视雷达是一种远程搜索雷达，一般工作在 L 波段上，它的作用距离大约为 300～500km，主要被用于监视连接各个机场之间的航路和航路外的航空器活动情况，为管制部门随时提供在其管辖范围内的航空器活动情况。

机场监视雷达亦称机场调度雷达，是一种近程搜索雷达，一般工作在 S 波段上，被用于探

测以机场为中心、半径为 100～150 km 的各种航空器的活动。通常它以平面位置显示器来显示航空器的距离和方位，一般都与二次监视雷达配合使用。

精密进近雷达一般工作在 X 波段上，主要被用于监视和跟踪航空器的起降，作用距离为 20～50 km。它发射左右扫描共 20°的航向波束、上下扫描共 10°的下滑波束，波束中心仰角为 7°。

场面监视雷达是一种监控机场地面上航空器和各种车辆的运动情况的高分辨力雷达，一般工作在 X～Ka 波段上，作用距离为 2～5 km。

空管二次监视雷达系统是指通过地面询问机的询问和空中机载应答机的应答给装有机载应答机的航空器定位的雷达系统。《空中交通管制二次监视雷达设备技术规范》中对空管二次监视雷达有如下要求：

（1）常规体制空管二次监视雷达的最大仪表作用距离应不小于 370 km（200 n mile），单脉冲体制空管二次监视雷达的最大仪表作用距离应不小于 463 km（250 n mile）。

（2）在所有方位上，高度角为 0.5～50°时，最小作用距离应不大于 1 km（0.5 n mile）。

（3）距离分辨力应不大于 75 m，测距精度应不大于 29 m，距离鉴别力应不大于 18 m。

（4）单脉冲二次监视雷达的方位分辨力应不大于 0.6°（条件为模式 A 和模式 C 交替），方位精度应不大于 0.05°，方位角鉴别力应不大于 0.022°。

2. 雷达系统的性能要求

国际民用航空组织要求，雷达系统的可使用能力及雷达显示器上显示的信息达到足以支持雷达管制员执行任务的状态，雷达管制员必须按照有关当局制定的有关该雷达设备的技术说明调整雷达显示器并对其精确性进行充分的检查。雷达设备有任何故障、任何需要调查的事故或任何其他使雷达服务难于或无法提供的情况，雷达管制员必须按照当地程序报告。

第三节　ADS-B 监视服务

一、ADS-B 介绍

广播式自动相关监视（ADS-B）是一种监视技术，即航空器通过广播模式的数据链，自动提供由机载导航设备和定位系统生成的数据，包括航空器识别、四维定位以及其他相关的附加数据，是利用空地、空空数据通信完成交通监视和信息传递的一种航行新技术。国际民用航空组织将其确定为未来监视技术发展的主要方向，国际航空界正在积极推进该项技术的应用，一些国家已投入实用。其可被应用于航路（线）、终端（进近）管制区域和机场场面监视。

地面和其他航空器也可以接收此数据，并用于各种用途，如在无雷达覆盖地区提供 ATC 监视、机场场面监视以及未来空–空监视等应用服务。ADS-B 具备以下技术特征。

自动（Automatic）：数据传送无须人工干预，无须人工的操作，也无须地面的询问。

相关（Dependent）：信息全部基于机载数据，航空器的设备决定了数据的可用性，数据发送依赖于机载系统。

监视（Surveillance）：提供位置和其他用于监视的数据。

广播（Broadcast）：其数据不是针对某个特殊用户的，而是周期性地提供给任何一个有合适装备的用户，所有用户都可以接收这些数据。

根据相对于航空器的信息传递方向，机载 ADS-B 应用功能可分为发送（Out）和接收（In）两类。

ADS-B 作为新航行系统的一部分，与传统的监视系统有很大的不同，下面对 ADS-B 与传统监视系统特点做简单的比较。

一次监视雷达是独立的、非合作式监视系统，其独立性表现在一次监视雷达可自主获取目标的监视信息，其非合作性表现在被监视目标不需要安装任何相关的设备。尽管一次监视雷达获取的信息对 ATS 的应用具有局限性，但从某种意义上说，一次监视雷达监视系统更加稳定可靠，因为监视系统故障只可能发生于地面雷达系统设备。

二次监视雷达是独立的、合作式监视系统（气压式高度表除外）。二次监视雷达通过地面询问系统根据询问和机载设备的应答计算目标的距离和方位角。S 模式二次监视雷达增强了航空器寻址和双向数据链路功能。与一次监视雷达相比，二次监视雷达能够提供更详细的信息，但二次监视雷达无法监视没有安装应答机或应答机失效的航空器。

ADS-B 是相关的、合作式监视系统。与二次监视雷达类似，ADS-B 也需要航空器安装相应的机载设备。除位置信息外，ADS-B 还提供速度和航向等信息。与雷达系统不同的是，ADS-B 的信息直接从机载设备中得到。导致 ADS-B 失效的原因有：导航系统故障、ADS-B 收发单元故障（包括机载设备和地面站）。与雷达系统相比，ADS-B 能够提供更加实时和准确的航空器位置等监视信息，但建设投资费用只有前者的十分之一左右，并且维护费用低、使用寿命长。使用 ADS-B 可以增加无雷达区域的空域容量，减少有雷达区域对雷达多重覆盖的需求，大大降低空中交通管理的费用。ADS-B 与二次监视雷达的比较如表 11-2 所示。

表 11-2　ADS-B 与二次监视雷达的比较

监视手段	定位	机载设备	地面设备投资	精度	更新频率	地面站建设
二次雷达	询问应答	应答机	180万美元	200 n mile：388 m 60 n mile：116 m 18 n mile：35 m	4秒	基础设施要求高、地面站建设和维护成本高
ADS-B	GNSS	GNSS+数据链设备	50万美元	10 m	0.5秒	基础设施要求低、地面站建设和维护成本低

二、ADS-B OUT

ADS-B OUT 是指航空器发送的位置信息和其他信息。机载发射机以一定的周期发送航空器的各种信息，包括航空器识别信息、位置、高度、速度、方向和爬升率等。OUT 是机载 ADS-B 设备的基本功能。

地面系统通过接收机载设备发送的 ADS-B OUT，监视空中交通状况，起到类似于雷达的作用。ADS-B OUT 工作原理示意图如图 11-5 所示。

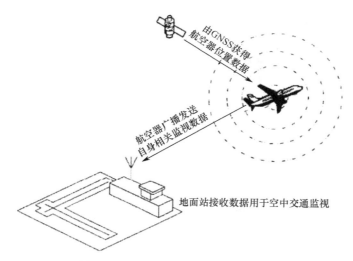

图 11-5 ADS-B OUT 工作原理示意图

ADS-B 发送的航空器水平位置一般源于 GNSS 系统，高度源于气压式高度表。GNSS 定位决定了 ADS-B 的定位。由于 GNSS 使用 WGS-84 坐标系，所以 ADS-B 系统中水平位置的表达是以 WGS-84 为基准的，这与我国 2008 年7月1日启用的中国 2000 坐标系是一致的。目前 GNSS 系统的定位精度已经达到10m 的量级，因此 ADS-B 的定位精度也可达到 10 m 的量级。而雷达设备因为固有的角分辨率限制，监视精度相对较低，且无法分辨距离过近的航空器。

ADS-B OUT 通过广播航空器自身位置的方法向 ATC 或其他航空器提供监视信息。目前 ADS-B OUT 监视主要被用于以下三个方面：

（1）无雷达区 ADS-B 监视（ADS-B NRA）：ADS-B OUT 信息作为唯一的机载监视数据源被用于地面对空中交通的监视，以减小航空器的间隔标准，优化航路设置，提高空域容量。

（2）雷达区 ADS-B 监视（ADS-B RAD）：地面监视同时使用雷达和 ADS-B OUT 作为监视信息源，目的是缩小雷达覆盖边缘区域内航空器的最小间隔标准，并减少所需要的雷达数量。

（3）机场场面监视（ADS-B APT）：只使用 ADS-B OUT 或者综合使用 ADS-B 和其他监视数据源（比如场监雷达、多点定位），为机场的地面交通监控和防止跑道入侵等提供监视信息。

三、ADS-B IN

ADS-B IN 是指航空器接收其他航空器发送的 ADS-B OUT 信息或地面服务设备发送的信息，为机组提供运行支持。ADS-B IN 可使机组在驾驶舱交通信息显示设备上"看到"其他航空器的运行状况，从而提高机组的空中交通情景意识，其工作原理示意图如图 11-6 所示。

ADS-B 地面站也可以向航空器发送信息，具体分为两类：空中交通情报服务广播（Traffic Information Service-Broadcast，TIS-B）和飞行信息服务广播（Flight Information Services-

Broadcast，FIS-B）。

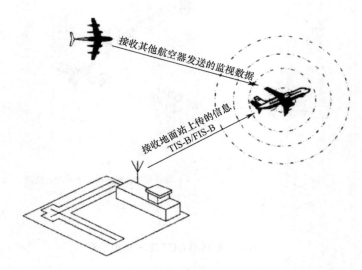

图 11-6　ADS-B IN 工作原理示意图

TIS-B：ADS-B 地面站接收航空器发送的 ADS-B 位置报文，将这些数据传递给监视数据处理系统（Surveillance Data Processing System，SDPS），同时 SDPS 也接收雷达和其他监视设备的数据，SDPS 将这些数据融合为统一的目标位置信息，并发送至 TIS-B 服务器。TIS-B 服务器将信息集成和过滤后，生成空中交通监视全景信息，再通过 ADS-B 地面站发送给航空器。这样机组就可以获得全面而清晰的空中交通信息。TIS-B 的应用可以使 ADS-B 不同数据链类型的用户获得周边的空域运行信息，从而做到间接互相可见。

FIS-B：ADS-B 地面站向航空器传送气象、航行情报等信息。这些信息可以是文本格式，也可以是图像格式。文本格式的气象信息包括日常报、特选报、机场天气预报等。图像格式的信息包括雷达混合图像、临时禁飞区域和其他航行信息。FIS-B 使机组可以获得更多的运行相关信息、及时了解航路气象状况和空域限制条件，为更加灵活而安全的飞行提供保障。

ADB-B IN 的具体应用还在发展之中，目前主要集中在以下三个方面：

（1）提高机组情景意识。

ADS-B IN 可以帮助机组全面了解空中或者机场场面的交通状况，为安全有效地管理飞行做出正确决策。

（2）保持间隔。

保持航空器空中间隔目前仍是 ATC 的责任，适用的最小间隔标准可能不会改变，但在具有 ADS-B IN 功能时，机组可能履行以下职责。

① 指定间隔（Delegated Separation）。

ATC 要求机组与指定的航空器保持间隔。保证空中最小间隔的责任由 ATC 转移至机组。该应用要求确定使用条件、机动飞行的限制、适用的空中最小间隔标准和应急程序等。

② 自主间隔（Self Separation）。

机组按照规定的最小空中间隔标准和适用的飞行规则与其他航空器保持间隔。这种运行类似于现有的目视飞行规则运行。

（3）获取飞行信息。ADS-B IN 为机组获取飞行运行支持信息提供了新的渠道。

四、ADS-B 的实施规划

1. 运输航空

2020—2025 年，我国将完善全空域 ADS-B OUT 的运行网络，实现 ADS-B IN 的初始运行。全国高空航路航线实现 ADS-B 连续可靠监视覆盖，确保实施 ADS-B 运行或雷达/ADS-B 运行安全可靠。

终端(进近)管制区域实现 ADS-B 连续可靠监视覆盖，确保实施 ADS-B 运行或雷达/ADS-B 运行安全可靠。

全部运输机场塔台实现 ADS-B 连续可靠监视覆盖，确保实施 ADS-B 运行或多源监视运行安全可靠，为机场、航空公司、航空保障企业、运行监管部门、社会公众提供连续可靠的 ADS-B 信息服务。

在部分区域实现 ADS-B IN 的初始运行。空管等项目实施单位根据需要，补充完成 ADS-B 地面站建设，实现航路航线和运输机场可靠监视覆盖。依托民航数据通信网和公共电信运营商，全面建成 ADS-B 数据网，实现 ADS-B 数据的传输、处理、发布和应用。完善空管、机场、航空公司的 ADS-B 数据信息应用系统的功能，强化 ADS-B 监视信息的应用。

根据 ADS-B IN（空空监视）技术应用的试验验证工作的开展情况，民航局选择在部分区域进行 ADS-B IN 试验运行。

2. 通用航空

2020—2025 年，我国将完善通用航空 ADS-B 监视覆盖网络。随着低空空域管理改革的逐步深化，结合通用航空的发展情况，我国将完善和增强低空空域 ADS-B 监视能力，实现连续可靠覆盖，为教学训练、海上石油服务、航空护林、空中游览、农化作业、公务飞行、通用航空短途运输等通用航空活动提供安全可靠的 ADS-B 监视服务。推广北斗卫星导航系统作为 ADS-B 定位数据源的应用，推进 ADS-B IN 技术应用，为通用航空自主飞行提供安全与技术保障手段。

完善通用航空 ADS-B 地面站与数据应用系统的功能。结合国际民航 ADS-IN 技术应用进展情况与我国通用航空发展实际，进一步推进机载设备 ADS-B IN 功能升级，在部分区域实现 ADS-B IN 初始运行。

3. 远景展望

未来，航路航线、终端（进近）管制区域和机场塔台将全部使用以 ADS-B 为主的新监视技术作为空中交通的主要监视手段，构建完善的 ADS-B 运行保障与信息服务体系。全面引入北斗卫星导航系统，提高 GNSS 安全性与定位能力，为 ADS-B 应用提供更加安全、可靠、准确、连续的定位信息。

在运输航空和通用航空领域试验、推广并全面应用 ADS-B IN 技术，实现空空监视，建设天地空协同运行体系，为实现民航强国提供强大的技术支撑。

第四节 雷达管制

一、一般规定

1. 接受雷达服务的考虑因素

有关管制区或者扇区同时接受雷达服务的航空器的数量不得超过在繁忙情况下能安全处理的数量，并应当考虑下列限制因素：

（1）管制区或者扇区结构的复杂程度；

（2）所使用的雷达覆盖范围及其功能；

（3）对雷达管制员的工作负荷及扇区容量的评估；

（4）主用雷达和通信系统的自动化程度、技术可靠性及可用性；

（5）在雷达设备失效或者其他紧急情况下，需要改用备用设施或者使用非雷达间隔的可能性；

（6）备用雷达和通信系统的技术可靠性及可用性。

2. 雷达视频地图及雷达情报

提供给管制单位使用的雷达，其视频地图至少应当包括下列内容：

（1）机场跑道及必要的直升机机场起降地带；

（2）跑道中心线延长线和最后进近航道；

（3）紧急着陆区；

（4）导航台和报告点；

（5）空中走廊两侧边线、航路中心线或者航路两侧边线、航线；

（6）管制区和扇区边界；

（7）移交点；

（8）影响航空器安全运行的障碍物；

（9）影响航空器安全运行的永久性地物；

（10）地图校准指示器和距离圈；

（11）最低雷达引导高度；

（12）禁区及必要的限制区。

当雷达视频图不能使用时，不得在识别的航空器之间采用雷达间隔或者引导航空器切入最后进近航道。没有目标符号显示时，全标牌的高度显示不能被用于提供间隔。显示器上的电子光标可被用于帮助识别或者引导航空器以及更好地描绘视频图，不能用作视频图的一部分。

3. 位置通报

在下列情况下，管制员应当向航空器通报其位置。

（1）航空器第一次被识别时，但通过下列方式识别的除外：一是基于驾驶员的位置报告或者在起飞跑道末端 2 km 范围内对航空器识别，且雷达显示与航空器的离场时间一致；二是通过使用指定的专用二次监视雷达编码或者 S 模式识别，且雷达显示位置与航空器现行飞行计划一致；三是通过雷达识别的移交。

（2）航空器驾驶员要求提供服务时。

（3）航空器报告的位置与雷达管制员根据雷达观察到的位置有显著差别时。

（4）必要时，在雷达引导后，如果现行指令使航空器偏离其原规定的航路，指示航空器恢复自主领航时。

（5）结束雷达服务前，如果观察到航空器偏离原规定的航路时。

4. 特殊编码

在下列特殊情况下应当使用特殊编码。

（1）空中遇到非法干扰时，使用 A7500。

（2）无线电通信失效时，使用 A7600。

（3）紧急和遇险时，使用 A7700。

（4）抢险救灾的航空器收不到管制单位二次监视雷达代码的指令时，使用 A1255、A1277。

（5）航空器收不到管制单位二次监视雷达代码的指令时，使用 A2000。

（6）代码 A0000 由管制单位指定给航空器临时使用。

二、雷达识别与移交

1. 雷达识别

使用二次监视雷达时，可以通过下列一个或者多个程序识别航空器。

（1）从雷达标牌上认出航空器的识别标志。

（2）经雷达标牌确认，指定的离散二次监视雷达应答机编码与设定的二次监视雷达应答机编码一致。

（3）在雷达标牌上，直接认出具有 S 模式设备航空器的识别标志。

（4）通过雷达识别移交。

（5）对于设定某一特殊编码的航空器，观察其遵守指令的情况。

（6）通过使用应答机的识别功能来识别。

使用一次监视雷达时，可以通过下列一个或者多个程序识别航空器。

（1）在雷达显示器上观察到的某一雷达目标，其位置、航迹与航空器驾驶员报告的位置、航迹相一致。

（2）航空器起飞后，其雷达目标在起飞跑道端 2km 以内被发现。

（3）通过雷达识别移交。

（4）观察到仅有一个雷达目标，按照指令做不小于 30° 的识别转弯，该航空器应当始终在本雷达有效监视范围内，且当时只有一架航空器在做这样的转弯。

当观察到两个或者多个雷达位置指示符距离相近，或者观察到在同时做相似的移动以及遇到其他引起对目标怀疑的情况时，雷达管制员应当采用两种或者两种以上识别方法进行识别确认。若不能解除对目标的怀疑，也可终止雷达管制。雷达管制员首次建立对航空器的雷达识别或者暂时失去目标后重新建立对航空器的识别的，应当向该航空器通报其已被识别。

2. 雷达管制移交

雷达管制移交应当建立在雷达识别的基础上并按照双方的具体协议进行，使接受方能够在与航空器建立无线电联系时立即完成识别。在雷达管制移交时，被移交航空器的间隔应当符合接受方所认可的最小间隔，同时移交方还应当将指定给航空器的高度及有关引导指令通知接受方。在管制单位内部或者相互间进行的雷达识别的移交，应当在雷达有效监视范围内进行，如技术上无法实施，则应当在管制移交协议中说明，或者按规定提前进行管制移交。进行航空器雷达识别移交的方法如下。

（1）两个雷达管制席相邻或者使用同一显示器时，移交方直接在接受方显示器上指出雷达位置指示符的名称。

（2）两个雷达显示屏上都标有同一地理位置或导航设备，利用通信设备说明航空器距离上述位置的相对方位和距离，必要时，应当指示航空器的航向。

（3）雷达设备有电子移交功能时，可用电子方式移交。

（4）当S模式覆盖有效时，将装有S模式航空器识别功能的航空器通知接受方。

（5）移交方雷达管制员指示航空器变换编码或用特殊位置识别，接受方雷达管制员予以证实。

三、雷达管制间隔标准

雷达管制间隔标准适用于所有被雷达识别的航空器之间，以及一架正在起飞并在跑道端2km内将被识别的航空器与另一架被识别的航空器之间。等待航线上的航空器之间不得使用雷达管制间隔（以下简称"雷达间隔"）。

雷达间隔应当符合如下规定：

（1）进近管制不得小于6km，区域管制不得小于10km；

（2）在相邻管制区使用雷达间隔时，雷达管制的航空器与管制区边界线之间的间隔在未经协调前，进近管制不得小于3km，区域管制不得小于5km；

（3）在相邻管制区使用非雷达间隔时，雷达管制的航空器与管制区边界线之间的间隔在未经协调前，进近管制不得小于6km，区域管制不得小于10km。

前后起飞离场或者前后进近的航空器，其雷达间隔的尾流间隔标准应当符合下列规定：

（1）前机为A380-800型航空器，后机为非A380-800型的重型航空器，不小于11.1km；

（2）前机为A380-800型航空器，后机为中型航空器时，不小于13km；

（3）前机为A380-800型航空器，后机为轻型航空器时，不小于14.8km；

（4）前、后航空器均为重型航空器时，不小于7.4km；

（5）重型航空器在前，中型航空器在后时，不小于9.3km；

（6）重型航空器在前，轻型航空器在后时，不小于11.1km；

（7）中型航空器在前，轻型航空器在后时，不小于9.3km。

前款规定的尾流间隔距离适用于使用下述跑道：

（1）同一跑道，一架航空器在另一架航空器以后同高度或者在其下300m内飞行；

（2）两架航空器使用同一跑道或者中心线间隔小于760m的平行跑道；

（3）交叉跑道，一架航空器在另一架航空器后以同高度或者在其下300m内穿越。

四、雷达引导

雷达管制员应当通过指定航空器的应飞航向实施雷达引导。实施雷达引导时应当引导航空器尽可能沿便于航空器驾驶员利用地面设备检查自身位置及恢复自主领航的路线飞行，避开已知危险天气。实施雷达引导应当遵守下列原则：

（1）在管制区内，为了符合间隔、安全、减少噪声、操作方便的要求或者在航空器驾驶员提出要求时，应当尽可能允许航空器维持其自主领航；

（2）在最低引导高度或者仪表飞行规则飞行最低高度以上，应当保证被引导的航空器始终保持规定的超障余度；

（3）除非另有协议，否则应当在本管制区内实施引导；

（4）应当在离开雷达管制信号有效覆盖范围前恢复航空器自主领航。

在雷达管制区内划设雷达引导区域时应当确定最低雷达引导高度，以明确管制员实施雷达引导的范围。雷达引导区域内的某些障碍物使得最低雷达引导高度过高，影响实施雷达引导的，应当确定为隔离障碍物，并将隔离障碍物排除到雷达引导区域之外。

第五节　ADS-B 管制

ADS-B 管制指利用 ADS-B 监视技术所提供的信息直接进行管制和提供情报服务。雷达和 ADS-B 可以进行融合运行，它是指在具备雷达管制条件下，雷达和 ADS-B 监视信号融合形成综合航迹，进行管制和提供情报服务的方式。管制员对融合运行条件下的航空器进行识别、间隔、引导、移交等空中交通管制以及提供飞行情报和告警服务，与现行相关工作要求完全一致。对于实施雷达和 ADS-B 管制融合运行过程中出现雷达失效的情况，管制员可继续以 ADS-B 监视信号源综合航迹显示提供雷达管制，并尽快恢复雷达监视信号。其间，水平间隔标准为 10km。以下内容如无特殊说明，皆指融合运行过程出现雷达失效，需要暂时依据 ADS-B 航迹进行 ADS-B 管制时的相关工作程序。

一、ADS-B 管制间隔

1. 采用 ADS-B 间隔标准的条件

（1）ADS-B 可以单独或者结合雷达提供监视服务。

（2）监视系统应具备冲突、航班号（编码）重复等告警能力，所有的告警功能不应低于类似的雷达告警功能的要求。

（3）管制员与飞行员之间建立双向 VHF 语音通信。

（4）航空器已被识别并保持识别。

2. 间隔标准

同高度飞行的航空器之间的最小水平间隔不得小于 10 km。

未经协调，在相邻管制区使用雷达或者 ADS-B 间隔时，ADS-B 管制的航空器与管制区边界线之间的间隔不得小于 5 km。

未经协调，在相邻管制区使用非雷达或者非 ADS-B 间隔时，ADS-B 管制的航空器与管制区边界线之间的间隔不得小于 10km。

适用 ADS-B 间隔标准的航空器与适用其他间隔标准的航空器之间，应采用较大间隔。

应当按照以下规定测定航空器之间的间隔。

（1）两架航空器的 ADS-B 位置符号，以两个符号中心的距离测算。

（2）一架航空器的 ADS-B 位置符号与另一架航空器的一次雷达标志，以两个中心距离测算。

（3）一架航空器的 ADS-B 位置符号与另一架航空器的二次监视雷达标志，以 ADS-B 位置符号的中心至二次监视雷达标志最近边缘的距离测算；一架航空器的 ADS-B 位置符号与另一架航空器的雷达位置符号，以其中心之间的距离测算。

（4）ADS-B 与雷达融合后的位置符号，以该符号中心测算。

二、ADS-B 识别与引导

1. ADS-B 管制的航空器识别

在对航空器进行 ADS-B 管制前，管制员应当对航空器进行识别，并保持该识别直至 ADS-B 管制终止。失去识别的，应当立即通知该航空器，并重新识别或者终止 ADS-B 管制。主要的识别方法如下：

（1）直接从 ADS-B 标牌上认出航空器的识别标志；

（2）ADS-B 移交识别；

（3）观察航空器执行 ADS-B 识别指令的情况；

（4）其他可靠的识别方法。

在任何情况下，只要从自动化系统上观察到装备有 ADS-B 的航空器发出的航空器识别信息与航空器预期发出的识别信息不符，管制员就应当要求飞行员确认 ADS-B 机载设备设定的是正确的航空器识别信息，并在必要时由飞行员重新输入航空器的正确识别信息。在雷达管制条件下，如果自动化系统上显示的 ADS-B 信息与雷达信息不一致，以雷达信息为准。

ADS-B 管制的航空器高度的确认方法与雷达管制的相同。

2. ADS-B 管制引导

ADS-B 管制的航空器引导要求与雷达管制的相同。

ADS-B 管制员应当通过指定航空器的应飞航向实施 ADS-B 引导。实施 ADS-B 引导时应当引导航空器尽可能沿便于航空器驾驶员利用地面设备检查自身位置及恢复自主领航的路线飞行，避开已知危险天气。实施引导应当遵守下列原则：

（1）为了符合间隔、安全、减少噪声、操作方便的要求或者在航空器驾驶员提出要求时，应当尽可能允许航空器维持其自主领航；

（2）在最低引导高度或者仪表飞行规则飞行最低高度以上，应当保证被引导的航空器始终保持规定的超障余度；

（3）除非另有协议，应当在本管制区内实施引导；

（4）应当在离开 ADS-B 管制信号有效覆盖范围前恢复航空器自主领航。

另外，ADS-B 管制区内的最低 ADS-B 引导高度参照最低雷达引导高度相关规定来确定。

三、ADS-B 管制位置报告

ADS-B 管制的航空器位置报告要求与雷达管制的相同。

航空器的位置报告，应当包括航空器呼号、飞越的位置报告点、时间、飞行高度层或者飞行高度、飞行条件、预计飞越下一位置报告点或者到达着陆机场的时间。

航空器的飞行时间超过预计飞越位置报告点的时间 3 分钟，如果尚未收到位置报告时，管制员应当立即查问情况，并设法取得位置报告。

四、ADS-B 管制移交

ADS-B 管制移交应当建立在 ADS-B 识别的基础上并按照双方的具体协议进行，使接受方能够在与航空器建立无线电联系时立即完成识别。ADS-B 管制移交时，被移交航空器的间隔应当符合接受方所认可的最小间隔，同时移交方还应当将指定给航空器的高度及有关引导指令通知接受方。在进近管制室内部的移交或者相互间进行 ADS-B 识别的移交时，应当在 ADS-B 有效监视范围内进行。ADS-B 管制的航空器电话移交要求与雷达管制相同，但不包括二次应答机代码信息。ADS-B 管制的航空器扇区间电子移交要求与雷达管制相同。进行航空器 ADS-B 识别移交的方法如下。

（1）当两个 ADS-B 管制席相邻或者使用同一显示器时，移交方直接在接受方显示器上指出 ADS-B 位置指示符的名称。

（2）两个 ADS-B 显示屏上都标有同一地理位置或导航设备，利用通信设备说明航空器距离上述位置的相对方位和距离，必要时，应当指示航空器的航向。

（3）ADS-B 设备有电子移交功能时，可用电子方式移交。

（4）移交方 ADS-B 管制员指示航空器用特殊位置识别，接受方 ADS-B 管制员予以证实。

在实施移交时，移交方应当遵守下列规定。

（1）在航空器进入接受方所辖区域前完成 ADS-B 管制移交。

（2）除非另有规定，否则在改变已被移交的航空器的航行诸元或标牌数据前应当得到接受方的同意。

（3）与航空器脱离联系前应当保证本区域内潜在的飞行冲突和不利影响已得到正确处理、必要的协调已完成、间隔的有关飞行限制已通知接受方。

（4）除非另有协调，否则应当按照接受方的限制实施移交。

（5）在 ADS-B 识别的移交被接受后，及时与航空器脱离联络。

（6）除非在协议和指令中已经包含，否则应当将标牌或进程单上没有包含的下列信息通知接受方：指定的航向；空速限制；发出的高度信息；观察到的航迹和上一航段的飞行情况；其他必要的信息。

（7）保持标牌与相应的目标相关。

（8）航空器按照管制员给定的指令在超出导航设备作用距离之外飞行的，应当通知接受方对其进行 ADS-B 监控。

（9）管制移交前，为保证被移交航空器与本区域其他航空器的间隔，应当向接受方发出必要的飞行限制。

（10）接受方口头证实或者自动移交时，如果航空器已被接受方识别，则可认为已经完成移交。

实施移交时，接受方应当遵守下列规定。

（1）在接受移交前，确定目标的位置与移交方移交的位置一致，或者目标有正确的自动相关标牌显示。

（2）在接受移交前，应当发出安全飞行所必要的飞行限制。

（3）除非另行协调，否则应当遵循先前给定的飞行限制。

（4）除非另有规定，否则在直接向其他管制区的航空器发出改变航向、速度、航线和编码指令前，应当提前与航空器所在区域管制单位或者与航空器将要通过的管制区进行协调。

（5）接受移交后应当采用要求航空器驾驶员进行位置报告的方法证实目标，或通过使用特别位置识别功能协助证实目标，但如果在移交过程中已采用过这些方法，则可不必重复。

复习思考题

1. 掌握一次监视雷达、二次监视雷达的概念。
2. 简述二次监视雷达的工作原理。
3. 掌握 ADS-B 的概念。
4. ADS-B 与二次监视雷达相比，有哪些优点？
5. 掌握雷达应答机特殊编码的使用。
6. 熟悉雷达管制间隔标准。
7. 了解 ADS-B 管制间隔标准。

第十二章
非常规情况下的管制

章前提要

本章主要介绍飞机积冰、低空风切变、飞机颠簸、雷暴等复杂气象条件对飞行活动的影响和相应的管制程序，讲述无线电罗盘失效、座舱失压、飞机失火等紧急情况下管制员应采取的措施。通过对本章的学习，学生应掌握复杂天气对飞行活动的影响，了解复杂气象条件下和紧急情况下相应的管制处置流程。

第一节　复杂气象条件下的管制

复杂气象条件是指雷雨、结冰、颠簸、风切变、低云、低能见度等影响飞行安全的恶劣天气。遇有复杂气象条件时，管制员应当了解本管制区内的天气情况和演变趋势，及时通知在本管制区内运行的飞机。

一、复杂天气对飞行活动的影响

1. 飞机积冰

飞机积冰是指飞机机身表面某些部位产生冰层积聚的现象，当飞机在云中飞行或在降水中飞行时，云中的过冷水滴或降水中的过冷雨滴受到飞机机体撞击后冻结而成，也可以由水汽在机体表面凝华而成。冬季露天停放的飞机可能会形成机体积冰或结霜。

飞机出现积冰后，飞行性能会受到不同程度的影响，具体表现为以下几个方面。

一是积冰使得飞机气动外形遭到破坏，增加飞机重量，改变重心位置，空气动力性能发生改变。机翼和尾翼处的积冰导致飞机升力减小、阻力增加，若副翼、升降舵、方向舵等操纵翼面前缘处出现积冰，会在翼面偏转时形成卡阻，使飞机操纵发生困难。

二是螺旋桨桨叶积冰，使得螺旋桨拉力减小。桨叶积冰或机体表面的积冰脱落，会打坏发动机和机身其他部位。若发动机进气道或汽化器积冰，会导致发动机进气量减少，降低发动机功率，甚至使发动机停车。

三是空气压力探测部位积冰，会影响空速表和气压式高度表的正常工作，甚至使其失效。机身表面外凸处的天线积冰，无线电的接收和发射将会受到一定干扰，通信甚至会因此中断。风挡积冰影响目视，在进场着陆时尤其危险。

2. 低空风切变

风向和风速在特定方向上的变化叫风切变。风向和风速在水平方向的变化叫作水平风切变，在垂直方向的变化叫作垂直风切变。在不同高度处都可能出现风切变，高度在 500m 以下出现的低空风切变对飞机起落飞行安全的影响很大，曾多次导致严重事故。由于飞机着陆是高度不断降低、速度不断减慢的过程，而起飞反之，所以着陆阶段往往受到低空风切变的危害更大。

风切变的表现形式往往以多种形式出现，并以其中一种形式为主。风切变的一般形式有顺风切变、逆风切变、侧风切变和下冲气流切变。

在一般情况下，会产生较强的低空风切变的天气条件包括雷暴、锋面等。机场附近山脉较多，地形、地物复杂，常会引起低空风切变的出现。为了确保飞行安全，目前在有些飞机上已经装备了用于探测低空风切变的设备。

3. 飞机颠簸

飞机在飞行中遇到扰动气流，就会产生颤振、上下抛掷、左右摇晃、飞行员操纵困难、仪表不准等现象，这就是飞机颠簸。轻度颠簸会使得乘员感到不适甚至受伤。颠簸强烈时，短时间内飞机上下抛掷，同时伴有数十米甚至几百米的高度变化，空速变化 20km/h 以上，飞行员暂时失去对飞机的控制。特别严重时，若颠簸产生的过载高于飞机机体结构强度，还会造成飞机解体，对飞行安全影响极大。

颠簸对飞行安全的影响可以分为以下三个方面。其一，颠簸使飞机操纵困难，甚至使飞行员失去对飞机的控制。颠簸使飞机的飞行状态和空气动力性能发生较明显的不规则变化，从而使飞机失去稳定性。某些仪表的误差在颠簸中被加大，甚至失常，飞行员因此失去对飞机飞行状态的判断，操纵困难。其二，强烈颠簸会损害飞机结构，使飞机部件受到损害，严重时造成无法估量的损失。在颠簸状态中飞行，飞机的阻力增大，加大飞机燃料的消耗，航程和飞行时间相应减少。高空飞行时，强烈颠簸甚至会减少飞机发动机的进气量，进而造成燃烧室熄火、发动机空中停车。其三，颠簸还会造成飞行人员和乘客的紧张和疲劳，强烈颠簸会使飞机的高度在几秒钟内突然上升或下降数十米至数百米，严重危及飞行安全。

4. 雷暴

雷暴一般由对流旺盛的积雨云造成，同时伴有阵雨、大风、闪电、雷鸣，有时还会出现冰雹、龙卷风等中小尺度对流天气。

雷暴是一种强烈的对流性天气，由强烈发展的积雨云产生。雷暴过境时的近地面气象要素和天气现象会发生急剧变化，经常给飞机飞行尤其是低空起降造成严重影响。在一般强度的雷暴来临之前，气压下降，地面气温升高，空气湿度变大；在降雨开始后，气温迅速下降，气压开始上升。雷暴的降雨强度较大，虽然降雨持续时间短，但是对能见度的影响较为明显。强雷暴过境时的天气变化要比一般雷暴大得多，除一般雷暴中具备的天气外，还有可能出现飑、冰雹、龙卷风、暴雨等灾害性天气中的一种或多种。

飞机在雷暴活动区飞行比较危险，可能会遭遇非常恶劣的飞行环境，例如，强烈的颠簸、积冰、闪电、阵雨、恶劣能见度、冰雹、低空风切变等。飞机在飞行过程中，应尽量避免进入雷暴云中，可以选择从雷暴云两侧绕过，在云上或云下通过。目前，很多飞机上都配备了气象雷达，可以通过彩色显示屏观察飞机飞行方向区域中的降雨区、冰雹区等强对流天气区域，在显示屏上，大雨用红色来表示，雷暴中的湍流区和冰雹区用紫色来表示。因此，飞行员可以有效地通过机载气象雷达来回避雷暴，选择更安全的航路飞行。

二、不同复杂天气条件下的管制措施

当塔台管制员观察到机场的复杂天气变化与气象部门提供的气象情报有重大差异时，应当及时通知气象部门。如果情况紧急，可以先通知航空器，但应当说明是塔台观察到的。

管制员收到本区内飞行的航空器报告恶劣天气时，应当根据航空器的要求提供所掌握的气象情报，提供无恶劣天气的机场、航路和高度的信息，开放有关导航设备，协助其避开恶劣天气、返航或者飞往备降机场。

管制员在收到航空器报告恶劣天气时，应当及时通报气象部门和本区内运行的相关航空器。收到飞行中的航空器关于颠簸、结冰、风切变、雷雨等重要气象情报时，管制单位应当及时向在该空域内飞行的其他航空器和有关气象服务机构通报。向气象服务机构通报航空器所报气象情报时，应当一并通报该航空器的机型、位置、高度、观测时间。

管制员根据需要，可以要求航空器报告下列气象情报：一是现在位置的飞行天气状况；二是沿航线的飞行天气状况；三是某位置点与另一位置点之间的天气状况。

1. 雷雨活动时的管制措施

有雷雨活动时，管制员应当采取如下措施：

（1）根据天气预报、实况和雷达观测等资料，掌握雷雨的性质、范围、发展趋势等；

（2）掌握航空器位置；

（3）将航空器驾驶员报告的雷雨情报，及时通报有关的其他航空器；

（4）了解着陆机场、备降机场和航路的天气情况；

（5）航空器驾驶员决定绕飞雷雨时，要及时提供雷雨情报和绕飞建议，申请绕飞空域，调配其他航空器避让。

2. 发生结冰时的管制措施

当航路、航线上有结冰时，管制员应当采取如下措施：

（1）根据天气预报和航空器驾驶员的报告了解结冰的高度、范围和强度；

（2）向航空器驾驶员了解航空器结冰情况和脱离结冰区的意图，提供空中交通情报、有关天气情报和建议；

（3）及时开放有关通信导航、监视设备，掌握航空器位置；

（4）调配有关航空器避让。

3. 发生风切时的管制措施

管制员收到航空器驾驶员关于风切变的报告时，应当将相应信息通报可能会受到影响的航空器，直到风切变被证实已经消失。配备自动终端情报服务系统的，应当播放风切变信息，必要时，管制员应当逐个通知航空器驾驶员。航空器驾驶员遇有风切变时应当及时报告，报告的风切变信息应当包括以下内容：

（1）风切变存在的警告；

（2）遭遇风切变的高度或者高度范围；

（3）遭遇风切变的时间；

（4）风切变对航空器的影响，如水平和垂直速度的变化等。

第二节　航空器紧急情况下的管制

管制单位应当根据实际情况制定适用于本单位的航空器紧急情况处置程序及检查单，作为处理航空器紧急情况的依据。在处置航空器紧急情况时，管制员应当加强对紧急情况的判断，管制单位之间应当保持充分的协作。

一、紧急情况时的管制措施

遇有紧急情况时，管制员应当尽可能避免改变航空器无线电通信频率和二次监视雷达应答机编码，除非改变航空器无线电通信频率和二次监视雷达应答机编码有利于保证航空器的安全。对于发动机失效的航空器，管制员应当尽量降低对航空器机动飞行的要求，适当时应将出现紧急状况的航空器的情况通知有关的航空器。

遇有紧急情况时，管制单位应当尽可能地利用监视设备，掌握航空器状况。

收到航空器紧急下降并将穿越其他空中交通航路的报告后，管制单位应当立即采取措施，保证相关航空器的安全。必要时，管制员应当通知相关航空器和可能受到影响的管制单位或者管制扇区。

当航空器报告处于紧急情况时，管制单位可以采取以下措施。

（1）采取必要措施核实航空器的识别标志和机型、紧急情况的类型、航空器驾驶员的意图以及航空器的位置和高度。

（2）决定协助航空器处置紧急情况的方式。

（3）向相关管制单位及其他单位寻求协助。

（4）向航空器驾驶员提供所需的情报以及其他相关资料，如机场、最低安全高度、气象情报等信息。

（5）向航空器运营人或者驾驶员了解下列信息：机上人数、剩余燃油量、可能的机载危险物质及其性质。

（6）按规定向有关单位报告。

二、陆空通信联络失效时的管制措施

当与航空器失去陆空通信联络时，管制员除查明失联原因外，还应当迅速采取如下措施。

（1）通过有关管制单位以及空中其他航空器的通信波道，设法与该航空器建立联络。

（2）使用当地可利用的通信波道连续不断地发出空中交通情报和气象情报。

（3）开放有关导航设备，使用监视设备掌握航空器位置，要求航空器进行可观测到的指定的机动飞行或者发送一个可以被确认的指定信号，以判明其是否收到指令，然后采取措施。

（4）向有关航空器通报情况，指示相关航空器避让。

（5）向该航路沿线的有关管制单位发送有关陆空通信联络失效的情报。

（6）通知有关机场做好备降准备。

（7）塔台管制单位与进离场航空器不能建立联络时，应当使用辅助联络的符号和信号。

（8）如果可能，通知航空器运营人使用其内部通信方式与航空器联系。

失去陆空通信联络的航空器需去备降机场时，在确实判明航空器可以收到管制指令的情况下，管制员应当采取如下措施。

（1）航空器在云下按目视飞行规则飞行时，指示航空器仍保持在云下按目视飞行规则飞行。

（2）航空器按仪表飞行规则飞行时，应当指示航空器按照仪表飞行规则飞行至备降机场。

（3）航空器改航去备降机场并改变航向后，应当按照规定为航空器指配高度层。如果原高度层符合高度层配备规定，应当指示其保持在原规定高度层飞行；如果原高度层低于最低安全高度，应当指示其上升到新的高度层飞行；如果原高度层不符合新航向的高度层配备，应当指示其下降一个高度层飞行，如果下降后的高度可能低于最低安全高度时，则应当指示其上升到符合新航向配备的最低可用高度层飞行。

（4）通知备降机场管制单位做好准备，并向航空器提供飞往该机场所需的飞行情报。

如果情况表明陆空通信联络失效的航空器可能飞往飞行计划中规定的备降机场时，应当将失去通信联络的情况通知备降机场的管制单位以及其他可能受改航影响的管制单位。

当管制单位收到发生陆空通信联络失效的航空器已经恢复通信或者着陆的情报后，应当通知航空器发生陆空通信联络失效时所飞行区域的管制单位，及其飞行航路沿线的有关管制单位。

目的地机场所在地区的区域管制员应当在航空器预计进入着陆机场区域前 15 分钟不断地发出着陆条件，指示航空器在已占用的高度层上飞向着陆机场导航台，并且通知进近管制单位和塔台管制单位。进近管制单位和塔台管制单位应当不断重复发出进近与着陆条件，直至航空器着陆为止。

管制员应当在失去通信联络的航空器预计到达着陆机场导航台上空前 10 分钟，将等待空域内该航空器占用的高度层空出，禁止其他航空器穿越。在该航空器预计到达导航台上空的时间后 30 分钟内，禁止其他航空器在等待空域内下降。失去通信联络的航空器应当在上述规定的时间段内着陆。按照实际起飞时间计算的到达时刻，为航空器优先着陆下降高度的开始时间。

在雷达管制区，如果失去通信联络的航空器为已识别航空器，可以继续使用雷达间隔，管制单位应当根据实际情况适当增大与未识别航空器的雷达间隔。

失去通信联络的航空器已经着陆，已经恢复联络，或者航空器预计飞越导航台上空 30 分钟内发现航空器的，可恢复其他航空器的活动，并立即通知有关管制单位。

因磁暴影响失去陆空通信联络时，管制员应当采取如下措施。

（1）通知有关管制单位使用各种波道，特别是甚高频，设法与航空器联络。

（2）使用雷达监视航空器飞行。

（3）通知航空器使用甚高频与同航路或者邻近的航空器沟通联络或转发信息、通报情况，并严格保持规定的高度层飞行。

（4）暂时停止航空器起飞。

（5）建议飞越的航空器在本机场或者就近机场着陆。

三、无线电罗盘失效时的管制措施

管制员接到航空器报告无线电罗盘失效时，应当采取下列措施。

（1）询问无线电罗盘失效的情况和原因。

（2）利用雷达监视和引导航空器飞行。

（3）航空器在云下按目视飞行规则飞行时，应当指挥其继续保持在云下按目视飞行规则飞行。航空器按仪表飞行规则飞行时，应按照航空器驾驶员的决定，协助该航空器继续飞行或者在就近的机场着陆。在可能的情况下，应当根据航空器驾驶员的要求调配航空器转为云下，按目视飞行规则飞行。

（4）离场航空器尚未飞出进近管制区时，可建议该航空器返航着陆。

（5）着陆机场的天气为仪表飞行规则飞行条件，而该机场又无精密进近雷达或者仪表着陆系统时，管制员应当提供天气较好且灯光、无线电助航设施较完善的备降机场，供航空器驾驶员选择。

四、飞行能力受损时的管制措施

在起飞过程中，航空器驾驶员报告发动机失效时，管制员应当及时调配其他有关航空器避让，立即通知有关保障单位做好航空器着陆的援救工作。

在航路飞行中，航空器驾驶员报告部分发动机失效时，管制员应当采取如下措施。

（1）了解航空器驾驶员的意图。

（2）提供就近机场的资料和有关飞行情报。

（3）如果航空器不能保持原指定高度继续飞行，应及时调配其他有关航空器避让。

（4）航空器既不能保持最低安全高度，又不能飞往就近机场着陆，航空器驾驶员决定选择场地迫降时，管制员应当记录所知该航空器最后位置和时间，尽可能了解迫降情况和地点，并按照搜寻和援救的程序开展工作。

发动机部分失效的航空器进近着陆时，管制员应当采取如下措施。

（1）在航空器着陆前，通知有关保障单位做好相应准备。

（2）空出该航空器占用的及其以下的高度，禁止其他航空器和与援救无关的车辆在受影响的机动区内活动。

（3）允许航空器在有利的高度飞向着陆机场。

当航空器遭遇雷击时，管制员应当了解航空器的飞行状况，及时向航空器驾驶员提供可能的帮助。必要时，管制员应当根据天气预报、气象雷达观测或者空中其他航空器报告提醒航空器驾驶员降水区的大致位置。当航空器遭遇鸟击，管制员应当了解航空器的飞行状况，及时向航空器驾驶员提供可能的帮助。必要时，管制员应当向航空器驾驶员提供就近机场及所需飞行和气象情报信息。

当航空器出现液压系统故障时，管制员应当了解航空器的故障情况和飞行状况，并根据情况采取以下措施。

（1）指挥其他航空器避让液压系统故障的航空器。

（2）必要时，询问机上有无危险货物及机上人数。

（3）通知着陆机场及有关保障单位做好相应准备。

最低油量表示航空器燃油油量已达到不能再耽搁的状态。最低油量非指紧急状况，仅表示如果再出现不适当耽搁很可能发生紧急状况。当航空器报告最低油量时，管制员应当：

（1）若航空器报告"最低油量"或者所称低燃油情况不十分明确时，管制员要与航空器驾驶员证实是否宣布"最低油量"或者"紧急油量"，了解航空器剩余油量可飞时间。

（2）及时向航空器驾驶员提供本区域相关机场的航空情报和飞行气象情报以及空中交通信息。

（3）根据航空器驾驶员请求，提供就近可用机场所需航空情报和飞行气象情报。

（4）尽可能保障航空器按照计划航迹飞行，减少不必要的飞行延迟和等待，防止航空器进入"紧急油量"状态。

（5）及时将该航空器"最低油量"状况通报给将要移交的下一个管制单位。

紧急油量通常指根据机长的判断，由于航空器低油量状况而需要直飞落地机场的情况。宣布低油量紧急情况明确声明的航空器需要管制单位优先处置。当航空器报告紧急油量时，管制员应当：

（1）立刻与航空器驾驶员证实是否宣布"紧急"或"遇险"，了解航空器剩余油量可飞时间。

（2）及时向航空器驾驶员提供本区域相关机场的航空情报与飞行气象情报以及空中交通信息。

（3）根据航空器驾驶员请求，提供所需的机场航行情报和飞行气象情报。

（4）按照紧急情况处置的有关规定提供优先服务，组织其他航空器避让，为航空器缩短航程、使用有利飞行高度、减少油耗提供帮助，并且避免管制原因造成的等待、延迟与复飞。

（5）结合航空器申报的领航计划报及其飞行进程动态信息，利用航空器位置报告和雷达等监视手段跟踪掌握航空器位置。

（6）及时将该航空器"紧急油量"状况通报给将要移交的下一管制单位及运行中相关的航空器。

（7）询问机上人数和有无危险品，通知着陆机场有关保障单位和搜寻援救单位做好相应准备。

当航空器驾驶员决定在野外迫降时，管制员应当：

（1）尽可能提醒航空器驾驶员着陆点附近的障碍物。

（2）指示空中其他航空器观察着陆区域，尝试建立通信联系。

（3）记录航空器最后所知位置和时间，尽可能了解迫降情况和地点，并按照搜寻和援救的程序实施工作。

五、座舱失压时的管制措施

收到航空器驾驶员报告航空器因增压系统失效而实施紧急下降时，管制员应当采取如下措施。

（1）根据航空器当时的位置，迅速通知其他航空器避让，并立即通报有关管制单位。

（2）允许航空器在不低于安全高度的情况下，下降到 4 000m 以下高度飞行。

（3）必要时，通报相关交通活动情况。

（4）航空器下降到较低高度层飞行后，了解其续航时间。

（5）按照航空器驾驶员的决定，及时提供航空器继续飞行或者就近机场着陆所需的飞行和气象情报信息。

六、迷航或不明的航空器的管制措施

收到航空器驾驶员报告迷航时，管制员应当采取如下措施。

（1）了解航空器的续航能力，根据该航空器发出的所有位置报告，推算出航空器的概略位置并采用一切可用手段确定航空器的位置。

（2）开放有关导航设备，使用雷达搜索，向航空器提供引导，指挥其他航空器避让。

（3）根据航空器所处条件，及时发出如下管制指令：一是当航空器低空飞行时，指示其上升到有利的高度，便于扩大视野和雷达观测；二是当航空器在山区飞行时，指示其改向平坦地区飞行；三是当航空器在国境附近时，指示其改向国境内侧飞行。

（4）根据航空器的概略位置，引导航空器飞向导航台或者铁路、湖泊、江河、城市等显著地标后，通知航空器位置。根据航空器驾驶员飞往着陆机场或者就近机场的决定，通知应飞航向和提供飞行情报。

（5）按照需要将关于该航空器的有关资料以及发给该航空器的指令，通知有关的管制单位和飞行管制部门。

迷航航空器驾驶员采取一切措施后仍不能复航，并决定在发现的机场着陆或者选择场地迫降时，管制员应当记录航空器最后所知的位置和时间，尽可能地了解迫降情况和地点，并按照搜寻和援救的程序实施工作。

为了提供空中交通管制或按有关飞行管制部门的要求，管制单位发现有不明航空器在本区域内飞行，应当向军民航有关部门报告，尽力识别该航空器，并采取下列措施。

（1）设法与该航空器建立双向通信联络。

（2）询问其他管制单位关于该航空器的情况，并请求其设法与该航空器建立双向通信联络。

（3）设法从区域内的其他航空器得到情报。

（4）向区域内其他航空器通报。

管制单位在查清不明航空器的情况后，应当及时将航空器的情况通知军民航有关部门。

七、空中失火时的管制措施

收到航空器驾驶员报告航空器空中失火时，管制员应当采取如下措施。

（1）了解着火部位和航空器驾驶员所采取的措施。

（2）允许航空器下降到最低安全高度，调配其他航空器避让。

（3）向失火航空器提供各种便利和优先着陆许可，避免其复飞。

（4）必要时，询问航空器上是否有危险货物、航空器上人数以及剩余油量。

（5）通知有关保障单位和机场管理机构做好航空器着陆和援救的准备工作。

（6）航空器驾驶员决定飞往就近机场着陆或者选择场地迫降时，管制员应当记录航空器最后所知位置和时间，尽可能地了解迫降情况和地点，并按照搜寻和援救的程序实施工作。

八、空中劫持时的管制措施

收到航空器驾驶员报告或者从二次监视雷达发现航空器被劫持的告警信号时，管制员应当采取如下措施。

（1）尽可能核实和了解航空器被劫持的情况。

（2）立即报告值班领导并按反劫机工作程序实施工作。

（3）考虑航空器驾驶员可能采取的机动飞行措施，迅速调配其他航空器避让。

（4）根据当时的情况，迅速提供就近机场供航空器驾驶员选用。

（5）航空器着陆后，指示航空器驾驶员滑到远离候机楼、停机坪、油库的位置。

（6）在全部飞行过程中，使用雷达监视该航空器的动向。

管制员应当为被劫持的航空器和其他航空器之间配备大于所在管制区使用的最小间隔。

九、民用航空器被拦截时的管制措施

当军事单位观察到民用航空器可能正在飞进或者已经进入某一空域并要进行拦截时，管制单位在得知此情况后应当尽力识别该航空器并向该航空器提供所需的航行引导，以避免航空器被拦截，并将有关情况通报有关飞行管制部门。

当民用航空器被拦截时，其所在空域的管制单位应当采取以下措施。

（1）在任何可用频率上，包括紧急频率 121.5MHz，与被拦截的民用航空器建立双向通信联络。

（2）按照有关飞行管制部门的要求，将拦截一事通知被拦截的民用航空器。

（3）同有关的与拦截航空器保持双向通信联络的飞行管制部门建立联络，并向其提供能够得到的关于被拦截民用航空器的情报。

（4）根据需要，在拦截航空器与被拦截的民用航空器之间或在有关飞行管制部门与被拦截的民用航空器之间转达信息。

（5）与有关飞行管制部门密切协调，采取一切必要步骤保障被拦截的民用航空器的安全。

（6）如果该民用航空器是从国际相邻飞行情报区偏航或者迷航误入的，应当通知负责该飞行情报区的空中交通服务单位。

当得知民用航空器在相邻区域正被拦截时，管制单位应当视情况采取下列措施。

（1）通知被拦截民用航空器所在区域的管制单位，并向其提供有助于识别该民用航空器的情报。

（2）在被拦截的民用航空器与有关管制单位、有关飞行管制部门或者拦截航空器之间转达信息。

十、紧急放油时的管制措施

航空器需要紧急放油时，应当及时向管制单位报告。管制单位收到航空器紧急放油的申请

后，应当及时将航空器飞往放油区的航线、高度和放油区的天气状况通告航空器驾驶员。当航空器准备紧急放油时，机场所在地区的管制单位应当通知有关的管制单位和航空器。允许具有放油设备航空器起降的机场，应当在机场附近划定放油区并规定在放油区飞行的航线、高度，其有关信息应当在航行情报系列资料中公布。

当航空器需要空中放油时，航空器驾驶员应当通知管制单位。管制单位就下述情况与航空器驾驶员进行协调。

（1）拟飞行的航路，应尽可能避开城市和城镇，最好在水面上飞行和远离报告有或预计有雷雨的地区。

（2）拟使用的高度层不得低于 1 800m。

（3）预计空中放油的时间。

其他航空器与放油航空器之间的间隔应当符合下列间隔标准之一。

（1）在放油航空器飞行高度 300m 以上通过，不得从放油航空器或者有放油航空器活动的放油区下方通过。

（2）距放油区边界 16km 以上。

（3）距放油航空器水平距离 19km 以上，但不得跟随放油航空器。

（4）在放油航空器放油完毕 15 分钟后通过。

如果航空器在放油作业中将保持无线电缄默，管制员应与航空器驾驶员事先协商确定监听的频率、无线电缄默终止的时间等相关事项。

十一、空中交通管制意外事件的管制措施

当空中交通管制使用的地面无线电设备完全失效时，管制单位及管制员应采取下列措施。

（1）立即通知相邻管制岗位或者管制单位有关地面无线电设备失效的情况。

（2）采取措施，设法在 121.5MHz 紧急频率上与航空器建立无线电通信联络。

（3）判断地面无线电设备完全失效时管制岗位或管制单位的交通形势。

（4）如果可行，请求可能与这些航空器建立通信联络的管制岗位或者管制单位提供帮助，为航空器建立雷达或者非雷达间隔，并保持对其的管制；在通信联络恢复正常前，要求有关管制岗位或管制单位让航空器保持在通信有效的区域内等待或者改航。

为了降低空中交通管制使用的地面无线电设备完全失效对空中交通安全的影响，管制单位应当结合实际情况建立相应的应急工作程序。应急工作程序中可以包括有关管制岗位或者管制单位相互协助处置应急情况的内容和方式。

当航空器的发射机无意中阻塞了管制频率，应采取下列措施。

（1）设法识别阻塞频率的航空器。

（2）确定阻塞频率的航空器后，应设法使用 121.5MHz 紧急频率、采用选择呼叫代码、通过航空器运营人的频率及其他通信方式与航空器建立联络。如果航空器在地面上，则直接与航空器联络。

（3）如果与阻塞频率的航空器建立了通信联络，应当要求航空器驾驶员立即采取措施，停止对管制频率的影响。

在空中交通管制频率上出现不真实和欺骗性的管制指令和许可时，管制单位应当采取下列

措施。

（1）对不真实和欺骗性的管制指令和许可进行更正。

（2）通知该频率上所有航空器有不真实和欺骗性的管制指令和许可。

（3）要求该频率上所有的航空器在执行管制指令和许可前对其进行核实。

（4）如果可行，要求航空器转换到其他的频率。

（5）航空器驾驶员怀疑收到不真实和欺骗性的管制指令和许可时，应当向管制单位查问和核实。

在紧急情况期间，如果不能保证所需的水平间隔，所适用的最小垂直间隔的半数间隔可被用作紧急间隔。在使用紧急间隔时，应当通知有关的航空器驾驶员。除此之外，应当向所有有关的航空器驾驶员提供必要的交通情报。

十二、其他特殊情况的处置

管制单位收到航空器驾驶员报告机上有病人需要协助时，应当根据以下情况予以处置。

（1）收到航空器驾驶员报告机上有病人需要协助，但并没有正式宣布紧急情况或者病人处于危重状态，管制员应当向航空器驾驶员证实情况是否紧急。如果航空器驾驶员没有表明情况紧急，管制员可以不给予该航空器优先权。

（2）如果航空器驾驶员表明情况紧急，管制员应当予以协助，给予相应优先权，并且通知有关保障单位。

管制员收到有关鸟类活动的情况报告后，应当了解有关情况并向可能受影响的航空器提供鸟群的大小、位置、飞行方向、大概高度等情报，可能时提供鸟群的种类。鸟类活动的情报来源于管制员目视观察、航空器驾驶员报告、雷达观察并通过目视观察或者航空器驾驶员报告证实等方式。管制单位一旦发现鸟群活动，应当及时通知机场管理机构，并提醒航空器驾驶员注意观察和避让。

复习思考题

1. 了解不同复杂气象条件下的管制处置方法。
2. 了解航空器紧急情况下的管制处置方法。

第十三章

事件

章前提要

本章主要讲述民用航空器事件、事件报告程序、事件调查规定等内容。通过对本章的学习，学生应掌握民用航空器事故的定义与等级划分；了解空中交通管制严重差错的类型；了解空管不正常事件的报告事项与报告内容；熟悉事件调查的目的、原则和基本程序。

第一节　民用航空器事件

民用航空器事件（简称"事件"）是指在航空器运行阶段或机场活动区内发生航空器损伤、人员伤亡或其他影响飞行安全的情况。按照事件划分，民用航空器事件包括民用航空器事故、民用航空器征候、民用航空器一般事件以及差错；按照事件报告划分，民用航空器事件包括紧急事件和非紧急事件。

空中交通管制事故是指主要由空中交通管制原因造成的航空器飞行事故或者航空器地面事故。空中交通管制事故征候是指主要由空中交通管制原因造成的航空器事故征候。空中交通管制事故和事故征候按照国家和民航相关规定、标准确定。

一、民用航空器事故

1. 定义

民用航空器事故（简称"事故"）是指从任何人登上民用航空器准备飞行直至所有这类人员离开航空器为止的时间内，或在机场内发生的与航空器有关的事件，并在此事件中造成：

（1）人员死亡或者重伤；

（2）航空器损毁无法修复或者严重损坏；

（3）航空器失踪或者处于无法接近的地方。

但下列情况除外：

（1）由于自然、自身或他人原因造成的人员伤亡；

（2）由于偷乘航空器藏匿在供旅客和机组使用区域外造成的人员伤亡。

无人驾驶民用航空器事故的定义及调查由国务院民用航空主管部门另行规定。

2. 等级划分

根据造成的人员伤亡或者航空器损失情况，事故分为特别重大、重大、较大、一般四个等级。

（1）凡属下列情况之一者为特别重大事故：

造成 30 人（含）以上死亡，或者 100 人（含）以上重伤，或者死亡、重伤人数合计在 100 人（含）以上的事故；

航空器失踪，机上人员在 30 人（含）以上的事故。

（2）凡属下列情况之一者为重大事故：

造成 10 人（含）以上 30 人以下死亡，或者 50 人（含）以上 100 人以下重伤，或者死亡、重伤人数合计在 50 人（含）以上 100 人以下的事故；

航空器失踪，机上人员在 10 人（含）以上 30 人以下的事故；

最大起飞重量为 50 吨（含）以上的航空器，失踪、损毁无法修复或者修复费用达到或者超过事故当时同型或同类可比新航空器价格的 60%（含）的事故。

（3）凡属下列情况之一者为较大事故：

造成 3 人（含）以上 10 人以下死亡，或者 10 人（含）以上 50 人以下重伤，或者死亡、重伤人数合计 10 人（含）以上 50 人以下的事故；

航空器失踪，机上人员在 3 人（含）以上 10 人以下的事故；

最大起飞重量为 50 吨（含）以上的航空器，其修复费用为事故当时同型或同类可比新航空器价格的 35%（含）至 60%的事故；

最大起飞重量为 5.7 吨（含）以上 50 吨以下的航空器，失踪、损毁无法修复或者修复费用达到或者超过事故当时同型或同类可比新航空器价格的 60%（含）的事故。

（4）凡属下列情况之一者为一般事故：

造成 3 人以下死亡，或者 10 人以下重伤的事故；

航空器失踪，机上人员在 3 人以下的事故；

最大起飞重量为 50 吨（含）以上的航空器，其修复费用为事故当时同型或同类可比新航空器价格的 10%（含）至 35%的事故；

最大起飞重量为 5.7 吨（含）以上 50 吨以下的航空器，其修复费用为事故当时同型或同类可比新航空器价格的 15%（含）至 60%的事故；

最大起飞重量为 5.7 吨以下的航空器，失踪、损毁无法修复或者修复费用超过事故当时同型或同类可比新航空器价格的 60%（含）的事故。

航空器发生相撞的，不论损失架数多少，一律按一次事故计算。事故等级按人员伤亡总数和航空器损坏最严重者确定，就高不就低。

人员伤亡应当统计自发生事故之日起 30 日内，由本次事故导致的伤亡，包括事故直接造成的地面人员伤亡。

航空器损坏最严重者是指一次事故中涉及的多架航空器分别按照其损毁无法修复或修复费用占事故当时同型或同类可比新航空器价格的百分比确定的事故等级中的最高者。

二、民用航空器事故征候

民用航空器事故征候（简称"征候"）是指在民用航空器运行阶段或者在机场活动区内发生的与航空器有关的、未构成事故但影响或者可能影响安全的事件。

征候分为运输航空严重事故征候、运输航空一般事故征候、运输航空地面事故征候和通用航空事故征候。

运输航空严重事故征候是指按照《大型飞机公共航空运输承运人运行合格审定规则》（CCAR-121）执行定期或非定期飞行任务的飞机，在运行阶段发生的具有很高事故发生可能性的事故征候。例如，在飞行中，未被定性为事故的相撞；在飞行中，严重影响航空器运行的一个或多个系统出现的多重故障；在滑行道，或未被指定、关闭、占用的跑道上中断起飞、起飞、着陆或尝试着陆等。

运输航空一般事故征候是指按照《大型飞机公共航空运输承运人运行合格审定规则》（CCAR-121）执行定期或非定期飞行任务的飞机，在运行阶段发生的未构成运输航空严重事故征候的事故征候。例如，迷航；误入禁区、危险区、限制区等；机组没有正确执行管制指令；飞偏或飞错进离场航线并造成其他航空器避让等。

运输航空地面事故征候是指《大型飞机公共航空运输承运人运行合格审定规则》（CCAR-121）运行规范中所列的飞机，在机场活动区内，处于非运行阶段时发生的导致飞机受损的事件。例如，外来物造成航空器受损（轮胎扎伤除外）；加油设备、设施起火、爆炸造成航空器受损等。

通用航空事故征候是指按照《一般运行与飞行规则》（CCAR-91）、《小型航空器商业运输运营人运行合格审定规则》（CCAR-135）执行飞行活动的航空器，在运行阶段发生的事故征候。例如，飞行中失去全部电源；因天气现象或系统故障等原因不能保持安全高度；按目视飞行规则飞行的航空器长时间进入仪表气象条件等。

三、民用航空器一般事件

民用航空器一般事件是指在民用航空器运行阶段或者在机场活动区内发生的与航空器有关的航空器损伤、人员受伤或者其他影响安全的情况，但其严重程度未构成征候的事件。

四、差错

在空管系统中，因空管系统单位、个人或设施设备原因影响安全运行的事件被称为不安全事件。空管系统不安全事件按严重程度划分为事故、事故征候、严重差错和一般差错。其中，事故和事故征候按照民用航空器事件等相关标准执行。管制工作严重差错和一般差错标准，由管制单位制定。

由于空中交通管制工作上的失误，出现下列情况，但未造成严重后果的事件，为空中交通管制严重差错。

（1）航空器纵向、横向、垂直间隔同时小于规定间隔数据的某一比例，且未构成事故征候的，具体比例由管制单位确定。

（2）指挥航空器起降过程中违反尾流间隔规定，导致航空器中断正常运行的。

（3）飞行取消、返航、备降，或者由于非正常原因造成航空器飞错计划航线的。

（4）在航空器仪表进入着陆时，错误地关闭导航设备或者同时开放同频双向导航设备，并以此实施管制的。

（5）由于管制原因造成向航空器提供了错误的高度表拨正值且未及时纠正的。

（6）未与邻近管制区管制单位协调或者其他原因致使航空器飞出本管制区一段时间后仍未与下一管制区建立无线电通信联络的，具体时间由管制单位确定，且不大于10分钟。

（7）值班过程中脱离岗位造成航空器无人指挥的。

管制单位应当分析产生差错的原因，从工作程序、班组管理、岗位监控、设备使用、人员培训、心理状况等方面制定减少差错的措施。

因人为原因导致空中交通管制严重差错的，由所在管制单位暂停事件直接责任人岗位工作，进行相关培训，经重新培训并合格后方可再从事管制岗位的工作。

因人为原因导致空中交通管制不安全事件，但未达到差错以上标准的，由所在管制单位对事件直接责任人进行教育或者培训后，方可继续从事管制岗位工作。

第二节　事件报告程序

为规范民航空管运行不正常事件的报告工作，明确空管不正常事件的报告内容和工作程序，及时、准确、全面地掌握空管运行情况，制定空管事件报告程序。本程序适用于民航空管行业管理部门以及从事民用航空空中交通管制，提供通信导航监视服务、航空情报服务、航空气象服务单位（以下统称"民航空管运行单位"）的空管运行不正常事件报告。

一、报告事项

民航空管运行中发生、发现下列不正常事件时，应当报告。

（1）航空器、车辆、人员、动物等侵入跑道影响正常飞行，导致航空器中断起飞或者复飞的。

（2）航空器在起飞或者进近着陆过程中，没有在指定的跑道起飞、着陆、复飞的。

（3）飞行过程中的航空器与航空器、航空器与地面障碍物之间小于规定间隔的。

（4）航空器在地面滑行中误入滑行道或者未启用的跑道，造成不能正常运行的。

（5）航空器根据机载防撞系统告警提示，改变规定或者指定的飞行高度和航迹的。

（6）飞行过程中的航空器与规定或者指定的空中交通管制单位中断陆空通信联系，且对其他航空器运行造成影响，致使其中一方启动应急程序的。

（7）通信监视设施设备故障，导致管制单位改变管制方式或者实施流量控制的。

（8）机场导航设施设备不能正常提供服务，导致机场运行标准降低的。

（9）航路（航线）导航设施设备不能正常提供服务，影响航路（航线）飞行安全和正常的。

（10）机场气象观测设备不能正常提供服务，导致机场运行标准降低的。

（11）航行情报服务原因造成航空器不能按照计划正常飞行的。

（12）气象服务或管制原因，向航空器提供错误的高度表拨正值且未予纠正的。

（13）其他影响机场、进近（终端）及区域空中交通管制单位不能正常进行空中交通管制的。

二、职责分工

民航局空管办负责民航空管运行不正常事件的统计分析，通报民航空管运行不正常情况，指导民航空管改进工作。

民航地区管理局空管行业管理部门负责指导民航监管局的空管运行不正常事件报告及调查工作，核查有关情况，提出处理意见。

民航监管局负责民航空管运行不正常事件调查、原因分析，做出调查结论，提出整改意见和建议措施，监督民航空管运行单位整改意见的落实。

民航空管运行单位应当及时主动报告空管运行中发生、发现的运行不正常事件，积极配合空管行业管理部门的调查和处理工作，认真落实整改意见和建议措施。

三、报告内容

民航空管运行不正常事件报告，应当包括下列基本内容：报告单位及联系人、事发地点、事发时间、事发环境、人员设施设备状况、事件经过、事件结果、事发原因、采取的措施、拟采取的措施等。

发生、发现空管运行不正常事件的民航空管运行单位，应当立即以电话方式向所属地区的民航监管局和民航地区空管局运行管理部门报告事件发生的基本情况，及时以书面形式报告所属地区的民航监管局。

民航地区空管局运行管理部门应当及时将收到的有关民航空管运行不正常事件的情况报告民航局空管局运行管理部门。

民航监管局应当在事件发生 12 小时内，以书面方式向民航地区管理局空管行业管理部门报告，同时抄报民航局空管办。

民航地区管理局空管行业管理部门应当在事件调查完成后，以书面方式向民航局空管办报告事件经过、原因分析、调查结论、处理意见、整改措施及有关建议等。

四、有关要求

民航地区管理局应当制定本地区民航空管运行不正常事件报告的具体工作制度，明确通报的单位、人员、方式、渠道、内容等，做到即时发现、即时报告、即时处理。

民航地区管理局空管行业管理部门应当定期分析研究本地区民航空管运行不正常事件的规律和特点，指导和监督本地区民航空管运行工作，向民航局空管办提出意见建议。

民航监管局应当按照规定建立 24 小时值班制度，与辖区内民航空管运行单位之间建立畅通的民航空管运行不正常事件通报渠道。

民航监管局与辖区内民航空管运行单位应当建立定期和不定期的会商机制，对空管运行中存在的问题及时进行分析研究，制定有效措施。

符合《民用航空安全信息管理规定》的民航空管运行不正常事件，在执行上述程序的同时，还应当遵守民用航空安全信息管理的有关规定。

第三节 事件调查规定

《民用航空器事件调查规定》（CCAR-395-R2）2020 年 4 月 1 日起正式实施适用于中国民用航空局、中国民用航空地区管理局负责组织的，包括委托事发民航生产经营单位开展的民用航空器事件技术调查及相关工作。事件调查的目的是查明原因，提出安全建议，防止类似事件再次发生。在事件调查时，应遵循独立原则、客观原则、深入原则和全面原则。

一、调查的组织

1. 调查规定

在我国境内发生的事件由我国负责组织调查。在我国境内发生事故、严重征候时，组织事件调查的部门应当允许航空器登记国、运营人所在国、设计国、制造国各派出一名授权代表和若干名顾问参加调查。事故中有外国公民死亡或者重伤的，组织事件调查的部门应当允许死亡或者重伤公民所在国指派一名专家参加调查。有关国家无意派遣授权代表的，组织事件调查的部门可以允许航空器运营人、设计、制造单位的专家或者其推荐的专家参与调查。

我国为航空器登记国、运营人所在国或者由我国设计、制造的民用航空器，在境外某一国家或者地区发生事故、严重征候时，民航局或者地区管理局可以委派一名授权代表和若干名顾问参加由他国或者地区组织的调查工作。

我国为航空器登记国的民用航空器，在境外发生事故、严重征候时，但事发地点不在某一国家或者地区境内的，由我国负责组织调查。

我国为运营人所在国或者由我国设计、制造的民用航空器，在境外发生事故、严重征候时，但事发地点不在某一国家或者地区境内，且航空器登记国无意组织调查的，可以由我国负责组织调查。

由民航局或者地区管理局组织的事故、严重征候调查，可以部分或者全部委托其他国家或者地区进行调查。

根据我国要求，除航空器登记国、运营人所在国、设计国和制造国外，为调查提供资料、设备或者专家的其他国家，有权任命一名授权代表和若干名顾问参加调查。

2. 调查范围

（1）民航局组织的调查包括：

① 国务院授权组织调查的特别重大事故；

② 运输航空重大事故、较大事故；

③ 外国公共航空运输承运人的航空器在我国境内发生的事故；

④ 民航局认为有必要组织调查的其他事件。

（2）地区管理局组织本辖区内发生的事件调查，包括：

① 运输航空一般事故；

② 民用航空事故；

③ 征候和一般事件；

④ 外国公共航空运输承运人的航空器在我国境内发生的严重征候；

⑤ 民航局授权地区管理局组织调查的事故；

⑥ 地区管理局认为有必要组织调查的其他事件。

对于未造成人员伤亡的一般事故、征候，地区管理局可以委托事发民航生产经营单位组织调查。一般事故原则上由地区管理局委托事发民航生产经营单位自行调查，地区管理局认为必要时，可以直接组织调查。

由民航局组织的调查，事发地地区管理局和事发相关单位所属地地区管理局应当参与。由事发地地区管理局组织的调查，事发相关单位所属地地区管理局应当给予协助，民航局可以根据需要指派调查员或者技术专家给予协助。事发地地区管理局可以委托其他地区管理局组织调查，事发地地区管理局和事发相关单位所属地地区管理局应当给予协助。

3. 调查组的组成

组织事件调查的部门应当任命一名调查组组长，调查组组长负责管理调查工作，并有权对调查组组成和调查工作做出决定。

调查组组长根据调查工作需要，可以成立若干专业小组，分别负责飞行运行、航空器适航和维修、空中交通管理、航空气象、航空安保、机场保障、飞行记录器分析、失效分析、航空器配载、航空医学、生存因素、人为因素、安全管理等方面的调查工作。调查组组长指定专业小组组长，负责管理本小组的调查工作。

调查组由调查员和临时聘请的专家组成，参加调查的人员在调查工作期间应当服从调查组组长的管理，其调查工作只对调查组组长负责。调查组成员在调查期间，应当脱离其日常工作，将全部精力投入调查工作，并不得带有本部门利益。

与事件有直接利害关系的人员不得参加调查工作。

4. 调查组的职责

调查组的职责包括：一是查明事实情况；二是分析事件原因；三是做出事件结论；四是提出安全建议；五是完成调查报告。

5. 调查组的职权

调查组拥有以下职权。

（1）决定封存、启封和使用与发生事件的航空器运行和保障有关的文件、资料、记录、物品、设备和设施。

（2）要求发生事件的航空器运行、保障、设计、制造、维修等单位提供情况和资料。

（3）决定实施和解除事发现场的保护措施。

（4）决定移动、保存、检查、拆卸、组装、取样、验证发生事件的航空器及其残骸。

（5）对事件有关单位和人员、目击者和其他知情者进行询问并录音或者录像，要求其提供相关文件、资料。

（6）提出开展尸检、病理及毒理检验等工作要求。

（7）确定可公开的信息及资料。

（8）调查组认为有必要开展的其他行动。

二、调查员的管理

未经调查组组长允许，调查员不得擅自发布调查信息。调查员应当实事求是、客观公正、尊重科学、恪尽职守、吃苦耐劳，正确履行职责、行使权力，遵守调查纪律，并满足下列要求。

（1）在航空安全管理、飞行运行、适航维修、空中交通管理、机场管理、航空医学或者飞行记录器译码等专业领域具有3年及以上工作经历，具备较高专业素质。

（2）按照民航局调查员培训大纲的要求参加初始培训和复训。

（3）有一定的组织、协调和管理能力。

（4）身体和心理条件能够适应调查工作。

民航局负责民航局、地区管理局调查员委任和管理工作。民航生产经营单位负责本单位调查员的管理工作。民航局、地区管理局的调查员因身体、心理、离职或者培训考核不合格等原因不能正常履行调查员职责的，或者任期内有违法、违纪行为的，应当终止其调查员委任。 民航局、地区管理局和民航生产经营单位根据需要为本单位的调查员提供心理疏导，保护调查员职业健康。

三、事件的报告

1. 事故、严重征候报告的内容

事故、严重征候的报告包括下列内容。

（1）事发时间、地点和民用航空器运营人。

（2）民用航空器类别、型别、国籍和登记标志。

（3）机长姓名，机组、旅客和机上其他人员人数及国籍。

（4）任务性质，最后一个起飞点和预计着陆点。

（5）简要经过。

（6）机上和地面伤亡人数，航空器损伤情况。

（7）事发时的地形、地貌、天气、环境等物理特征。

（8）事发时采取的应急处置措施。

（9）危险品的载运情况及对危险品的说明。

（10）报告单位的联系人及联系方式。

（11）与事故、严重征候有关的其他情况。

2. 报告内容其他要求

前文所述的报告内容暂不齐全的，事发相关单位应当继续收集和补充，不得因此延误初步报告时间。一旦获得新的信息，应当随时补充报告。当事发地所在国或者地区不了解航空器登记国或者运营人所在国为我国的民用航空器在该国或者地区发生严重征候时，民航局应当将该情况通知有关设计国、制造国和事发地所在国。

由我国组织调查的事故或者严重征候，民航局应当将事故或者严重征候情况通知航空器登记国、运营人所在国、设计国、制造国和国际民用航空组织，并负责有关国家参加事故或者严重征候调查的具体联络工作。

当民航局收到其他国家或者地区有关事故或者严重征候信息后，应当向有关国家或者地区提供如下信息。

（1）尽快将所掌握的有关事故或者严重征候所涉及航空器和机组的资料提供给出事所在国。

（2）通知出事所在国我国是否将任命授权代表，如任命，提供该授权代表的姓名和详细的联系方式；如果授权代表前往出事所在国，提供其预计到达日期。

（3）如果运营人所在国为我国，应当尽快向出事所在国或者航空器登记国提供航空器上危险品载运的详细情况。

四、事件的调查

1. 需妥善保管的资料

需妥善保管的资料包括以下内容。

（1）飞行日志、飞行计划、通信、导航、监视、气象、空中交通服务、雷达等有关资料。

（2）飞行人员的技术、训练、检查记录，飞行经历时间。

（3）航空卫生工作记录，飞行人员体检记录和登记表、门诊记录、飞行前体检记录和出勤健康证明书。

（4）航空器国籍登记证书、适航证书、无线电台执照、履历、有关维护工具和维护记录。

（5）为航空器加注各种油料、气体等的车辆、设备以及有关化验记录和样品。

（6）航空器使用的地面电源和气源设备。

（7）为航空器除、防冰的设备以及除冰液化验的记录和样品。

（8）旅客货物舱单、载重平衡表、货物监装记录、货物收运存放记录、危险品运输相关文件、旅客名单和舱位图。

（9）旅客、行李安全检查记录，货物邮件安全检查记录，监控记录，航空器监护和交接记录。

（10）有关影像资料。

（11）其他需要封存的文件、工具和设备。

应当封存但不能停用的工具和设备，应通过拍照、记录等方法详细记录其工作状态。封存资料的单位应当指定封存负责人，封存负责人应记录封存时间并签名。所有封存的文件、样品、工具、设备、影像和技术资料等未经调查组批准，不得启封。

2. 事发现场保护的规定

对事发现场保护，应做到以下内容。

（1）民用机场及其邻近区域内发生的事件，现场保护工作按照《民用运输机场突发事件应急救援管理规则》执行；其他区域发生的事件按照《中华人民共和国搜寻援救民用航空器规定》执行。

（2）参与救援的单位和人员应当保护事发现场，维护秩序，禁止无关人员进入，防止哄抢、盗窃和破坏。救援工作结束后，救援人员无特殊情况不得再进入现场，防止事发现场被破坏。

（3）任何单位或者个人不得随意移动事发航空器或者航空器残骸及其散落物品。航空器坠落在铁路、公路或者跑道上或者为抢救伤员、防火灭火等需要移动航空器残骸或者现场物件的，应当做出标记，绘制现场简图，进行书面记录、拍照和录像，妥善保护现场痕迹和物证。

（4）先期到达现场的调查先遣人员对现场各种易失证据，包括物体、液体、冰、资料、痕迹等，及时拍照、采样、收集，并做书面记录。

（5）幸存的机组人员应当保持驾驶舱操纵手柄、电门、仪表等设备处于原始状态，并在救援人员到达之前尽其可能保护事发现场。

（6）救援人员到达后，由现场的组织单位负责保护现场和驾驶舱的原始状态。除因抢救工作需要，任何人不得进入驾驶舱，严禁扳动操纵手柄、电门、改变仪表读数和无线电频率等破坏驾驶舱原始状态的行为。在现场保护工作中，现场组织负责人应当派专人监护驾驶舱，直至向调查组移交。

（7）现场救援负责人怀疑现场有放射性物质、易燃易爆物品、腐蚀性液体、有害气体、有害生物制品、有毒物质等危险品或者接到有关怀疑情况报告的，应当设置专门警戒，注意安全防护，并及时安排专业人员给予确认和处理。

（8）参与救援的单位和人员应当避免对事发现场周边环境造成损害。

3. 事发现场的管理

事发现场的管理应遵照以下规定。

（1）接管现场并听取负责现场保护和救援工作的单位的详细汇报。

（2）负责现场和事发航空器或者残骸的监管工作。未经调查组同意，任何无关人员不得进入现场；未经调查组组长同意，不得解除对现场和事发航空器的监管。

（3）进入事发现场工作的人员应当服从调查组的管理，不得随意进入航空器驾驶舱、改变航空器、残骸、散落物品的位置及原始状态。拆卸、分解航空器部件、液体取样等工作应当事先拍照或者记录其原始状态并在调查组成员的监督下进行。

（4）调查组组长应当指定专人负责现场的安全防护工作并及时采取下列措施。

对事发现场的有毒物品、放射性物质及传染病源等危险品采取相应的安全措施，防止对现场人员和周围居民造成危害；采取相应的防溢和防火措施，防止现场可燃液体溢出或者失火；采取相应的措施，防止航空器残骸颗粒、粉尘或者烟雾对现场人员造成危害；组织专业人员将现场的高压容器、电瓶等移至安全地带进行处理，处理前应当测量和记录有关数据，并记录其散落位置和状态等情况；及时加固或者清理处于不稳定状态的残骸及其他物体，防止倒塌造成伤害或者破坏；采取设立警戒线等安全防护措施，隔离事发现场的危险地带；在事发现场配备急救药品和医疗器材。

4. 调查中需查明的情况

调查中需查明的情况包括：

（1）事发现场勘查；

（2）航空器或者残骸；

（3）飞行过程；

（4）机组和其他机上人员；

（5）空中交通服务；

（6）运行控制；

（7）天气；

（8）飞行记录器；

（9）航空器维修记录；

（10）航空器载重情况及装载物；

（11）通信、导航、监视、航行情报、气象、油料、场道、机场灯光等保障情况；

（12）事发当事人、见证人、目击者和其他人员的陈述；

（13）爆炸物破坏和非法干扰行为；

（14）人员伤亡原因；

（15）应急救援情况。

5. 试验、验证项目的规定

试验、验证项目有如下规定。

（1）组织事件调查的部门应当满足调查组提出的试验、验证要求，并提供必要的支持和协助。

（2）由调查组组长指派调查组成员参加试验、验证工作。

（3）采用摄像、拍照、笔录等方法记录试验部件的启封和试验、验证过程中的重要、关键阶段。

（4）试验、验证结束后，试验、验证的部门应当提供试验、验证报告。报告应当由操作人、负责人和调查组成员签署。

事故发生后，事发单位应当如实向组织事件调查的部门报告直接经济损失。决定修复航空器的，应当开列详细的修复费用清单，列明各单项费用和总费用。航空器修复费用及相关经济损失的核定，应当遵守民航局有关规定。调查中需要对专门性问题进行鉴别和判断并提供鉴定意见的，调查组委托专业机构进行检测；需要司法鉴定的，调查组委托司法鉴定机构出具相关鉴定意见。

6. 调查组及人员不得对外公开信息

调查组及人员不得对外公开的信息包括：

（1）调查过程中获取的有关人员的所有陈述记录；

（2）与航空器运行有关的所有通信记录；

（3）相关人员的医疗或者私人资料；

（4）驾驶舱语音记录及其记录文本；

（5）驾驶舱影像记录及其记录文本；

（6）与空中交通服务有关的所有记录；

（7）原因分析资料，包括飞行记录器分析资料和技术会议记录。

前款规定的信息仅在与调查事件分析和结论有关时才可纳入调查报告或者其附录中，与分析和结论无关的部分不得公布。民航局应当根据其他组织事件调查的国家或者地区的要求，提供所掌握的与调查有关的资料。

五、调查报告的管理

调查报告应当包括下列内容：调查中查明的事实；原因分析及主要依据；结论；安全建议；必要的附件；调查中尚未解决的问题。

专业小组应当向调查组组长提交专业小组调查报告，调查组组长应当组织审议专业小组调查报告。调查组组长负责组织编写调查报告草案。草案完成后，由调查组组长提交给组织事件调查的部门审议。

组织事件调查的部门可以就调查报告草案向参加调查的有关单位、事发相关单位和其他必要的单位征询意见。被征询意见的民航生产经营单位在收到征询意见通知后,应当在规定期限内以书面形式将意见反馈给组织事件调查的部门。对调查报告草案有不同意见的,应当写明观点,并提供相应证据。

组织事件调查的部门应当将征询的意见交给调查组研究,调查组组长决定是否对调查报告草案进行修改。调查报告草案修正案及征询意见的采纳情况应当一并提交组织事件调查的部门。

对于涉外的事故和严重征候调查,民航局应当就调查报告草案向航空器登记国、运营人所在国、设计国、制造国和参与调查的国家征询意见。

民航局、地区管理局的航空安全委员会或者其授权的部门负责审议调查报告草案。在调查的任何阶段,民航局、地区管理局应当按权限及时向有关部门、单位、国家以及国际民用航空组织提出加强和改进航空安全的建议。

收到民航局、地区管理局提出安全建议的部门或者单位,应当自接到安全建议 30 日内,书面回复安全建议的接受情况。收到国(境)外调查机构发来安全建议的部门或者单位,应当自接到安全建议 90 日内,书面回复安全建议的接受情况。

调查报告应当在规定期限内尽快完成。不能在规定期限内提交调查报告的,组织事件调查的部门应当在期限到达日之前向接受报告的部门提交调查进展报告。

民航局对地区管理局提交的最终调查报告应当在 10 个工作日内完成审议。审议发现问题的,民航局可以要求组织调查的地区管理局进行补充调查或者重新调查,也可以组织重新调查。民航局未在 10 个工作日内对地区管理局提交的最终调查报告提出意见的,视为批准调查报告。

事件调查报告经国务院或者民航局批准后,调查工作即告结束。

对于事故,民航局应当在事故发生后 30 日内向国际民用航空组织送交初步调查报告。对于事故和严重征候,调查结束后,民航局应当向国际民用航空组织和有关国家送交调查报告。

调查工作结束后,发现新的重要证据,可能推翻原结论或者需要对原结论进行重大修改的,组织事件调查的部门应当重新进行调查。

组织事件调查的部门应当在调查结束后对调查工作进行总结,并对调查的文件、资料、证据等清理归档,档案保存时限按照民航局档案保存有关规定执行。

事故调查报告应当依法及时向社会公布,依法应当保密的除外。

复习思考题

1. 掌握民用航空器事故及事故征候的概念。

2. 掌握民用航空器事故的等级划分。

3. 了解事件报告的程序。

4. 事故调查的目的是什么?

5. 事故调查的原则有哪些?

6. 简述事故调查的流程。

附录 I

常用国内、国际航空公司三字代码、二字代码和呼号

编号	三字代码	二字代码	呼号（中文/英文）	航空公司名称
			国内（含港澳台地区）	
1	CCA	CA	国航 AIR CHINA	国航
2	CES	MU	东方 CHINA EASTERN	东方航空
3	CSN	CZ	南方 CHINASOUTHERN	南方航空
4	CHH	HU	海南 HAINAN	海南航空
5	CXA	MF	白鹭 XIAMEN AIR	厦门航空
6	CSH	FM	上海 SHANGHAI AIR	上海航空
7	CSZ	ZH	深航 SHENZHEN AIR	深圳航空
8	CSC	3U	四川 SICHUAN	四川航空
9	CDG	SC	山东 SHANDONG	山东航空
10	CQH	9C	春秋 AIR SPRING	春秋航空
11	DKH	HO	吉祥 AIR JUNEYAO	吉祥航空
12	CDC	GJ	华龙 LOONG AIR	长龙航空
13	EPA	DZ	东海 DONGHAI AIR	东海航空
14	CGZ	GY	黔兴 COLORFUL	多彩贵州航空
15	HXA	G5	华夏 CHINA EXPRESS	华夏航空
16	HTU	A6	乐途 HONGLANG	湖南航空
17	QDA	QW	胶澳 SKYLEGEND	青岛航空
18	SNG	LT	雪雕 SNOW EAGLE	龙江航空
19	JOY	JR	幸福 JOYAIR	幸福航空
20	OKA	BK	奥凯 OKAYJET	奥凯航空
21	JYH	AQ	如意 TRANSJADE	九元航空
22	RLH	DR	森地 SENDI	瑞丽航空
23	CBJ	JD	神鹿 CAPITAL JET	首都航空

（续表）

编号	三字代码	二字代码	呼号（中文/英文）	航空公司名称
			国内（含港澳台地区）	
24	CBG	GX	浪花 SPRAY	北部湾航空
25	CGH	GT	超越 WELKIN	桂林航空
26	CUH	UQ	楼兰 LOULAN	乌鲁木齐航空
27	CHB	PN	西部 WESTCHINA	西部航空
28	LKE	8L	祥鹏 LUCKY AIR	祥鹏航空
29	UEA	EU	锦绣 HIBISCUS CITY	成都航空
30	CQN	OQ	重庆 CHONGQING	重庆航空
31	CCD	CA	响箭 XIANGJIAN	大连航空
32	CNM	CA	蒙元 MENGYUAN	内蒙古航空
33	TBA	TV	西藏 TIBET	西藏航空
34	CJX	RY	仙鹤 AIR CRANE	江西航空
35	GCR	GS	渤海 BOHAI	天津航空
36	FZA	FU	涌泉 STRAIT AIR	福州航空
37	CSS	O3	顺丰 SHUNFENG	顺丰航空
38	HYT	YG	速派 QUICK AIR	圆通货运
39	EVA	BR	Eva	长荣航空
40	AMU	NX	Air Macau	澳门航空
41	CPA	CX	CATHAY	国泰航空
42	HDA	KA	Dragon	港龙航空
43	CAL	CI	Dynasty	中华航空
			国际	
1	AAL	AA	AMERICAN	美国航空
2	AAR	OZ	ASIANA	韩亚航空
3	SIA	SQ	Singapore	新加坡航空
4	UZB	HY	UZBEK	乌兹别克航空公司
5	AFL	SU	AEROFLOT	俄罗斯国际航空
6	AIC	AI	INDAIR	印度航空
7	ANA	NH	ALL NIPPON	全日本航空有限公司
8	PCO	8P	PASCO	太平洋海岸航空
9	LGL	LG	LUXAIR	卢森堡航空
10	AZA	AZ	Alitalia	意大利航空
11	TAM	JJ	TAM	巴西南美航空
12	PGT	PC	SUNTURK	飞马航空
13	AZU	AD	AZUL	蓝色巴西航空

（续表）

编号	三字代码	二字代码	呼号（中文/英文）	航空公司名称
			国际	
14	SWA	WN	Southwest	西南航空
15	AXM	AK	RED CAP	亚洲航空
16	PAL	PR	Philippine	菲律宾航空
17	FDB	FZ	SKYDUBAI	迪拜航空
18	SBI	S7	SIBERIAN AIRLINES	S7 航空（西伯利亚航空）
19	CLX	CV	CARGOLUX	卢森堡货运航空
20	MAS	MH	MALAYSIAN	马来西亚航空
21	ACA	AC	Canada	加拿大航空
22	ETH	ET	Ethiopia	埃塞俄比亚航空
23	MSR	MS	EGYPTAIR	埃及航空
24	AMX	AM	AEROMEXICO	墨西哥航空
25	GIA	GA	Indonesia	嘉鲁达印尼航空（印尼鹰航）
26	SAS	SK	SCANDINAVIAN	北欧航空
27	ANZ	NZ	NEW ZEALAND	新西兰航空
28	FDX	FX	FedEx	联邦快递
29	DAL	DL	DELTA	达美航空
30	SVA	SV	SAUDIA	沙特阿拉伯航空
31	QFA	QF	QANTAS	澳洲航空
32	AFR	AF	AIRFRANS	法国航空
33	SWR	LX	SWISS	瑞士国际航空
34	HVN	VN	VIET NAM AIRLINES	越南航空
35	KAL	KE	KOREANAIR	大韩航空
36	UAE	EK	EMIRATES	阿联酋航空
37	DLH	LH	LUFTHANSA	汉莎航空
38	THY	TK	TURKISH	土耳其航空
39	THA	TG	Thai	泰国国际航空
40	JAL	JL	JapanAir	日本航空
41	KLM	KL	KLM	荷兰皇家航空
42	BAW	BA	SPEEDBIRD	英国航空
43	UAL	UA	United	美国联合航空

附录 II

常用民用航空组织部门电文代码

部门名称	代码	部门名称	代码
民航地区管理局	DP	海军	HQ
民航航校	XR	外交部	BA
飞行总队	MH	机场值机	AP
领航室	JR	气象台	YM
空军	OM	航空公司驻外办事处	DD
军区	WD	航空公司办事处负责人	KK
总调	ZG	机场国内配载	KN
区调	ZR	机场国际配载	KL
管调	ZB	签派室	UO
站调	ZP	生产调度室	UT
塔台	ZT	—	—

附录 Ⅲ

国际民用航空组织 8643 文件（Doc8643/32）机型代码及尾流分类

航空器制造商及机型	国际民用航空组织规定代码	机型描述	尾流标准
AIRBUS			
A-300B2	A30B	L2J	H
A-300B2-1	A30B	L2J	H
A-300B2-100	A30B	L2J	H
A-300B2-200	A30B	L2J	H
A-300B2K-3	A30B	L2J	H
A-300B4-2	A30B	L2J	H
A-300B4-100	A30B	L2J	H
A-300B4-200	A30B	L2J	H
A-300B4-600	A306	L2J	H
A-300C4-200	A30B	L2J	H
A-300C4-600	A306	L2J	H
A-300F4-200	A30B	L2J	H
A-300F4-600	A306	L2J	H
A-300ST Beluga	A3ST	L2J	H
A-300ST Super Transporter	A3ST	L2J	H
A-310	A310	L2J	H
A-318	A318	L2J	M
A-319	A319	L2J	M
A-319ACJ	A319	L2J	M
A-320	A320	L2J	M

（续表）

航空器制造商及机型	国际民用航空组织规定代码	机型描述	尾流标准
A-321	A321	L2J	M
A-330-200	A332	L2J	H
A-330-300	A333	L2J	H
A-340-200	A342	L4J	H
A-340-300	A343	L4J	H
A-340-500	A345	L4J	H
A-340-600	A346	L4J	H
A-380-800	A388	L4J	H
ANTONOV			
An-2	AN2	L1P	L
An-3	AN3	L1T	L
An-8	AN8	L2T	M
An-12	AN12	L4T	M
An-22 Antheus	AN22	L4T	H
An-24	AN24	L2T	M
An-26	AN26	L2T	M
An-28	AN28	L2T	L
An-30	AN30	L2T	M
An-32	AN32	L2T	M
An-32 Firekiller	AN32	L2T	M
An-32 Sutlej	AN32	L2T	M
An-38	AN38	L2T	M
An-70	AN70	L4 T	M
An-72	AN72	L2J	M
An-74	AN72	L2J	M
An-124 Ruslan	A124	L4J	H
An-140	A140	L2T	M
An-225 Mriya	A225	L6J	H
Antheus	AN22	L4T	H
Firekiller	AN32	L2T	M
Mriya	A225	L6J	H
Ruslan	A124	L4J	H

（续表）

航空器制造商及机型	国际民用航空组织规定代码	机型描述	尾流标准
Sutlej	AN32	L2T	M
BOEING			
BOEING 707-100	B701	L4J	M
BOEING 707-300	B703	L4J	H
BOEING 717-200	B712	L2J	M
BOEING 717-200 Business Express	B712	L2J	M
BOEING 720	B720	L4J	M
BOEING 727-100	B721	L3J	M
BOEING 727-100RE Super 27	R721	L3J	M
BOEING 727-200	B722	L3J	M
BOEING 727-200RE Super 27	R722	L3J	M
BOEING 737-100	B731	L2J	M
BOEING 737-200	B732	L2J	M
BOEING 737-200 Surveiller	B732	L2J	M
BOEING 737-300	B733	L2J	M
BOEING 737-400	B734	L2J	M
BOEING 737-500	B735	L2J	M
BOEING 737-600	B736	L2J	M
BOEING 737-700	B737	L2J	M
BOEING 737-700 BBJ	B737	L2J	M
BOEING 737-700 Wedgetail	E737	L2J	M
BOEING 737-800	B738	L2J	M
BOEING 737-800 BBJ2	B738	L2J	M
BOEING 737-900	B739	L2J	M
BOEING 747-100	B741	L4J	H
BOEING 747-200	B742	L4J	H
BOEING 747-300	B743	L4J	H
747-400 （domestic, no winglets）	B74D	L4J	H
747-400 （international, winglets）	B744	L4J	H
747SCAShuttle Carrier	BSCA	L4J	H
BOEING 747SP	B74S	L4J	H
BOEING 747SR	B74R	L4J	H

（续表）

航空器制造商及机型	国际民用航空组织规定代码	机型描述	尾流标准
BOEING 757-200	B752	L2J	M
BOEING 757-300	B753	L2J	M
BOEING 767-200	B762	L2J	H
BOEING 767-300	B763	L2J	H
BOEING 767-400	B764	L2J	H
BOEING 777-200	B772	L2J	H
BOEING 777-300	B773	L2J	H
BRITISHAEROSPACE			
BAC-111 One-Eleven	BA11	L2J	M
BAe-146-100	B461	L4J	M
BAe-146-100 Statesman	B461	L4J	M
BAe-146-200	B462	L4J	M
BAe-146-200 Quiet Trader	B462	L4J	M
BAe-146-200 Statesman	B462	L4J	M
BAe-146-300	B463	L4J	M
CANADAIR			
CC-144 Challenger 600	CL60	L2J	M
CC-144B Challenger 601	CL60	L2J	M
CE-144AChallenger 600	CL60	L2J	M
Challenger 600	CL60	L2J	M
Challenger 601	CL60	L2J	M
Challenger 604	CL60	L2J	M
Challenger 800	CRJ2	L2J	M
DORNIER228	D228	L2T	L
DORNIER 328	D328	L2T	M
EMBRAER EMB-145AEWC	E145	L2J	M
EMBRAER EMB-145EP	E145	L2J	M
FOKKER F-27 Maritime	F27	L2T	M
FOKKER F-27 Troopship	F27	L2T	M
FOKKER F-28 Fellowship	F28	L2J	M
FOKKER Fellowship	F28	L2J	M

（续表）

航空器制造商及机型	国际民用航空组织规定代码	机型描述	尾流标准
GATES LEARJET 24	LJ24	L2J	L
GATES LEARJET 25	LJ25	L2J	L
GATES LEARJET 28	LJ28	L2J	L
GATES LEARJET 29	LJ28	L2J	L
GATES LEARJET 31	LJ31	L2J	M
GATES LEARJET 35	LJ35	L2J	M
GATES LEARJET 36	LJ35	L2J	M
GATES LEARJET 55	LJ55	L2J	M
GATES LEARJET C-21	LJ35	L2J	M
GATES LEARJET RC-35	LJ35	L2J	M
GATES LEARJET RC-36	LJ35	L2J	M
GATES LEARJET U-36	LJ35	L2J	M
GULFSTREAMAEROSPACE			
G-1159D Gulfstream	GLF5	L2J	M
Gulfstream 3	GLF3	L2J	M
Gulfstream 4	GLF4	L2J	M
Gulfstream 4SP	GLF4	L2J	M
Gulfstream 5	GLF5	L2J	M
Gulfstream 300	GLF4	L2J	M
Gulfstream 400	GLF4	L2J	M
Gulfstream 500	GLF5	L2J	M
Gulfstream 550	GLF5	L2J	M
Gulfstream SRA-1	GLF3	L2J	M
Gulfstream SRA-4	GLF4	L2J	M
S102 Gulfstream 4	GLF4	L2J	M
Tp102 Gulfstream 4	GLF4	L2J	M
U-4 Gulfstream 4	GLF4	L2J	M
HAWKER SIDDELEY			
HS-121 Trident	TRID	L3J	M
HS-125-1	H25A	L2J	M
HS-125-2 Dominie	H25A	L2J	M
HS-125-3	H25A	L2J	M

（续表）

航空器制造商及机型	国际民用航空组织规定代码	机型描述	尾流标准
HS-125-400	H25A	L2J	M
HS-125-600	H25A	L2J	M
HS-125-700	H25B	L2J	M
HS-748	A748	L2T	M
HS-748Andover	A748	L2T	M
HS-780Andover	A748	L2T	M
Nimrod	NIM	L4J	M
TAV-8 Harrier	HAR	L1J	M
Trident	TRID	L3J	M
VC-93	H25A	L2J	M
VU-93	H25A	L2J	M
ILYUSHIN A-50	A50	L4J	H
ILYUSHIN Be-976	A50	L4J	H
ILYUSHIN Bizon	IL18	L4T	M
ILYUSHIN Gajaraj	IL76	L4J	H
ILYUSHIN Il-14	IL14	L2P	M
ILYUSHIN Il-18	IL18	L4T	M
ILYUSHIN Il-18 Bizon	IL18	L4T	M
ILYUSHIN Il-20	IL18	L4T	M
ILYUSHIN Il-22 Zebra	IL18	L4T	M
ILYUSHIN Il-24	IL18	L4T	M
ILYUSHIN Il-28	IL28	L2J	M
ILYUSHIN Il-38	IL38	L4T	M
ILYUSHIN Il-62	IL62	L4J	H
ILYUSHIN Il-76	IL76	L4J	H
ILYUSHIN Il-76 Gajaraj	IL76	L4J	H
ILYUSHIN Il-78	IL76	L4J	H
ILYUSHIN Il-82	IL76	L4J	H
ILYUSHIN Il-86	IL86	L4J	H
ILYUSHIN Il-87	IL86	L4J	H
ILYUSHIN Il-96	IL 96	L4J	H
ILYUSHIN Il-114	I114	L2T	M
LEARJET 31	LJ31	L2J	M

（续表）

航空器制造商及机型	国际民用航空组织规定代码	机型描述	尾流标准
LEARJET 35	LJ35	L2J	M
LEARJET 40	LJ40	L2J	M
LEARJET 45	LJ45	L2J	M
LEARJET 55	LJ55	L2J	M
LEARJET 60	LJ60	L2J	M
LEARJET C-35	LJ35	L2J	M
LEARJET R-35	LJ35	L2J	M
LEARJET VU-35	LJ35	L2J	M
LOCKHEED C-130 Karnaf	C130	L4T	M
LOCKHEED C-141 Starlifter	C141	L4J	H
MCDONNELLDOUGLAS			
MD-10	DC10	L3J	H
MD-11	MD11	L3J	H
MD-81	MD81	L2J	M
MD-82	MD82	L2J	M
MD-83	MD83	L2J	M
MD-87	MD87	L2J	M
MD-88	MD88	L2J	M
MD-90	MD90	L2J	M
SAAB S100Argus	SF34	L2T	M
SAAB-FAIRCHILD SF-340	SF34	L2T	M
SHORT 330	SH33	L2T	M
SHORT 360	SH36	L2T	M
SHORT Belfast	BELF	L4T	M
SHORT C-23 Sherpa	SH33	L2T	M
SHORT Canberra	CNBR	L2J	M
TUPOLEV			
Tu-134	T134	L2J	M
Tu-144	T144	L4J	H
Tu-154	T154	L3J	M
Tu-204	T204	L2J	M
Tu-214	T204	L2J	M
Tu-224	T204	L2J	M

（续表）

航空器制造商及机型	国际民用航空组织规定代码	机型描述	尾流标准
Tu-234	T204	L2J	M
Tu-334	T334	L2J	M
Yak-40	YK40	L3J	M
Yak-42	YK42	L3J	M
Y-11	Y11	L2P	L
Y-12	Y12	L2T	L
Y-12 Twin Panda	Y12	L2T	L
Y-8	AN12	L4T	M

在"机型描述中"：

First Character:	Second Character:	Third Character:
L landplane	1,2,3,4,～or C, number of engines	P piston engine
S seaplane		T turboprop engine
A amphibian		J jet engine
H helicopter		
G gyrocopter		
T tit-wing aircraft		

注：如有必要，请参阅国际民用航空组织 Doc8643/32 查找其他机型。

参考文献

[1] 程擎. 通信导航监视设施[M]. 2 版. 成都：西南交通大学出版社，2016.

[2] 董襄宁，赵征，张洪海. 空中交通管理基础[M]. 北京：科学出版社，2011.

[3] 孔金凤. 空中交通管理基础[M]. 成都：西南交通大学出版社，2016.

[4] 李春锦，文泾. 空中交通管理[M]. 北京：北京航空航天大学出版社，2017.

[5] 刘芳. 尾流间隔的应用研究[J]. 中国科技信息，2011 (18): 48 -49.

[6] 潘卫军. 空中交通管理基础[M]. 2 版. 成都：西南交通大学出版社，2013.

[7] 汪万维，王晓亮，章涛，张喆，贾云飞. 民航空管自动化系统[M]. 北京：清华大学出版社，2016.

[8] 谢进一，石丽娜. 空中交通管理基础[M]. 北京：清华大学出版社，2012.

[9] 左青海，杨凡，潘卫军. 民用航空器尾流重新分类发展综述[J]. 河南科技，2020(26): 65-69.

[10] 中国民用航空局政策法规司. 民用航空空中交通管理规则（CCAR-93TM-R5）[S]. 2017.

[11] 中国民用航空局政策法规司. 民用航空器国籍登记规定（CCAR-45-R2）[S]. 2022.

[12] 中国民用航空局政策法规司. 一般运行和飞行规则（CCAR-91R4）[S]. 2022.

[13] 中国民用航空局政策法规司. 民用航空器事件调查规定（CCAR-395-R2）[S]. 2020.

[14] 中国民用航空局政策法规司. 航班正常管理规定（CCAR-300）[S]. 2016.

[15] 中国民用航空局. 民用航空空中交通管制员执照管理规则（CCAR-66TM-I-R4）[S]. 2016.

[16] 中国民用航空局政策法规司. 民用航空使用空域办法（CCAR-71）[S]. 2004.

[17] 中国民用航空局航空安全办公室. 民用航空器事故征候（MH/T 2001-2018）[S]. 2018.

[18] 中国民用航空局航空安全办公室. 事件样例（AC-396-08R2）[S]. 2020.

[19] 中国民用航空局航空安全办公室. 民用航空器事故和事故征候调查程序（MD-AS-2011-01）[S]. 2011.